高等数学（上）

主编　潘　新　魏彦睿　殷建峰
　　　　顾霞芳

编者　潘　新　魏彦睿　顾莹燕
　　　　曹文斌　殷建峰　殷冬琴
　　　　顾霞芳

苏州大学出版社

图书在版编目(CIP)数据

高等数学. 上 / 潘新等主编. —苏州：苏州大学
出版社，2020.7(2023.1重印)
ISBN 978-7-5672-3150-4

Ⅰ. ①高… Ⅱ. ①潘… Ⅲ. ①高等数学－高等学校－
教材 Ⅳ. ①O13

中国版本图书馆 CIP 数据核字(2020)第 108546 号

高等数学(上)
Gaodeng Shuxue (Shang)
潘　新　魏彦睿　殷建峰　顾霞芳　主编
责任编辑　李　娟

苏州大学出版社出版发行
(地址：苏州市十梓街1号　邮编：215006)
常州市武进第三印刷有限公司印装
(地址：常州市武进区湟里镇村前街　邮编：213154)

开本 787 mm×1 092 mm　1/16　印张 13　字数 317 千
2020 年 7 月第 1 版　2023 年 1 月第 4 次印刷
ISBN 978-7-5672-3150-4　定价：36.00 元

若有印装错误，本社负责调换
苏州大学出版社营销部　电话：0512-67481020
苏州大学出版社网址　http://www.sudapress.com
苏州大学出版社邮箱　sdcbs@suda.edu.cn

编写说明

随着教育改革的不断深入与发展,为了满足高等职业教育对于数学这一基础学科的要求,我国不少高校和有关部门已积极编写了不同版本的高等数学教材.本教材是结合当前高职高专院校对于高等数学教材的使用情况,取长补短,集思广益,以苏州经贸职业技术学院数学教研室为主编写的.力求内容简单实用,对过去一些传统的观念进行了力度较大的改革,简化理论的叙述、推导和证明,力求直观,注重实际应用.

在编写过程中,我们本着"必需、够用"的原则,对于必备的基础理论知识等方面的内容,主要给出概念的定义,对有关定理的条件和结论,一般不给出严格的推导和证明,仅在必要时给出直观而形象的解释和说明.编写重点放在计算和实际应用等方面,以强化学生解决实际问题的能力.

本教材分上、下两册.上册的主要内容为:函数、极限与连续,导数与微分,导数的应用,不定积分,定积分及其应用,常微分方程;下册的主要内容为:级数、空间解析几何与多元函数微积分、行列式与矩阵、概率与数理统计初步.另外,每节都配备了本章内容一定量的习题,每章都配备了本章内容小结和自测题.书后对于上述题目给出了答案或提示,以便学生及时对所学知识进行检验.

参加本教材编写的有潘新、魏彦睿、殷冬琴、顾莹燕、曹文斌、殷建峰、顾霞芳.蔡奎生、唐哲人、李鹏祥对本教材进行了校对和整理.

本教材的框架构思、内容设计,得到了同行、专家和兄弟院校的指点与大力支持,在此表示衷心的感谢.尽管我们力求完善,但书中错误和不当之处在所难免,还望各位同行、专家多加批评和指正.

编者

2020 年 7 月

目 录

第1章 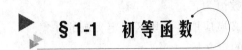 函数、极限与连续

函数是对现实世界中各种度量之间相互关系的一种抽象,是微积分学的主要研究对象,函数极限是微积分学的理论基础,函数的连续性是函数的重要性质之一.本章将在复习和加深函数相关知识的基础上,学习函数的极限、连续及其有关性质,为后续内容的学习奠定基础.

▶ §1-1 初等函数

一、函数概念

1. 函数的定义

定义 1 设 D 是一非空实数集,如果存在一个对应法则 f,使得对 D 内的每一个值 x,都有 y 与之对应,则这个对应法则 f 称为定义在集合 D 上的一个函数,记作

$$y = f(x), x \in D.$$

其中 x 称为**自变量**,y 称为**因变量**或**函数值**,D 称为**定义域**,集合 $\{y \mid y = f(x), x \in D\}$ 称为**值域**.

说明 (1) 在函数的定义中,如果对每个 $x \in D$,对应的函数值 y 总是唯一的,这样定义的函数称为单值函数.如果对每个 $x \in D$,总有确定的 y 值与之对应,但这个 y 不总是唯一的,这样定义的函数则称为多值函数.例如,由方程 $x^2 + y^2 = 1$ 所确定的以 x 为自变量的函数 $y = \pm \sqrt{1-x^2}$ 是一个多值函数,而它的每一个分支 $y = \sqrt{1-x^2}$,$y = -\sqrt{1-x^2}$ 都是单值函数.以后若无特别说明,所说的函数都是指单值函数.

(2) 构成函数的两个要素是定义域 D 及对应法则 f.如果两个函数的定义域相同,对应法则也相同,那么这两个函数就是相同的,否则就是不同的.

(3) 函数的表示方法主要有三种:表格法(列表法)、图形法(图象法)、解析法(公式法).

2. 几个特殊的函数

(1) 分段函数.

在自变量的不同变化范围中,对应法则用不同式子来表示的函数,称为分段函数.

例如,
$$y = \begin{cases} 2x-1, & -1 < x \leqslant 2, \\ x^2+1, & 2 < x \leqslant 4. \end{cases}$$

分段函数的定义域是各段定义区间的并集.

(2) 隐函数.

变量之间的关系是由一个方程来确定的函数,称为隐函数.例如,由方程 $x^2 + y^2 = 1$ 确定的函数.

（3）由参数方程所确定的函数.

若参数方程 $\begin{cases} x=\varphi(t), \\ y=\psi(t) \end{cases}$ $(\alpha \leqslant t \leqslant \beta,$ 其中 t 为参数$)$确定 y 与 x 之间的函数关系，则称此函数关系所表达的函数为由参数方程所确定的函数.

3. 函数的定义域

在实际问题中，函数的定义域要根据实际问题的实际意义确定. 当不考虑函数的实际意义时，定义域就是使得函数解析式有意义的一切实数组成的集合，这种定义域称为函数的自然定义域. 在这种约定之下，一般的用解析式表达的函数可简记为 $y=f(x)$. 常见解析式的定义域的求法有：

（1）分母不能为零；

（2）偶次根号下非负；

（3）对数式中的真数恒为正；

（4）分段函数的定义域应取各分段区间定义域的并集.

例 1 求下列函数的定义域：

（1）$y=\dfrac{1}{x}-\sqrt{x+2}$；　　（2）$y=\lg \dfrac{x-1}{2}+\sqrt{x^2-4}$；　　（3）$y=\begin{cases} \sin x, & -1 \leqslant x<2, \\ \ln x, & 2 \leqslant x<3. \end{cases}$

解 （1）要使函数有意义，必须 $x \neq 0$，且 $x+2 \geqslant 0$，解得 $x \geqslant -2$.

所以函数的定义域为 $\{x \mid x \geqslant -2$ 且 $x \neq 0\}$ 或 $D=[-2,0) \cup (0,+\infty)$.

（2）要使函数有意义，必须 $\begin{cases} \dfrac{x-1}{2}>0, \\ x^2-4 \geqslant 0, \end{cases}$ 解得 $\begin{cases} x>1, \\ x \geqslant 2 \text{ 或 } x \leqslant -2, \end{cases}$ 即 $x \geqslant 2$.

所以函数的定义域为 $\{x \mid x \geqslant 2\}$ 或 $D=[2,+\infty)$.

（3）因为函数为分段函数，所以函数的定义域为 $D=[-1,2) \cup [2,3)$，即 $D=[-1,3)$.

4. 函数的几种特性

（1）函数的奇偶性.

设函数 $f(x)$ 的定义域 D 关于原点对称：

若对于任一 $x \in D$，有 $f(-x)=f(x)$，则称 $f(x)$ 为偶函数；

若对于任一 $x \in D$，有 $f(-x)=-f(x)$，则称 $f(x)$ 为奇函数.

补充：如果函数 $f(x)$ 的定义域 D 关于原点不对称，那么该函数为非奇非偶函数，不需要进一步通过计算判断函数的奇偶性.

（2）函数的单调性.

设函数 $y=f(x)$ 的定义域为 D，区间 $I \subset D$. 对于区间 I 上任意两点 x_1 及 x_2，当 $x_1 < x_2$ 时：

若 $f(x_1)<f(x_2)$，则称函数 $f(x)$ 在区间 I 上是单调增加的；

若 $f(x_1)>f(x_2)$，则称函数 $f(x)$ 在区间 I 上是单调减少的.

单调增加和单调减少的函数统称为**单调函数**.

（3）函数的有界性.

设函数 $f(x)$ 的定义域为 D，如果存在数 $M>0$，使得对任一 $x \in D$，有
$$|f(x)| \leqslant M,$$

则称函数 $f(x)$ 在 D 内**有界**;如果这样的 M 不存在,即对任意数 M,总存在 $x_0 \in D$,使

$$|f(x_0)| > M,$$

则称函数 $f(x)$ 在 D 内**无界**.

（4）函数的周期性.

设函数 $f(x)$ 的定义域为 D,若存在一个正数 T,使得对于任一 $x \in D$,$x \pm T \in D$,且

$$f(x \pm T) = f(x),$$

则称 $f(x)$ 为**周期函数**,T 称为 $f(x)$ 的**周期**.

二、初等函数

1. 基本初等函数

常数函数:$y = C(C$ 为常数$)$.

幂函数:$y = x^a (a \in \mathbf{R})$.

指数函数:$y = a^x (a > 0$ 且 $a \neq 1)$.

对数函数:$y = \log_a x \ (a > 0$ 且 $a \neq 1)$.

三角函数:$y = \sin x, y = \cos x, y = \tan x, y = \cot x, y = \sec x, y = \csc x$.

反三角函数:$y = \arcsin x, y = \arccos x, y = \arctan x, y = \text{arccot} x$.

以上六类函数统称为**基本初等函数**.

为了方便,我们通常把多项式 $y = a_n x^n + a_{n-1} x^{n-1} + \cdots + a_1 x + a_0$ 也看作基本初等函数.

现将一些常用的基本初等函数的定义域、值域和函数特性列表说明如下（表 1-1）:

表 1-1

函数类型	函数	定义域与值域	图象	特性
常数函数	$y = C$	$x \in (-\infty, +\infty)$ $y \in \{C\}$		偶函数 有界
幂函数	$y = x$	$x \in (-\infty, +\infty)$ $y \in (-\infty, +\infty)$		奇函数 单调增加
	$y = x^2$	$x \in (-\infty, +\infty)$ $y \in [0, +\infty)$		偶函数 在 $(0, +\infty)$ 上单调增加,在 $(-\infty, 0)$ 上单调减少

函数类型	函数	定义域与值域	图象	特性
幂函数	$y=x^3$	$x\in(-\infty,+\infty)$ $y\in(-\infty,+\infty)$	$y=x^3$	奇函数 单调增加
幂函数	$y=\dfrac{1}{x}$	$x\in(-\infty,0)\cup(0,+\infty)$ $y\in(-\infty,0)\cup(0,+\infty)$	$y=\dfrac{1}{x}$, $(1,1)$	奇函数 单调减少
幂函数	$y=\sqrt{x}$	$x\in[0,+\infty)$ $y\in[0,+\infty)$	$y=\sqrt{x}$, $(1,1)$	单调增加
指数函数	$y=a^x$ $(a>1)$	$x\in(-\infty,+\infty)$ $y\in(0,+\infty)$	$y=a^x$	单调增加
指数函数	$y=a^x$ $(0<a<1)$	$x\in(-\infty,+\infty)$ $y\in(0,+\infty)$	$y=a^x$	单调减少
对数函数	$y=\log_a x$ $(a>1)$	$x\in(0,+\infty)$ $y\in(-\infty,+\infty)$	$y=\log_a x$	单调增加

函数类型	函数	定义域与值域	图象	特性
对数函数	$y=\log_a x$ $(0<a<1)$	$x\in(0,+\infty)$ $y\in(-\infty,+\infty)$		单调减少
三角函数	$y=\sin x$	$x\in(-\infty,+\infty)$ $y\in[-1,1]$		在$\left(2k\pi-\dfrac{\pi}{2},2k\pi+\dfrac{\pi}{2}\right)$上单调增加，在$\left(2k\pi+\dfrac{\pi}{2},2k\pi+\dfrac{3\pi}{2}\right)$上单调减少$(k\in\mathbf{Z})$ 奇函数 有界 周期为2π
	$y=\cos x$	$x\in(-\infty,+\infty)$ $y\in[-1,1]$		在$(2k\pi,2k\pi+\pi)$上单调减少，在$(2k\pi+\pi,2k\pi+2\pi)$上单调增加$(k\in\mathbf{Z})$ 偶函数 有界 周期为2π
	$y=\tan x$	$x\ne k\pi+\dfrac{\pi}{2}(k\in\mathbf{Z})$ $y\in(-\infty,+\infty)$		在$\left(k\pi-\dfrac{\pi}{2},k\pi+\dfrac{\pi}{2}\right)$上单调增加$(k\in\mathbf{Z})$ 奇函数 周期为π
	$y=\cot x$	$x\ne k\pi(k\in\mathbf{Z})$ $y\in(-\infty,+\infty)$		在$(k\pi,k\pi+\pi)$上单调减少$(k\in\mathbf{Z})$ 奇函数 周期为π

函数类型	函 数	定义域与值域	图 象	特 性
反三角函数	$y=\arcsin x$	$x\in[-1,1]$ $y\in\left[-\dfrac{\pi}{2},\dfrac{\pi}{2}\right]$		单调增加 奇函数 有界
	$y=\arccos x$	$x\in[-1,1]$ $y\in[0,\pi]$		单调减少 有界
	$y=\arctan x$	$x\in(-\infty,+\infty)$ $y\in\left(-\dfrac{\pi}{2},\dfrac{\pi}{2}\right)$		单调增加 奇函数 有界
	$y=\operatorname{arccot} x$	$x\in(-\infty,+\infty)$ $y\in(0,\pi)$		单调减少 有界

2. 复合函数

先看这么一个例子:考察具有同样高度 h 的圆柱体的体积 V,显然其体积的不同取决于它的底面积 S 的大小,即由公式 $V=Sh$(h 为常数)确定.而底面积 S 的大小又其半径 r 确定,即公式 $S=\pi r^{2}$. V 是 S 的函数, S 是 r 的函数, V 与 r 之间通过 S 建立了函数关系式 $V=Sh=\pi r^{2}h$. 它是由函数 $V=Sh$ 与 $S=\pi r^{2}$ 复合而成的,简单地说, V 是 r 的复合函数.

定义 2 设 y 是 u 的函数 $y=f(u)$,而 u 又是 x 的函数 $u=\varphi(x)$,且 $\varphi(x)$ 的值域与 $f(u)$ 的定义域的交集非空,那么 y 通过中间变量 u 的联系成为 x 的函数,我们把这个函数称为由函数 $y=f(u)$ 与 $u=\varphi(x)$ 复合而成的**复合函数**,记作 $y=f[\varphi(x)]$,其中 u 称为**中间变量**.

注意 (1) 并不是任意两个函数都能复合成一个复合函数,如 $y=\arcsin u$, $u=x^{2}+2$ 就不能复合成一个函数.

(2) 学习复合函数有两方面要求:一方面,会把有限个作为中间变量的函数复合成一个函数;另一方面,会把一个复合函数分解为有限个较简单的函数.

(3) 分解复合函数时应自外向内逐层分解并把各层函数分解到基本初等函数经有限次四则运算所构成的函数为止.

例 2 将 $y=\sin u, u=\ln x$ 复合成一个函数.

解 $y=\sin u=\sin(\ln x)$.

例 3 将 $y=\ln u, u=\cos v, v=2^x$ 复合成一个函数.

解 $y=\ln u=\ln\cos v=\ln\cos 2^x$.

从例 2、例 3 可以看出函数复合的过程实际上就是把中间变量依次代入的过程,而且由例 3 可以看出中间变量可以不限于一个.

例 4 指出下列函数的复合过程:

(1) $y=\tan(3x-1)$;   (2) $y=\arccos\dfrac{1}{\sqrt{x^2+2}}$.

解 (1) $y=\tan(3x-1)$ 是由 $y=\tan u$ 和 $u=3x-1$ 复合而成的.

(2) $y=\arccos\dfrac{1}{\sqrt{x^2+2}}$ 是由 $y=\arccos u, u=\dfrac{1}{\sqrt{v}}$ 和 $v=x^2+2$ 复合而成的.

例 5 设 $y=f(u)$ 的定义域为 $[1,5]$,求函数 $y=f(2x-1)$ 的定义域.

解 由复合函数的定义域知 $1\leqslant 2x-1\leqslant 5$,即 $1\leqslant x\leqslant 3$,所以所求函数的定义域为 $[1,3]$.

3. 初等函数

定义 3 由基本初等函数经过有限次的四则运算或有限次的复合运算所构成的,并可用一个式子表示的函数,称为**初等函数**.否则,称为**非初等函数**.

例如,$y=\ln\sqrt{1-x^2}+\sin^2 x$,$y=\dfrac{\tan x}{x^3}-1$,$y=\cos(3x-\sqrt{e^x}+1)+\sin 2x-3$ 等都是初等函数,而大部分分段函数是非初等函数.

4. 点的邻域

邻域是高等数学中一个常用的概念,为了讨论函数在一点附近的某些形态,在此我们引入数轴上一点邻域的概念.

定义 4 设 $x_0,\delta\in\mathbf{R},\delta>0$,集合 $\{x\in\mathbf{R}\mid|x-x_0|<\delta\}=(x_0-\delta,x_0+\delta)$,即数轴上到点 x_0 的距离小于 δ 的点的全体,称为**点 x_0 的 δ 邻域**,记为 $U(x_0,\delta)$.点 x_0,δ 分别称为该邻域的中心和半径.集合 $\{x\in\mathbf{R}\mid 0<|x-x_0|<\delta\}$ 称为**点 x_0 的 δ 空心邻域**,记为 $\mathring{U}(x_0,\delta)$.

补充:平面上点 P_0 的某邻域是指以 P_0 为中心,以任意小的正数 δ 为半径的邻域,$\{(x,y)\in\mathbf{R}^2\mid\sqrt{(x-x_0)^2+(y-y_0)^2}<\delta\}$ 记为 $U(P_0,\delta)$;点 P_0 的某空心邻域是指以 P_0 为中心,以任意小的正数 δ 为半径的空心邻域,记为 $\mathring{U}(P_0,\delta)$.

 **习题 1-1(A)**

1. 判断下列说法是否正确:

(1) 复合函数 $y=f[\varphi(x)]$ 的定义域即为 $u=\varphi(x)$ 的定义域;

(2) 函数 $y=\lg x^2$ 与函数 $y=2\lg x$ 相同;

(3) $y=\arcsin u, u=x^2+3$ 这两个函数可以复合成一个函数 $y=\arcsin(x^2+3)$.

2. 求下列函数的定义域：

(1) $y=\dfrac{1}{\sqrt{x^2-4}}+\lg(x+1)$；

(2) $y=\arcsin\dfrac{x-1}{2}$；

(3) $y=\begin{cases} x-1, & 1<x<3, \\ 3x, & 3\leqslant x<6; \end{cases}$

(4) $y=\dfrac{\sqrt{2x-x^2}}{1-|x|}$.

3. 下列函数中，哪些是偶函数，哪些是奇函数，哪些既非奇函数又非偶函数？

(1) $y=\dfrac{1}{2}(\mathrm{e}^x+\mathrm{e}^{-x})$；

(2) $y=x^5-\sin x$；

(3) $y=\sqrt{x}$；

(4) $y=x^2\cos x+[f(x)+f(-x)]$.

4. 求由下列所给函数复合而成的函数：

(1) $y=\mathrm{e}^u, u=\sin x$；

(2) $y=\tan u, u=v^2, v=x+3$.

5. 指出下列函数的复合过程：

(1) $y=\sqrt{x^3-1}$；

(2) $y=\sin^2 2x$；

(3) $y=\ln\tan 3x$；

(4) $y=2^{\cos(x-1)}$.

 习题 1-1(B)

1. 求下列函数的定义域：

(1) $y=\dfrac{\ln(x+2)}{\sqrt{3-x}}$；

(2) $y=\dfrac{1}{1+\sqrt{x^2-x-6}}$；

(3) $y=\sqrt{x^2-4}-\dfrac{3x}{x-5}$；

(4) $y=\ln(\ln x)$；

(5) $y=f(x-1)+f(x+1), f(u)$ 的定义域为 $(0,3)$.

2. 判断下列函数的奇偶性：

(1) $y=\dfrac{x\sin x}{3+x^2}$；

(2) $y=x^2+2^x-1$；

(3) $y=\lg\dfrac{1-x}{1+x}$；

(4) $y=\tan(\sin x)$.

3. 求下列函数的函数值：

(1) 设 $f(x)=\begin{cases} 2x-1, & x\geqslant 0, \\ 2^x, & x<0, \end{cases}$ 求 $f(-2), f(0), f(3)$；

(2) 设 $f(x)=x\cdot 4^{x-1}$，求 $f(-1), f(t^2), f\left(\dfrac{1}{t}\right)$；

(3) 设 $f(x)=2x-1$，求 $f(a^2), f[f(a)], [f(a)]^2$.

4. 将下列函数复合成一个函数：

(1) $y=\tan u, u=\ln v, v=3x$；

(2) $y=\sqrt{u}, u=\sin v, v=2^x$.

5. 将下列复合函数进行分解：

(1) $y=\sin\sqrt{x-1}$；

(2) $y=(1+2x^2)^5$；

(3) $y=\cos^3(2x+3)$；

(4) $y=\mathrm{e}^{\tan x}$；

(5) $y = \sqrt{\tan(x-1)}$；

(6) $y = \cos[\cos(x^2 - 1)]$；

(7) $y = [\lg(\arcsin x^3)]^3$；

(8) $y = \sqrt{\ln \sqrt{x}}$．

▶ §1-2 经济问题中常见的函数

经济数学是指用数学方法解决经济问题,主要是用微积分的方法研究经济领域中出现的一些函数关系.因此,我们必须了解一些经济分析中常见的函数.

一、利息与贴现函数

1.利息

利息是指借款人向贷款人支付的报酬.

(1) 单利函数.

设初始本金为 p 元,年利率为 r.

第一年年末本利和为

$$s_1 = p(1+r);$$

若第一年的利息不计入本金,则第二年年末的本利和为

$$s_2 = p(1+r) + pr = p(1+2r);$$

按上述方法重复计算,第 n 年年末的本利和为

$$s_n = p(1+nr).$$

以上就是以年为期的单利函数.

(2) 复利函数.

设初始本金为 p 元,年利率为 r.

第一年年末本利和为

$$s_1 = p(1+r);$$

若第一年的利息计入本金,则第二年年末的本利和为

$$s_2 = p(1+r)(1+r) = p(1+r)^2;$$

按上述方法重复计算,第 n 年年末的本利和为

$$s_n = p(1+r)^n.$$

以上就是以年为期的复利函数.

(3) 多次付息函数.

设初始本金为 p 元,年利率为 r,一年分 m 次付息.

若按单利计算,则第 n 年年末的本利和仍为

$$s_n = p(1+nr).$$

若按复利计算,则第 n 年年末的本利和为

$$s_n = p\left(1 + \frac{r}{m}\right)^{mn}.$$

以上是以年为期的多次付息函数.

例1 小张将 10000 元存入银行,假设银行的年利率为 2%,问:(1) 按单利计算,第二

年年末的本利和为多少？（2）按复利计算，第二年年末的本利和为多少？（3）仍按复利计算，如果每年付息 4 次，那么第二年年末的本利和为多少？

解 （1）由单利函数知
$$s_2 = 10000(1 + 2 \times 2\%) = 10400(元),$$
即第二年年末的本利和为 10400 元.

（2）由复利函数知
$$s_2 = 10000(1 + 2\%)^2 = 10404(元),$$
即第二年年末的本利和为 10404 元.

（3）按复利计算，由多次付息函数知
$$s_2 = 10000\left(1 + \frac{1}{4} \times 2\%\right)^{4 \times 2} \approx 10407(元),$$
即仍按复利计算，如果每年付息 4 次，第二年年末的本利和约为 10407 元.

2. 贴现

贴现是指票据所有人在票据到期前从票面金额中扣除未到期期间的利息获得资金的现象.

假设复利年利率 r 不变，第 n 年后价值为 R 元钱的票据的现值
$$p = \frac{R}{(1+r)^n}.$$

以上是贴现计算公式，其中 R 表示第 n 年后票据到期的金额，r 表示贴现率，p 表示票据转让时的贴现金额.

如果某人持有若干张不同期限、不同面值的票据，假设每张的贴现率均为 r，那么一次性转让所有票据得到的贴现金额
$$p = R_0 + \frac{R_1}{1+r} + \frac{R_2}{(1+r)^2} + \cdots + \frac{R_n}{(1+r)^n}.$$

其中 R_0 表示正好到期的票据金额，R_n 表示第 n 年后到期的票据金额.

例2 小王持有三张分别为 2 年到期、3 年到期、5 年到期的票据，对应的票面金额分别为 500 元、1000 元、1200 元. 已知贴现率为 4%，小王现想将这三张票据一次性转让，他得到的贴现金额为多少？

解 由贴现计算公式知
$$p = \frac{500}{(1+4\%)^2} + \frac{1000}{(1+4\%)^3} + \frac{1200}{(1+4\%)^5} \approx 2337.6(元),$$
即小王一次性转让三张票据能得到约 2337.6 元.

二、需求与供给函数

1. 需求函数

作为市场上的一种商品，其需求量受到很多因素影响，如商品的市场价格、消费者的喜好等. 为了便于讨论，我们先不考虑其他因素，假设商品的需求量仅受商品市场价格的影响，即
$$q_d = f(p).$$

其中 q_d 表示商品的需求量，p 表示商品的市场价格.

上述需求函数的反函数即为价格是需求量的函数,即

$$p = p(q_d).$$

2. 供给函数

同样,对于生产某种商品的生产者来说,其商品的供给量也受诸多因素影响,如商品的市场价格、生产成本等.这里我们也假设商品的供给量仅受商品市场价格的影响,即

$$q_s = g(p).$$

其中 q_s 表示商品的供给量,p 表示商品的市场价格.

上述供给函数的反函数即为价格是供给量的函数,即

$$p = p(q_s).$$

3. 市场均衡

如果商品的需求量与供给量相等($q_d = q_s$),则该商品就达到了市场均衡,称此时的商品价格为市场均衡价格.当市场价格高于市场均衡价格时,供给量大于需求量,此时出现"供过于求";当市场价格低于市场均衡价格时,供给量小于需求量,此时出现"供不应求".

例3 某公司向市场提供某种商品的供给函数为

$$q_s = p - 2,$$

其中 q_s 表示商品的供给量,p 表示商品的市场价格.而该商品的需求量满足

$$q_d = 42 - p,$$

求该商品的市场均衡价格及此时的需求量.

解 由市场均衡的条件知

$$p - 2 = 42 - p,$$

解之得 $p = 22$,此时 $q_d = q_s = 20$.故该商品的市场均衡价格为 22,此时的需求量为 20.

三、成本函数

1. 总成本

成本包括固定成本和变动成本两类.固定成本是指厂房、设备等固定资产的折旧、管理者的固定工资等,记为 C_0.变动成本是指原材料的费用、工人的工资等,记为 C_1.这两类成本的总和称为总成本,记为 C,即

$$C = C_0 + C_1.$$

假设固定成本不变(C_0 为常数),变动成本是产量 q 的函数($C_1 = C_1(q)$),则成本函数为

$$C = C(q) = C_0 + C_1(q).$$

2. 平均成本

单位商品的成本称为平均成本,记为 $\overline{C}$,即

$$\overline{C} = \frac{C(q)}{q}.$$

例4 某厂生产一批保温杯的总成本(单位:元)为

$$C(q) = 5000 + 10q,$$

求生产 100 只保温杯时的总成本和平均成本.

解 $C(100) = 5000 + 10 \times 100 = 6000(元)$,$\overline{C} = \dfrac{C(100)}{100} = \dfrac{6000}{100} = 60(元)$.

故生产 100 只保温杯时的总成本为 6000 元,每只的成本为 60 元.

四、收入函数

1. 总收入

收入是指商品售出后的收入,记为 R. 销售某商品的总收入取决于该商品的销售量和销售价格. 因此,收入函数为

$$R = R(q) = q \cdot p(q),$$

其中 q 表示销售量,$p(q)$ 表示价格是销售量的函数.

2. 平均收入

单位商品的收入称为平均收入,记为 $\overline{R}$,即

$$\overline{R} = \frac{R(q)}{q}.$$

例 5 已知某商品的需求函数为 $q = 100 - 2p$,求该商品的收入函数及销量为 20 时的平均收入(其中 p 表示商品的价格).

解 收入函数为

$$R(q) = q \cdot p(q) = q\left(50 - \frac{q}{2}\right),$$

当销量为 20 时,总收入为

$$R(20) = 20\left(50 - \frac{20}{2}\right) = 800,$$

平均收入为

$$\overline{R} = \frac{R(20)}{20} = \frac{800}{20} = 40.$$

例 6 设某商店以每件 a 元的价格出售某商品,若顾客一次购买 50 件以上,则超出部分每件优惠 10%,试将一次成交的销售收入 R 表示为销售量 q 的函数.

解 由题意,一次售出该商品 50 件以内的收入 $R(q) = aq$ 元,而售出 50 件以上的收入为

$$R(q) = 50a + (q - 50) \cdot 90\%a.$$

整理可得,收入函数是销售量 q 的分段函数:

$$R(q) = \begin{cases} aq, & 0 \leqslant q \leqslant 50, \\ 50a + 0.9a(q - 50), & q > 50. \end{cases}$$

五、利润函数

1. 总利润

利润是指收入扣除成本后的剩余部分,记为 L,则

$$L = R - C.$$

如果收入和成本均是产量 q 的函数,则利润也是 q 的函数,记为 $L(q)$,即

$$L(q) = R(q) - C(q).$$

总收入减去变动成本称为毛利润,再减去固定成本称为纯利润.

2. 平均利润

单位商品的利润称为平均利润，记为 $\overline{L}$，即

$$\overline{L} = \frac{L(q)}{q}.$$

3. 盈亏平衡

若 $L(q) = R(q) - C(q) > 0$，则生产者盈利；若 $L(q) = R(q) - C(q) < 0$，则生产者亏本；若 $L(q) = R(q) - C(q) = 0$，则生产者既不盈利也不亏本，称为盈亏平衡。满足 $L(q) = 0$ 的 q 称为盈亏平衡点（或保本点）。

例 7 设某产品的成本和收入函数分别为

$$C(q) = q^2 - 2q + 6, R(q) = 3q.$$

（1）求该产品的利润函数.（2）销量为 10 时是盈利还是亏本？（3）求该产品的盈亏平衡点.

解 （1）利润函数为

$$L(q) = R(q) - C(q) = 3q - (q^2 - 2q + 6) = -q^2 + 5q - 6.$$

（2）因为 $L(10) = -10^2 + 5 \times 10 - 6 = -56 < 0$，所以此时亏本.

（3）$L(q) = -q^2 + 5q - 6 = 0$，解之得 $q = 3$ 或 $q = 2$，即该产品的盈亏平衡点为 $q = 3$ 或 $q = 2$.

 习题 1-2（A）

1. 已知某银行的年利率为 3%，分别用单利和复利计算 3000 元的本金 4 年后的本利和.

2. 设某种商品的供给函数为 $q_s = 4p - 10$，而该商品的需求量满足 $q_d = 30 - p$，求该商品的市场均衡价格及此时的需求量.

3. 设某产品的成本和收入函数分别为 $C(q) = 50 + 3q, R(q) = 5q$，求：（1）该产品的平均利润；（2）该产品的盈亏平衡点.

4. 某商品的成本函数为 $C(q) = 2q^2 - 4q + 27$，供给函数为 $q = p - 8$.（1）求该产品的利润函数；（2）讨论该产品的盈亏情况.

 习题 1-2（B）

1. 某人现有 1000 元钱存入银行，若银行的年利率为 5%.（1）按单利计算，5 年后的本利和为多少？（2）按复利计算，要想使钱翻一倍至少要存几年？（3）按复利计算，如果每年付息 3 次，3 年后本利和为多少？

2. 张某持有两张分别为 5 年到期、10 年到期的票据，对应的票面金额分别为 1000 元、2000 元．已知贴现率为 6%，张某现想将这两张票据一次性转让，他得到的贴现金额为多少？

3. 设某种商品的供给函数为 $q_s = 10p - 2$，而该商品的需求量满足 $q_d = 20 - p$，求该商品的市场均衡价格及此时的需求量.

4. 设某产品的成本函数为 $C(q)=3q+50$,需求函数为 $q=18-p$.(1) 求该产品的平均利润函数;(2) 求该产品的盈亏平衡点,并讨论盈亏平衡情况.

5. 某厂生产一种元器件,设计能力为日产 100 件,每日的固定成本为 150 元,每件的平均可变成本为 10 元.

(1) 试求该厂生产此元器件的日总成本函数及平均成本函数;

(2) 若每件售价 14 元,试写出总收入函数;

(3) 试写出利润函数.

§1-3 极 限

极限是高等数学中一个重要的基本概念.在微积分中,很多概念都是通过极限来定义的,极限描述的是在自变量的某个变化过程中函数的终极变化趋势.我们先讨论数列的极限,然后再讨论函数的极限.

一、数列极限

1. 数列的定义

定义 1 按一定规律排列得到的一串数

$$x_1,x_2,x_3,\cdots,x_n,\cdots$$

就叫作**数列**,记为 $\{x_n\}$,其中第 n 项 x_n 叫作数列的**一般项**或**通项**.

说明 (1) 数列可看作定义在正整数集合上的函数

$$x_n=f(n)\ (n=1,2,3,\cdots).$$

(2) 数列 $\{x_n\}$ 可以看作数轴上的一族动点,它依次取数轴上的点 $x_1,x_2,x_3,\cdots,x_n,\cdots$.

数列的例子:

(1) $\{2^n\}$:$2,4,8,\cdots,2^n,\cdots$;

(2) $\left\{\dfrac{1}{n}\right\}$:$1,\dfrac{1}{2},\dfrac{1}{3},\cdots,\dfrac{1}{100},\cdots,\dfrac{1}{n},\cdots$;

(3) $\{(-1)^n\}$:$-1,1,-1,1,\cdots,(-1)^n,\cdots$.

观察上面三个数列:(1) 当 n 无限增大时,2^n 也无限增大;(2) 当 n 无限增大时,$\dfrac{1}{n}$ 无限地趋近于 0;(3) 当 n 无限增大时,$(-1)^n$ 总在 1、-1 两个数值之间跳跃.

2. 数列的极限

定义 2 对于数列 $\{x_n\}$,如果当项数 n 无限增大时,数列的一般项 x_n 无限地趋近于某一确定的常数 A,那么称常数 A 是**数列 $\{x_n\}$ 的极限**,记为 $\lim\limits_{n\to\infty}x_n=A$(读作:当 n 趋向于无穷大时,x_n 的极限等于 A),或者记为 $x_n\to A(n\to\infty)$.

若数列存在极限,则称数列是收敛的;若数列没有极限,则称数列是发散的.

由数列极限的定义知,(1)(3)中的数列是发散的,而(2)中的数列是收敛的,且收敛于 0,即 $\lim\limits_{n\to\infty}\dfrac{1}{n}=0$.

说明 （1）判断一个数列有无极限，应该分析随着项数的无限增大，数列中相应的项是否无限趋近于某个确定的常数. 如果这样的数存在，那么这个数就是该数列的极限，否则该数列的极限就不存在.

（2）一般地，任何一个常数数列的极限就是这个常数本身，如常数数列 $3,3,3,3,\cdots$ 的极限就是 3.

我们已经知道数列可看作一类特殊的函数，即自变量取正整数，若自变量不再限于正整数的顺序，而是连续变化的，数列就成了函数. 下面我们结合数列的极限来学习函数极限的概念.

二、函数极限

根据自变量的变化过程，将函数极限分为两种情形：一种是 x 的绝对值（$|x|$）无限增大（记作 $x \to \infty$）；另一种是 x 无限趋近于某一值 x_0（记作 $x \to x_0$）. 下面分别对 x 在上述两种情况下函数 $f(x)$ 的极限进行讨论.

1. 当 $x \to \infty$ 时，函数 $f(x)$ 的极限

定义 3 如果当 $|x|$ 无限增大（即 $x \to \infty$）时，函数 $f(x)$ 无限地趋近于某一确定的常数 A，那么称常数 A 是**函数 $f(x)$ 当 $x \to \infty$ 时的极限**，记为 $\lim\limits_{x \to \infty} f(x) = A$ 或 $f(x) \to A (x \to \infty)$.

注意 $x \to \infty$ 表示两层含义：（1）x 取正值，无限增大（即 $x \to +\infty$）；（2）x 取负值，无限减小（即 $x \to -\infty$）.

若 x 不指定正负，只是 $|x|$ 无限增大，则写成 $x \to \infty$.

当自变量只能或只需取其中一种变化时，我们可类似地定义单向极限：

如果当 $x \to +\infty$（或 $x \to -\infty$）时，函数 $f(x)$ 无限地趋近于某一确定的常数 A，那么称常数 A 是函数 $f(x)$ 当 $x \to +\infty$（或 $x \to -\infty$）时的极限，记为
$$\lim_{x \to +\infty} f(x) = A \left(\text{或} \lim_{x \to -\infty} f(x) = A\right).$$

例 1 考察函数 $y = \dfrac{1}{x} + 1$ 当 $x \to \infty$ 时的极限.

解 如图 1-1 所示，当 $|x|$ 无限增大时，$\dfrac{1}{x} + 1$ 无限地趋近于 1，所以 $\lim\limits_{x \to \infty}\left(\dfrac{1}{x} + 1\right) = 1$. 显然也有 $\lim\limits_{x \to +\infty}\left(\dfrac{1}{x} + 1\right) = 1$，$\lim\limits_{x \to -\infty}\left(\dfrac{1}{x} + 1\right) = 1$.

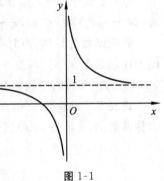

图 1-1

例 2 讨论函数 $y = \arctan x$ 当 $x \to \infty$ 时的极限是否存在.

解 由图 1-2 可知
$$\lim_{x \to +\infty} \arctan x = \frac{\pi}{2}, \quad \lim_{x \to -\infty} \arctan x = -\frac{\pi}{2},$$
所以当 $x \to \infty$ 时，$y = \arctan x$ 不能趋近于一个确定的常数，从而 $y = \arctan x$ 当 $x \to \infty$ 时的极限不存在.

由例 2，我们可以得出下面的结论：当且仅当 $\lim\limits_{x \to +\infty} f(x)$ 和

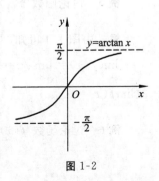

图 1-2

$\lim_{x \to -\infty} f(x)$ 都存在并且相等都为 A 时，$\lim_{x \to \infty} f(x) = A$，即

$$\lim_{x \to \infty} f(x) = A \Leftrightarrow \lim_{x \to +\infty} f(x) = \lim_{x \to -\infty} f(x) = A.$$

2. 当 $x \to x_0$ 时，函数 $f(x)$ 的极限

定义 4 设函数 $f(x)$ 在 x_0 的某邻域（点 x_0 可除外）内有定义，如果当 $x \to x_0$ 且 $x \neq x_0$ 时，函数 $f(x)$ 无限地趋近于某一确定的常数 A，那么称常数 A 是函数 $f(x)$ 当 $x \to x_0$ 时的极限，记为 $\lim_{x \to x_0} f(x) = A$ 或 $f(x) \to A(x \to x_0)$.

例 3 求下列极限：

(1) $\lim_{x \to x_0} C$（C 为常数）；　　　　(2) $\lim_{x \to x_0} x$.

解 (1) 因为 $y = C$ 是常数函数，不论 x 怎么变化，y 始终为常数 C，所以

$$\lim_{x \to x_0} C = C.$$

（思考：$\lim_{x \to \infty} C = ?$）

(2) 因为 $y = x$，当 $x \to x_0$ 时，$y = x \to x_0$，所以

$$\lim_{x \to x_0} x = x_0.$$

在定义 4 中我们要注意以下两点：

(1) 定义中考虑的是当 $x \to x_0$ 且 $x \neq x_0$ 时，函数 $f(x)$ 的变化趋势，并不考虑 $f(x)$ 在 x_0 处是否有定义. 如下例：

例 4 考察函数 $y = \dfrac{x^2 - 1}{x - 1}$ 当 $x \to 1$ 时的极限.

解 由图 1-3 可知 $\lim_{x \to 1} \dfrac{x^2 - 1}{x - 1} = 2.$

(2) 定义中 $x \to x_0$ 是指以任意方式趋近于 x_0，包括：$x > x_0$，$x \to x_0$（即 $x \to x_0^+$）和 $x < x_0$，$x \to x_0$（即 $x \to x_0^-$）.

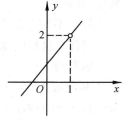

图 1-3

研究函数的性质，有时我们需要知道 x 仅从大于 x_0 或小于 x_0 的方向趋近于 x_0 时，函数 $f(x)$ 的变化趋势. 因此，下面给出当 $x \to x_0$ 时，函数 $f(x)$ 的左极限和右极限的定义.

定义 5 如果当 $x \to x_0^+$（或 $x \to x_0^-$）时，函数 $f(x)$ 无限地趋近于某一确定的常数 A，那么称常数 A 是函数 $f(x)$ 当 $x \to x_0$ 时的右极限（或左极限），记为

$$\lim_{x \to x_0^+} f(x) = A \ (\text{或} \lim_{x \to x_0^-} f(x) = A).$$

例 5 讨论函数 $f(x) = \begin{cases} x, & x < 0, \\ \sqrt{x}, & x \geq 0 \end{cases}$ 当 $x \to 0$ 时的极限.

解 由图 1-4 可知

$$\lim_{x \to 0^+} f(x) = \lim_{x \to 0^+} \sqrt{x} = 0, \ \lim_{x \to 0^-} f(x) = \lim_{x \to 0^-} x = 0,$$

故 $\lim_{x \to 0} f(x) = 0.$

例 6 讨论函数 $f(x) = \begin{cases} x, & x < 0, \\ 1, & x \geq 0 \end{cases}$ 当 $x \to 0$ 时的极限.

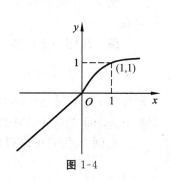

图 1-4

解 由图 1-5 可知

$$\lim_{x \to 0^+} f(x) = \lim_{x \to 0^+} 1 = 1, \lim_{x \to 0^-} f(x) = \lim_{x \to 0^-} x = 0,$$

所以当 $x \to 0$ 时函数 $f(x)$ 的极限不存在.

由例 6,我们可以得出下面的结论:当且仅当 $\lim_{x \to x_0^-} f(x)$ 和

$\lim_{x \to x_0^+} f(x)$ 都存在并且相等都为 A 时, $\lim_{x \to x_0} f(x) = A$,即

$$\lim_{x \to x_0} f(x) = A \Leftrightarrow \lim_{x \to x_0^+} f(x) = \lim_{x \to x_0^-} f(x) = A.$$

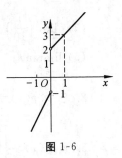

图 1-5

例 7 设 $f(x) = \begin{cases} 2x-1, & x<0, \\ 0, & x=0, \\ x+2, & x>0, \end{cases}$ 求:(1) $\lim_{x \to 0} f(x)$; (2) $\lim_{x \to 1} f(x)$.

解 (1) 由于 $x=0$ 是函数 $f(x)$ 的分段点(图 1-6),且函数在 $x=0$ 的左右两侧表达式不同,所以要根据函数在一点极限存在的充要条件讨论.

$$\lim_{x \to 0^-} f(x) = \lim_{x \to 0^-} (2x-1) = -1,$$

$$\lim_{x \to 0^+} f(x) = \lim_{x \to 0^+} (x+2) = 2,$$

$\lim_{x \to 0^-} f(x) \ne \lim_{x \to 0^+} f(x)$,所以 $\lim_{x \to 0} f(x)$ 不存在.

(2) 由于函数 $f(x)$ 在点 $x=1$ 附近左右两侧的表达式相同,所以

$$\lim_{x \to 1} f(x) = \lim_{x \to 1} (x+2) = 3.$$

图 1-6

 习题 1-3(A)

1. 判断下列说法是否正确:

(1) 有界数列必收敛;

(2) 若函数 $f(x)$ 在点 x_0 处无定义,则函数 $f(x)$ 在点 x_0 处极限不存在;

(3) 若 $\lim_{x \to x_0^-} f(x)$ 和 $\lim_{x \to x_0^+} f(x)$ 都存在,则 $\lim_{x \to x_0} f(x)$ 必存在.

2. 观察下列数列当 $n \to \infty$ 时的变化趋势,写出它们的极限:

(1) $x_n = \dfrac{1}{2^n}$;

(2) $x_n = (-1)^n n$;

(3) $x_n = \dfrac{n}{n+1}$;

(4) $x_n = \sin\dfrac{n\pi}{2}$.

3. 作出图象求下列函数的极限:

(1) $\lim_{x \to 2} (2x+1)$;

(2) $\lim_{x \to +\infty} \left(\dfrac{1}{3}\right)^x$;

(3) $\lim_{x \to -1} \dfrac{x^2-x-2}{x+1}$;

(4) $\lim_{x \to -\infty} e^x$.

4. 设 $f(x) = \begin{cases} x, & x<3, \\ 3x-1, & x \geqslant 3, \end{cases}$ 作出 $f(x)$ 的图象,并讨论 $x \to 3$ 时 $f(x)$ 的极限是否

存在.

5. 讨论符号函数 $\operatorname{sgn}x=\begin{cases}-1, & x<0, \\ 0, & x=0, \\ 1, & x>0\end{cases}$ 当 $x\to0$，$x\to1$ 时极限是否存在,若存在,求出

极限.

 习题 1-3(B)

1. 作图观察并求出下列函数的极限:

(1) $\lim\limits_{x\to\infty}\left(2+\dfrac{1}{x}\right)$; (2) $\lim\limits_{x\to-\infty}2^x$;

(3) $\lim\limits_{x\to+\infty}\left(\dfrac{1}{10}\right)^x$; (4) $\lim\limits_{x\to1}\ln x$;

(5) $\lim\limits_{x\to\frac{\pi}{4}}\tan x$; (6) $\lim\limits_{x\to3}(x^2-6x+8)$.

2. 已知 $f(x)=\dfrac{|x|}{x}$ 和 $g(x)=\dfrac{x}{x}$,讨论 $\lim\limits_{x\to0}f(x)$,$\lim\limits_{x\to0}g(x)$ 是否存在.

3. 设 $f(x)=\begin{cases}2^x, & x<0, \\ 2, & 0\leqslant x<1,\\ -x+3, & x\geqslant1,\end{cases}$ 作图并讨论 $x\to0$,$x\to1$ 时的极限是否存在.

4. 证明函数 $f(x)=\begin{cases}x^2+1, & x<1, \\ 1, & x=1,\\ -1, & x>1\end{cases}$ 当 $x\to1$ 时极限不存在.

▶ §1-4 极限运算法则

根据极限的定义,通过观察和分析,我们可求出一些简单函数的极限,对于一些较为复杂的函数,我们如何去求其极限呢? 本节将介绍如何运用极限的四则运算法则来求函数的极限.

在下面的定理中,如果不特别指出自变量 x 的变化过程,即表示可以是 $x\to\infty$,$x\to+\infty$,$x\to-\infty$,$x\to x_0$,$x\to x_0^+$,$x\to x_0^-$ 中的任何一种.

定理(极限的四则运算法则) 在自变量的某个变化过程中,如果 $\lim f(x)=A$,$\lim g(x)=B$,那么

(1) $\lim[f(x)\pm g(x)]=\lim f(x)\pm\lim g(x)=A\pm B$;

(2) $\lim[f(x)\cdot g(x)]=\lim f(x)\cdot\lim g(x)=A\cdot B$;

(3) 若 $B\neq0$,则 $\lim\dfrac{f(x)}{g(x)}=\dfrac{\lim f(x)}{\lim g(x)}=\dfrac{A}{B}$.

说明 法则(1)(2)可推广到有限个函数的情况.

推论 如果 $\lim f(x)=A$,那么

(1) $\lim k f(x) = k \lim f(x) = kA$，$k$ 为常数；

(2) $\lim f^n(x) = [\lim f(x)]^n = A^n$，$n$ 为正整数．

说明 推论(2)中，只要 x 使函数有意义，就可以把正整数 n 推广到实数范围内，即

$$\lim f^\alpha(x) = [\lim f(x)]^\alpha = A^\alpha, \alpha \in \mathbf{R}.$$

例 1 求 $\lim\limits_{x \to 2}(2x^2 - x + 1)$．

解
$$\begin{aligned}
\lim_{x \to 2}(2x^2 - x + 1) &= \lim_{x \to 2} 2x^2 - \lim_{x \to 2} x + \lim_{x \to 2} 1 \\
&= 2(\lim_{x \to 2} x)^2 - \lim_{x \to 2} x + 1 = 2 \cdot 2^2 - 2 + 1 = 7.
\end{aligned}$$

例 2 求 $\lim\limits_{x \to 2} \dfrac{2x^2 - x + 5}{3x + 1}$．

解 因为 $\lim\limits_{x \to 2}(3x + 1) \neq 0$，所以

$$\lim_{x \to 2} \frac{2x^2 - x + 5}{3x + 1} = \frac{\lim\limits_{x \to 2}(2x^2 - x + 5)}{\lim\limits_{x \to 2}(3x + 1)} = \frac{2(\lim\limits_{x \to 2} x)^2 - \lim\limits_{x \to 2} x + \lim\limits_{x \to 2} 5}{3(\lim\limits_{x \to 2} x) + \lim\limits_{x \to 2} 1} = \frac{2 \cdot 2^2 - 2 + 5}{3 \cdot 2 + 1} = \frac{11}{7}.$$

例 3 求 $\lim\limits_{x \to 3} \dfrac{x - 3}{x^2 - 9}$．

解 因为 $\lim\limits_{x \to 3}(x^2 - 9) = 0$，所以不能直接用极限的四则运算法则．但 $x \to 3$ 的过程中，$x \neq 3$，因此

$$\lim_{x \to 3} \frac{x - 3}{x^2 - 9} = \lim_{x \to 3} \frac{x - 3}{(x - 3)(x + 3)} = \lim_{x \to 3} \frac{1}{x + 3} = \frac{\lim\limits_{x \to 3} 1}{\lim\limits_{x \to 3}(x + 3)} = \frac{1}{6}.$$

例 4 求 $\lim\limits_{x \to 0} \dfrac{\sqrt{1 + x} - 1}{x}$．

解 因为 $\lim\limits_{x \to 0} x = 0$，所以不能直接用极限的四则运算法则．但通过根式有理化可将分母的极限为零的因子消去，因此

$$\begin{aligned}
\lim_{x \to 0} \frac{\sqrt{1 + x} - 1}{x} &= \lim_{x \to 0} \frac{(\sqrt{1 + x} - 1)(\sqrt{1 + x} + 1)}{x(\sqrt{1 + x} + 1)} = \lim_{x \to 0} \frac{x}{x(\sqrt{1 + x} + 1)} \\
&= \lim_{x \to 0} \frac{1}{\sqrt{1 + x} + 1} = \frac{1}{2}.
\end{aligned}$$

说明 例 3、例 4 均为"$\dfrac{0}{0}$"型极限，可通过因式分解、根式有理化消去分母中的零因子．

例 5 求 $\lim\limits_{x \to 1} \left(\dfrac{1}{1 - x} - \dfrac{2}{1 - x^2} \right)$．

解
$$\begin{aligned}
\lim_{x \to 1} \left(\frac{1}{1 - x} - \frac{2}{1 - x^2} \right) &= \lim_{x \to 1} \frac{1 + x - 2}{(1 - x)(1 + x)} = \lim_{x \to 1} \frac{x - 1}{(1 - x)(1 + x)} \\
&= -\lim_{x \to 1} \frac{1}{1 + x} = -\frac{1}{2}.
\end{aligned}$$

说明 例 5 是"$\infty - \infty$"型极限，通过通分转化．

例 6 求 $\lim\limits_{x \to \infty} \dfrac{x^2 - 1}{2x^2 - x - 1}$．

解
$$\lim_{x \to \infty} \frac{x^2 - 1}{2x^2 - x - 1} = \lim_{x \to \infty} \frac{1 - \dfrac{1}{x^2}}{2 - \dfrac{1}{x} - \dfrac{1}{x^2}} = \frac{1}{2}.$$

例 7 $\lim\limits_{x\to\infty}\dfrac{3x^2+x-1}{2x^3-3x+2}$.

解 $\lim\limits_{x\to\infty}\dfrac{3x^2+x-1}{2x^3-3x+2}=\lim\limits_{x\to\infty}\dfrac{\dfrac{3}{x}+\dfrac{1}{x^2}-\dfrac{1}{x^3}}{2-\dfrac{3}{x^2}+\dfrac{2}{x^3}}=\dfrac{0}{2}=0$.

注 以下结论在极限的反问题中常用.

若 $\lim g(x)=0$，且 $\lim\dfrac{f(x)}{g(x)}$ 存在，则必有 $\lim f(x)=0$.

例 8 设 $\lim\limits_{x\to1}\dfrac{x^2+bx+c}{x^2-1}=2$，求 b,c 的值.

解 因为 $\lim\limits_{x\to1}(x^2-1)=0$，而分式极限又存在，所以 $\lim\limits_{x\to1}(x^2+bx+c)$ 也必须为零，即 $1+b+c=0$，得 $c=-1-b$. 所以

$$\lim\limits_{x\to1}\dfrac{x^2+bx+c}{x^2-1}=\lim\limits_{x\to1}\dfrac{x^2+bx-1-b}{x^2-1}=\lim\limits_{x\to1}\dfrac{(x^2-1)+b(x-1)}{x^2-1}=\lim\limits_{x\to1}\dfrac{x+1+b}{x+1}=\dfrac{2+b}{2}=2,$$

所以 $b=2,c=-3$.

从上述各例中，我们发现在应用极限的四则运算法则求极限时，首先要判断函数是否满足法则中的条件. 如果不满足，要根据函数的特点作适当的恒等变换，使之符合条件，然后再使用极限的运算法则求出结果.

 习题 1-4(A)

1. 判断下列说法是否正确：

(1) 设 $\lim\limits_{x\to x_0}[f(x)+g(x)]$，$\lim\limits_{x\to x_0}f(x)$ 都存在，则极限 $\lim\limits_{x\to x_0}g(x)$ 一定存在；

(2) 设 $\lim\limits_{x\to x_0}[f(x)+g(x)]$ 存在，则 $\lim\limits_{x\to x_0}f(x)$，$\lim\limits_{x\to x_0}g(x)$ 一定都存在；

(3) 设 $\lim\limits_{x\to x_0}f(x)g(x)$，$\lim\limits_{x\to x_0}f(x)$ 都存在，则极限 $\lim\limits_{x\to x_0}g(x)$ 一定存在；

(4) 设 $\lim\limits_{x\to x_0}f(x)g(x)$，$\lim\limits_{x\to x_0}f(x)$ 都存在，且 $\lim\limits_{x\to x_0}f(x)\neq0$，则极限 $\lim\limits_{x\to x_0}g(x)$ 一定存在.

2. 求下列各极限：

(1) $\lim\limits_{x\to2}\dfrac{x^2+5}{x-3}$；

(2) $\lim\limits_{x\to1}\dfrac{x^2-2x+1}{x^2-1}$；

(3) $\lim\limits_{h\to0}\dfrac{(x+h)^2-x^2}{h}$；

(4) $\lim\limits_{x\to0}\dfrac{4x^3-2x^2+x}{3x^2+2x}$；

(5) $\lim\limits_{x\to\infty}\left(2-\dfrac{1}{x}+\dfrac{1}{x^2}\right)$；

(6) $\lim\limits_{x\to3}\dfrac{x-3}{\sqrt{x+1}-2}$；

(7) $\lim\limits_{x\to\infty}\dfrac{x^2+x}{x^2-3x-1}$；

(8) $\lim\limits_{n\to\infty}\left(1+\dfrac{1}{2}+\dfrac{1}{4}+\cdots+\dfrac{1}{2^n}\right)$.

 习题 1-4(B)

1. 计算下列极限：

 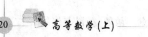

(1) $\lim\limits_{x \to 1} \dfrac{x^2-3}{x^2+1}$;

(2) $\lim\limits_{x \to 4} \dfrac{x^2-6x+8}{x^2-5x+4}$;

(3) $\lim\limits_{x \to -2} \dfrac{x^3+8}{x+2}$;

(4) $\lim\limits_{x \to \infty} \dfrac{1-x^2}{2x^2-1}$;

(5) $\lim\limits_{x \to \infty} \left(1+\dfrac{1}{x}\right)\left(2-\dfrac{1}{x^2}\right)$;

(6) $\lim\limits_{x \to \infty} \left(\dfrac{x^3}{x^2-1} - \dfrac{x^2+1}{x+1}\right)$;

(7) $\lim\limits_{x \to 4} \dfrac{\sqrt{x+5}-3}{x-4}$;

(8) $\lim\limits_{x \to +\infty} (\sqrt{x+1} - \sqrt{x})$;

(9) $\lim\limits_{n \to \infty} \dfrac{1+2+3+\cdots+(n-1)}{n^2}$;

(10) $\lim\limits_{n \to \infty} \left[\dfrac{1+3+5+\cdots+(2n-1)}{n+1} - \dfrac{2n+1}{2}\right]$;

(11) $\lim\limits_{x \to 1} \dfrac{\sqrt{5x-4}-\sqrt{x}}{x-1}$;

(12) $\lim\limits_{x \to 0} \dfrac{x^2}{1-\sqrt{1+x^2}}$.

2. 已知 $\lim\limits_{x \to 3} \dfrac{x^2-2x+k}{x-3}$ 存在，确定 k 的值，并求此极限.

3. 已知 $\lim\limits_{x \to -1} \dfrac{x^3-ax^2-x+4}{x+1} = l$ (l 为有限值)，试确定 a, l 的值.

▶ §1-5　函数的连续性

许多变化都有渐变和突变的过程，在数学上则用函数的连续和间断来描述这两种变化.连续性是函数的重要性质之一，它不仅是函数研究的重要内容之一，也为计算极限提供了新的方法.在现实生活中有很多变量都是连续变化的，如气温的变化、植物的生长、河水的流动等.本节将运用极限的概念对函数的连续性加以描述和研究，并在此基础上解决更多的极限计算问题.

一、函数在一点处连续

1.连续的定义

所谓"函数连续变化"，从直观上来看，就是它的图象是连续不断的.

例如，函数 $g(x)=x+1$ 在点 $x=1$ 处是连续的；而函数 $f_1(x)=\ln|1-x|$，$f_2(x)=\dfrac{x^2-1}{x-1}$，$f_3(x)=\begin{cases} x+1, & x>1 \\ x-1, & x \leqslant 1 \end{cases}$，在点 $x=1$ 处是不连续的（可作图观察）.

一般地，对于函数在某一点处连续有以下定义：

定义 1　如果函数 $y=f(x)$ 在点 x_0 的某一邻域内有定义，$\lim\limits_{x \to x_0} f(x)$ 存在并且 $\lim\limits_{x \to x_0} f(x) = f(x_0)$，那么称函数 $y=f(x)$ **在点 x_0 处连续**，x_0 称为函数 $y=f(x)$ 的**连续点**.

注意　从定义 1 可以看出，$y=f(x)$ 在点 x_0 处连续必须同时满足以下三个条件：

(1) 函数 $y=f(x)$ 在点 x_0 的某一邻域内有定义；

(2) 极限 $\lim\limits_{x \to x_0} f(x)$ 存在；

(3) 极限值等于函数值，即 $\lim\limits_{x \to x_0} f(x) = f(x_0)$.

2. 变量的增量

设变量 u 从它的一个初值 u_1 变到终值 u_2，终值与初值的差 u_2-u_1 就叫作变量 u 的增量，记作 Δu，即 $\Delta u=u_2-u_1$.

设函数 $y=f(x)$ 在点 x_0 的某一个邻域内有定义，当自变量 x 在该邻域内从 x_0 变到 $x_0+\Delta x$ 时，函数 y 相应地从 $f(x_0)$ 变到 $f(x_0+\Delta x)$. 因此，函数 y 对应的增量为

$$\Delta y=f(x_0+\Delta x)-f(x_0).$$

注：增量也称为改变量，它可以是正数，也可以是零或负数.

为了应用方便，还要介绍函数 $y=f(x)$ 在点 x_0 处连续的等价定义：

定义 1′ 设函数 $y=f(x)$ 在点 x_0 的某一邻域内有定义，如果当自变量 x 在 x_0 处的增量 Δx 趋近于零时，函数 $y=f(x)$ 的相应增量 $\Delta y=f(x_0+\Delta x)-f(x_0)$ 也趋近于零，也就是说，有 $\lim\limits_{\Delta x \to 0}\Delta y=0$（或 $\lim\limits_{\Delta x \to 0}[f(x_0+\Delta x)-f(x_0)]=0$），那么称函数 $y=f(x)$ 在点 x_0 处连续，x_0 称为函数 $y=f(x)$ 的连续点.

例 1 研究函数 $f(x)=x^2+x+1$ 在点 $x=2$ 处的连续性.

解 （1）函数 $f(x)=x^2+x+1$ 在点 $x=2$ 的某一邻域内有定义；

（2）$\lim\limits_{x\to 2}f(x)=\lim\limits_{x\to 2}(x^2+x+1)=7$；

（3）$\lim\limits_{x\to 2}f(x)=7=f(2)$.

因此，函数 $f(x)=x^2+1$ 在 $x=2$ 处连续.

相应于函数 $f(x)$ 在 x_0 处的左、右极限的概念，有如下定义：

定义 2 设函数 $y=f(x)$ 在点 x_0 及其左半（或右半）邻域内有定义，如果 $\lim\limits_{x\to x_0^-}f(x)=f(x_0)$（或 $\lim\limits_{x\to x_0^+}f(x)=f(x_0)$），那么称函数 $y=f(x)$ 在点 x_0 处**左连续**（或**右连续**）.

例如，前面提到过的 $f_3(x)=\begin{cases}x+1, & x>1, \\ x-1, & x\leqslant 1\end{cases}$ 在 $x=1$ 处只是左连续.

不难知道，$y=f(x)$ 在点 x_0 处连续 $\Leftrightarrow y=f(x)$ 在点 x_0 处既左连续又右连续.

例 2 讨论函数 $f(x)=\begin{cases}x+1, & x>1, \\ 3x-1, & x\leqslant 1\end{cases}$ 在 $x=1$ 处的连续性.

解 函数 $f(x)$ 在点 $x=1$ 的某一邻域内有定义，且

$$\lim\limits_{x\to 1^-}f(x)=\lim\limits_{x\to 1^-}(3x-1)=2=f(1),$$
$$\lim\limits_{x\to 1^+}f(x)=\lim\limits_{x\to 1^+}(x+1)=2=f(1),$$

即 $f(x)$ 在点 $x=1$ 处既左连续又右连续，故 $f(x)$ 在点 $x=1$ 处连续.

二、连续函数及其运算

1. 连续函数的定义

定义 3 如果函数 $y=f(x)$ 在开区间 (a,b) 内每一点都连续，那么称函数 $y=f(x)$ **在区间 (a,b) 内连续**，或称函数 $y=f(x)$ 为区间 (a,b) 内的**连续函数**，区间 (a,b) 称为函数 $y=f(x)$ 的**连续区间**.

如果函数 $y=f(x)$ 在闭区间 $[a,b]$ 上有定义，在开区间 (a,b) 内连续，且在右端点 b 处左连续，在左端点 a 处右连续，那么称函数 $y=f(x)$ **在闭区间 $[a,b]$ 上连续**.

在几何上,连续函数的图象是一条连续不间断的曲线.

因为基本初等函数的图象在其定义区间(即包含在定义域内的区间)内是连续不间断的曲线,所以有以下结论:

基本初等函数在其定义区间内都是连续的.

2. 连续函数的运算

定理 1　如果函数 $f(x)$ 和 $g(x)$ 在 x_0 处连续,那么它们的和、差、积、商(分母在 x_0 处不等于零)也都在 x_0 处连续,即

$$\lim_{x \to x_0}[f(x) \pm g(x)] = f(x_0) \pm g(x_0),$$

$$\lim_{x \to x_0}[f(x)g(x)] = f(x_0)g(x_0),$$

$$\lim_{x \to x_0}\frac{f(x)}{g(x)} = \frac{f(x_0)}{g(x_0)}, g(x_0) \neq 0.$$

下面证明 $f(x) \pm g(x)$ 的连续性:

因为 $f(x)$ 和 $g(x)$ 在点 x_0 处连续,所以它们在点 x_0 的某一邻域内有定义,从而 $f(x) \pm g(x)$ 在点 x_0 的某一邻域内也有定义.再由连续性和极限运算法则,有

$$\lim_{x \to x_0}[f(x) \pm g(x)] = \lim_{x \to x_0}f(x) \pm \lim_{x \to x_0}g(x) = f(x_0) \pm g(x_0).$$

根据连续性的定义, $f(x) \pm g(x)$ 在点 x_0 处连续.

同样可证明后两个结论.

注意　和、差、积的情况可以推广到有限个函数的情形.

3. 复合函数的连续性

定理 2　如果函数 $u = \varphi(x)$ 在点 x_0 处连续,且 $\varphi(x_0) = u_0$,而函数 $y = f(u)$ 在点 u_0 处连续,那么复合函数 $y = f[\varphi(x)]$ 在点 x_0 处也连续.(证明从略)

推论　如果 $\lim_{x \to x_0}\varphi(x)$ 存在且为 u_0,而函数 $y = f(u)$ 在点 u_0 处连续,则 $\lim_{x \to x_0}f[\varphi(x)] = f[\lim_{x \to x_0}\varphi(x)] = f(u_0)$.

例 3　求 $\lim_{x \to 1}\ln\frac{x^2-1}{x-1}$.

解　$\lim_{x \to 1}\ln\frac{x^2-1}{x-1} = \ln\lim_{x \to 1}\frac{x^2-1}{x-1} = \ln 2.$

4. 初等函数的连续性

根据初等函数的定义,由基本初等函数的连续性以及本节有关定理可得下面的重要结论:

一切初等函数在其定义区间内都是连续的.

这个结论为我们提供了判断一个函数是不是连续函数的依据及计算初等函数极限的一种方法.

如果 $f(x)$ 是初等函数,且 x_0 是 $f(x)$ 的定义区间内的点,则 $\lim_{x \to x_0}f(x) = f(x_0)$.

例 4　求 $\lim_{x \to 0}\sqrt{1-x+x^2}$.

解　初等函数 $f(x) = \sqrt{1-x+x^2}$ 在点 $x_0 = 0$ 处是有定义的,所以

$$\lim_{x \to 0}\sqrt{1-x+x^2} = \sqrt{1} = 1.$$

例 5 求 $\lim\limits_{x \to \frac{\pi}{2}} \ln\sin x$.

解 初等函数 $f(x)=\ln\sin x$ 在点 $x_0=\dfrac{\pi}{2}$ 处是有定义的,所以

$$\lim_{x \to \frac{\pi}{2}} \ln\sin x = \ln\sin\frac{\pi}{2} = 0.$$

例 6 求 $\lim\limits_{x \to 0} \dfrac{\sqrt{1+x^2}-1}{x^2}$.

解 $\lim\limits_{x \to 0} \dfrac{\sqrt{1+x^2}-1}{x^2} = \lim\limits_{x \to 0} \dfrac{(\sqrt{1+x^2}-1)(\sqrt{1+x^2}+1)}{x^2(\sqrt{1+x^2}+1)} = \lim\limits_{x \to 0} \dfrac{1}{\sqrt{1+x^2}+1} = \dfrac{1}{2}$.

三、函数的间断点

1.间断点的概念

定义 4 设函数 $f(x)$ 在点 x_0 的某去心邻域内有定义.在此前提下,如果函数 $f(x)$ 有下列三种情形之一:

(1) 在 x_0 处没有定义;

(2) 虽然在 x_0 处有定义,但 $\lim\limits_{x \to x_0} f(x)$ 不存在;

(3) 虽然在 x_0 处有定义且 $\lim\limits_{x \to x_0} f(x)$ 存在,但 $\lim\limits_{x \to x_0} f(x) \neq f(x_0)$.

则函数 $f(x)$ 在点 x_0 处不连续,而点 x_0 称为函数 $f(x)$ 的**不连续点**或**间断点**.

2.间断点的分类

根据函数间断的不同情形,把间断点分为如下两类:

设 x_0 是函数 $y=f(x)$ 的间断点,若 $y=f(x)$ 在 x_0 处的左、右极限都存在,则称 x_0 是函数 $y=f(x)$ 的**第一类间断点**.在第一类间断点中,如果左、右极限存在但不相等,这种间断点称为**跳跃间断点**;如果左、右极限存在且相等(即极限存在),这类间断点称为**可去间断点**.

凡不是第一类间断点的间断点都称为**第二类间断点**.

例如,$x=2$ 是函数 $y=\dfrac{x^2-4}{x-2}$ 的第一类间断点中的可去间断点,$x=0$ 是函数 $y=\dfrac{1}{x}$ 的第二类间断点.

例 7 讨论函数 $f(x)=\begin{cases} x-5, & -2 \leqslant x<0, \\ -x+1, & 0 \leqslant x \leqslant 2 \end{cases}$ 在点 $x=0$ 与 $x=1$ 处的连续性.

解 (1) 讨论 $f(x)$ 在 $x=0$ 处的连续性:

函数 $f(x)$ 在点 $x=0$ 的邻域内有定义,且 $\lim\limits_{x \to 0^-} f(x) = \lim\limits_{x \to 0^-} (x-5) = -5 \neq f(0)$,$\lim\limits_{x \to 0^+} f(x) = \lim\limits_{x \to 0^+} (-x+1) = 1 = f(0)$,左、右极限存在,但是不相等,所以 $f(x)$ 在点 $x=0$ 处不连续,$x=0$ 是函数 $f(x)$ 的第一类跳跃型间断点.

(2) 讨论 $f(x)$ 在 $x=1$ 处的连续性:

函数 $f(x)$ 在点 $x=1$ 的邻域内有定义,且 $\lim\limits_{x \to 1} f(x) = \lim\limits_{x \to 1} (-x+1) = 0 = f(1)$,所以 $f(x)$ 在点 $x=1$ 处连续.

例 8 讨论函数 $f(x)=\dfrac{x-1}{x(x-1)}$ 的连续性,若有间断点,指出其类型.

解 函数 $f(x)$ 的定义域为 $(-\infty,0)\cup(0,1)\cup(1,+\infty)$，故 $x=0$ 与 $x=1$ 是它的两个间断点. 由于

$$\lim_{x\to 0}f(x)=\lim_{x\to 0}\frac{x-1}{x(x-1)}=\lim_{x\to 0}\frac{1}{x}=\infty,$$

$$\lim_{x\to 1}f(x)=\lim_{x\to 1}\frac{x-1}{x(x-1)}=\lim_{x\to 1}\frac{1}{x}=1,$$

所以 $x=0$ 是 $f(x)$ 的第二类间断点，$x=1$ 是 $f(x)$ 的第一类可去型间断点.

一般地，初等函数的间断点出现在没有定义的点处，而分段函数的间断点还可能出现在分段点处.

四、闭区间上连续函数的性质

闭区间上的连续函数有一些重要性质，这些性质在直观上比较明显. 因此，下面不加证明地直接给出定理.

定理 3（最大值和最小值定理） 如果函数 $y=f(x)$ 在闭区间 $[a,b]$ 上连续，那么函数 $y=f(x)$ 在 $[a,b]$ 上一定有最大值和最小值.

注意 如果函数在开区间内连续或在闭区间上有间断点，那么函数在该区间上就不一定有最大值或最小值.

例如，在开区间 $(1,2)$ 内考察函数 $y=3x$，无最大值和最小值.

又如，函数 $y=f(x)=\begin{cases}-x+1, & 0\leqslant x<1,\\ 1, & x=1, \\ -x+3, & 1<x\leqslant 2\end{cases}$ 在闭区间 $[0,2]$ 上无最大值和最小值.

定理 4（介值定理） 设函数 $f(x)$ 在闭区间 $[a,b]$ 上连续，m 与 M 分别是 $f(x)$ 在闭区间 $[a,b]$ 上的最小值和最大值，u 是介于 m 与 M 之间的任一实数：$m\leqslant u\leqslant M$，则在 $[a,b]$ 上至少存在一点 ξ，使得 $f(\xi)=u$.

定理 4 的直观几何意义：介于两条水平直线 $y=m$ 和 $y=M$ 之间的任一条直线 $y=u$，与 $y=f(x)$ 的图象至少有一个交点.

定理 5（零点定理） 设函数 $f(x)$ 在闭区间 $[a,b]$ 上连续，且 $f(a)$ 与 $f(b)$ 异号，那么在开区间 (a,b) 内至少一点 ξ，使得 $f(\xi)=0$.

定理 5 的直观几何意义：一条连续曲线 $y=f(x)$，若曲线上的点的纵坐标由负值变到正值，或由正值变到负值，则曲线 $y=f(x)$ 至少要经过 x 轴一次.

例 9 证明方程 $x^3-9x+1=0$ 在区间 $(0,1)$ 内至少有一个根.

证明 函数 $f(x)=x^3-9x+1$ 在闭区间 $[0,1]$ 上连续，又 $f(0)=1>0$，$f(1)=-7<0$. 根据零点定理，在 $(0,1)$ 内至少有一点 ξ，使得 $f(\xi)=0$，即 $\xi^3-9\xi+1=0(0<\xi<1)$.

这个等式说明方程 $x^3-9x+1=0$ 在区间 $(0,1)$ 内至少有一个根 ξ.

 习题 1-5（A）

1. 判断下列各式是否正确：

(1) 若 $f(x)$ 在点 x_0 处连续，则 $\lim_{x\to x_0}f(x)$ 存在；

(2) 若 $\lim\limits_{x\to x_0} f(x)$ 存在，则 $f(x)$ 在点 x_0 处连续；

(3) 初等函数在其定义域内都是连续的；

(4) 若函数 $y=f(x)$ 在 $[a,b]$ 上连续，则函数 $y=f(x)$ 在 $[a,b]$ 上必定取得最大值和最小值.

2. 已知函数 $f(x)=\begin{cases} x^2+1, & x\leqslant 1, \\ 3-x, & x>1, \end{cases}$ 讨论函数在点 $x=1$ 处是否连续.

3. 求函数 $f(x)=\dfrac{x^3-2x^2-x+2}{x^2+x-6}$ 的连续区间，并求 $\lim\limits_{x\to 0} f(x),\lim\limits_{x\to 2} f(x),\lim\limits_{x\to -3} f(x)$，指出间断点的类型.

4. 计算下列极限：

(1) $\lim\limits_{x\to 0}\sqrt{x^2-2x+9}$；

(2) $\lim\limits_{x\to 0}\ln(3+6x-x^2)$；

(3) $\lim\limits_{x\to 2}\ln\dfrac{x^2-x-2}{x^2+x-6}$；

(4) $\lim\limits_{x\to \infty}e^{\frac{1}{x}}$.

 习题 1-5(B)

1. 求下列极限：

(1) $\lim\limits_{x\to \frac{\pi}{4}}(\sin 2x)^3$；

(2) $\lim\limits_{x\to 1}\left(\dfrac{x-1}{\sin x}\right)^3$；

(3) $\lim\limits_{x\to \frac{\pi}{6}}\ln(2\cos 2x)$；

(4) $\lim\limits_{x\to 0}\dfrac{\sqrt{x+1}-1}{x}$；

(5) $\lim\limits_{x\to +\infty}\left(\sqrt{x^2+x}-\sqrt{x^2-x}\right)$；

(6) $\lim\limits_{x\to 0}\dfrac{\sqrt{1+x}-\sqrt{1-x}}{x}$.

2. 下列函数在给出的点处间断，说明这些间断点属于哪一类间断点：

(1) $y=\dfrac{x^2-1}{x^2-3x+2}, x=1, x=2$；

(2) $y=\dfrac{x}{\tan x}, x=\dfrac{k\pi}{2}(k=0,\pm 1,\pm 2,\cdots)$；

(3) $y=\cos^2\dfrac{1}{x}, x=0$；

(4) $y=\begin{cases} x, & |x|\leqslant 1, \\ 1, & |x|>1, \end{cases} x=-1$.

3. 证明方程 $x^4-4x+2=0$ 至少有一个根介于 1 和 2 之间.

4. 证明方程 $x=a\sin x+b$（其中 $a>0,b>0$）至少有一个正根，并且它不超过 $a+b$.

5. 设函数 $f(x)=\begin{cases} e^x, & x<0, \\ a+x, & x\geqslant 0, \end{cases}$ 应当如何选择数 a，才能使得 $f(x)$ 在 $(-\infty,+\infty)$ 上连续？

6. 研究下列函数的连续性，并画出函数的图象：

$$f(x)=\begin{cases} x^2, & 0\leqslant x\leqslant 1, \\ 2-x, & 1<x<2, \\ x+1, & 2\leqslant x\leqslant 3. \end{cases}$$

§1-6 两个重要极限

本节将运用极限存在准则来讨论两个重要的极限,进而运用这两个极限来求其他一些函数的极限.

首先介绍一个极限存在准则:

极限存在准则(夹逼定理) 如果函数 $f(x),g(x)$ 及 $h(x)$ 满足下列条件:

(1) $g(x) \leqslant f(x) \leqslant h(x)$;

(2) $\lim\limits_{x \to x_0} g(x) = A, \lim\limits_{x \to x_0} h(x) = A.$

那么 $\lim\limits_{x \to x_0} f(x)$ 存在,且 $\lim\limits_{x \to x_0} f(x) = A.$

一、极限 $\lim\limits_{x \to 0} \dfrac{\sin x}{x} = 1$

当 $x \to 0$ 时,让我们来观察函数 $\dfrac{\sin x}{x}$ 的变化趋势(表 1-2):

表 1-2

x/rad	± 0.50	± 0.10	± 0.05	± 0.04	± 0.03	± 0.02	$\cdots$
$\dfrac{\sin x}{x}$	0.9585	0.9983	0.9996	0.9997	0.9998	0.9999	$\cdots$

从表 1-2 可以看出: $\lim\limits_{x \to 0} \dfrac{\sin x}{x} = 1.$

简要证明:参看图 1-7 中的单位圆,设圆心角 $\angle AOB = x\left(0 < x < \dfrac{\pi}{2}\right).$

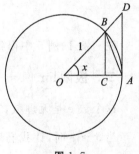

图 1-7

显然 $BC < \overset{\frown}{AB} < AD$,因此 $\sin x < x < \tan x.$

用 $\sin x$ 除上式,得 $1 < \dfrac{x}{\sin x} < \dfrac{1}{\cos x}$,变换该式,得 $\cos x < \dfrac{\sin x}{x} < 1$(此不等式当 $x < 0$ 时也成立).

因为 $\lim\limits_{x \to 0} \cos x = 1$,根据夹逼定理,得 $\lim\limits_{x \to 0} \dfrac{\sin x}{x} = 1.$

这个极限在形式上具有以下特点:

(1) 它是"$\dfrac{0}{0}$"不定型;

(2) 在分式中同时出现三角函数和 x 的幂.

如果 $\lim\limits_{x \to a} \varphi(x) = 0$($a$ 可以是有限数 x_0,$\pm \infty$ 或 ∞),那么得到的结果是

$$\lim_{x \to a} \frac{\sin[\varphi(x)]}{\varphi(x)} = \lim_{\varphi(x) \to 0} \frac{\sin[\varphi(x)]}{\varphi(x)} = 1.$$

极限本身及上述推广的结果在极限计算及理论推导中有着广泛的应用.

例 1 求 $\lim\limits_{x\to 0}\dfrac{\tan x}{x}$.

解 $\lim\limits_{x\to 0}\dfrac{\tan x}{x}=\lim\limits_{x\to 0}\left(\dfrac{\sin x}{x}\cdot\dfrac{1}{\cos x}\right)=\lim\limits_{x\to 0}\dfrac{\sin x}{x}\cdot\lim\limits_{x\to 0}\dfrac{1}{\cos x}=1$.

例 2 求 $\lim\limits_{x\to 0}\dfrac{\sin 2x}{x}$.

解 $\lim\limits_{x\to 0}\dfrac{\sin 2x}{x}=\lim\limits_{x\to 0}\left(2\cdot\dfrac{\sin 2x}{2x}\right)=2\lim\limits_{x\to 0}\dfrac{\sin 2x}{2x}$，令 $2x=t$，则 $x\to 0$ 时，$t\to 0$，所以

$$\lim\limits_{x\to 0}\dfrac{\sin 2x}{x}=2\lim\limits_{t\to 0}\dfrac{\sin t}{t}=2.$$

例 3 求 $\lim\limits_{x\to 0}\dfrac{\tan 3x}{\sin 5x}$.

解 $\lim\limits_{x\to 0}\dfrac{\tan 3x}{\sin 5x}=\lim\limits_{x\to 0}\left(\dfrac{3}{5}\cdot\dfrac{\tan 3x}{3x}\cdot\dfrac{5x}{\sin 5x}\right)=\dfrac{3}{5}\lim\limits_{x\to 0}\dfrac{\tan 3x}{3x}\cdot\lim\limits_{x\to 0}\dfrac{5x}{\sin 5x}=\dfrac{3}{5}$.

例 4 求 $\lim\limits_{x\to 0}\dfrac{1-\cos x}{x^2}$.

解 $\lim\limits_{x\to 0}\dfrac{1-\cos x}{x^2}=\lim\limits_{x\to 0}\dfrac{2\sin^2\dfrac{x}{2}}{x^2}=\dfrac{1}{2}\lim\limits_{x\to 0}\left(\dfrac{\sin\dfrac{x}{2}}{\dfrac{x}{2}}\right)^2=\dfrac{1}{2}$.

例 5 求 $\lim\limits_{x\to 0}\dfrac{x}{\arcsin x}$.

解 设 $\arcsin x=t$，则 $x=\sin t$，且 $x\to 0$ 时 $t\to 0$，所以

$$\lim\limits_{x\to 0}\dfrac{x}{\arcsin x}=\lim\limits_{t\to 0}\dfrac{\sin t}{t}=1.$$

注 例 1、例 5 中得到的结论可当公式用.

二、极限 $\lim\limits_{x\to\infty}\left(1+\dfrac{1}{x}\right)^x=\mathrm{e}$

这个数 e 是无理数，它的值是 $\mathrm{e}=2.718281828\cdots$.

当 $x\to\infty$ 时，让我们来观察函数 $\left(1+\dfrac{1}{x}\right)^x$ 的变化趋势（表 1-3、表 1-4）：

表 1-3

x	2	10	1000	10000	100000	$\cdots$
$\left(1+\dfrac{1}{x}\right)^x$	2.25	2.594	2.717	2.7181	2.7182	$\cdots$

表 1-4

x	-10	-100	-1000	-10000	-100000	$\cdots$
$\left(1+\dfrac{1}{x}\right)^x$	2.88	2.732	2.720	2.7183	2.71828	$\cdots$

从以上两表可以得出：$\lim\limits_{x\to\infty}\left(1+\dfrac{1}{x}\right)^x=\mathrm{e}$.

该极限的证明略.

令 $\dfrac{1}{x}=t$, 当 $x\to\infty$ 时, $t\to0$, 从而有 $\lim\limits_{t\to0}(1+t)^{\frac{1}{t}}=\mathrm{e}$.

上述两个公式可以看成是一个重要极限的两种不同形式,它们具有共同特点: 1^{∞},因此称该重要极限为" 1^{∞} "不定型. 它有以下推广形式:

如果 $\lim\limits_{x\to a}\varphi(x)=0$(a 可以是有限数 x_0, $\pm\infty$ 或 ∞),那么得到的结果是

$$\lim_{x\to a}[1+\varphi(x)]^{\frac{1}{\varphi(x)}}=\lim_{\varphi(x)\to0}[1+\varphi(x)]^{\frac{1}{\varphi(x)}}=\mathrm{e}.$$

如果 $\lim\limits_{x\to a}\varphi(x)=\infty$(a 可以是有限数 x_0, $\pm\infty$ 或 ∞),那么得到的结果是

$$\lim_{x\to a}\left[1+\frac{1}{\varphi(x)}\right]^{\varphi(x)}=\lim_{\varphi(x)\to\infty}\left[1+\frac{1}{\varphi(x)}\right]^{\varphi(x)}=\mathrm{e}.$$

例 6　求 $\lim\limits_{x\to\infty}\left(1+\dfrac{1}{x}\right)^{3x}$.

解　$\lim\limits_{x\to\infty}\left(1+\dfrac{1}{x}\right)^{3x}=\lim\limits_{x\to\infty}\left[\left(1+\dfrac{1}{x}\right)^{x}\right]^{3}=\mathrm{e}^{3}$.

例 7　求 $\lim\limits_{x\to0}(1-3x)^{\frac{1}{x}}$.

解　$\lim\limits_{x\to0}(1-3x)^{\frac{1}{x}}=\lim\limits_{x\to0}\{[1+(-3x)]^{-\frac{1}{3x}}\}^{-3}=\mathrm{e}^{-3}$.

例 8　求 $\lim\limits_{x\to0}(1+\tan x)^{\cot x}$.

解　$\lim\limits_{x\to0}(1+\tan x)^{\cot x}=\lim\limits_{x\to0}(1+\tan x)^{\frac{1}{\tan x}}=\mathrm{e}$.

例 9　求 $\lim\limits_{x\to\infty}\left(\dfrac{x+2}{x+1}\right)^{2x}$.

解　$\lim\limits_{x\to\infty}\left(\dfrac{x+2}{x+1}\right)^{2x}=\lim\limits_{x\to\infty}\left(1+\dfrac{1}{x+1}\right)^{2(x+1)-2}$

$=\lim\limits_{x\to\infty}\left[\left(1+\dfrac{1}{x+1}\right)^{x+1}\right]^{2}\cdot\lim\limits_{x\to\infty}\left(1+\dfrac{1}{x+1}\right)^{-2}=\mathrm{e}^{2}\cdot1=\mathrm{e}^{2}$.

例 10　求 $\lim\limits_{x\to0}\dfrac{\ln(1+x)}{x}$.

解　$\lim\limits_{x\to0}\dfrac{\ln(1+x)}{x}=\lim\limits_{x\to0}\ln(1+x)^{\frac{1}{x}}=\ln\lim\limits_{x\to0}(1+x)^{\frac{1}{x}}=\ln\mathrm{e}=1$.

思考　$\lim\limits_{x\to0}\dfrac{\mathrm{e}^{x}-1}{x}=?$

 **习题 1-6(A)**

1. 判断下列各式是否正确:

(1) 两个重要极限是指 $\lim\limits_{x\to\infty}\dfrac{\sin x}{x}=1$, $\lim\limits_{x\to\infty}(1+x)^{\frac{1}{x}}=\mathrm{e}$;

(2) $\lim\limits_{x\to1}\dfrac{\sin(x-1)}{x^2-1}=1$;

(3) $\lim\limits_{x\to0}(1-x)^{\frac{1}{x}}=\mathrm{e}$.

2. 思考并计算 $\lim\limits_{x\to\infty}x\sin\dfrac{1}{x}$ 与 $\lim\limits_{x\to 0}\dfrac{\sin x}{x}$ 的结果分别为多少.

3. 计算下列极限:

(1) $\lim\limits_{x\to 0}\dfrac{\tan 3x}{x}$;

(2) $\lim\limits_{x\to 2}\dfrac{x-2}{\sin(x^2-4)}$;

(3) $\lim\limits_{x\to 0}(1-2x)^{\frac{3}{x}}$;

(4) $\lim\limits_{x\to\infty}\left(\dfrac{x}{1+x}\right)^x$.

 习题 1-6(B)

1. 计算下列极限:

(1) $\lim\limits_{x\to\infty}x\sin\dfrac{2}{x}$;

(2) $\lim\limits_{x\to 0}\dfrac{\arctan 3x}{x}$;

(3) $\lim\limits_{x\to 0}\dfrac{\sin 2x}{\sin 5x}$;

(4) $\lim\limits_{x\to 0}\dfrac{\tan x-\sin x}{x^3}$;

(5) $\lim\limits_{x\to 0}\dfrac{1-\cos 2x}{x\sin x}$;

(6) $\lim\limits_{x\to 1}\dfrac{x^2-1}{\sin(x^3-1)}$.

2. 计算下列极限:

(1) $\lim\limits_{x\to 0}(1+5x)^{\frac{1}{x}}$;

(2) $\lim\limits_{x\to\infty}\left(1-\dfrac{1}{x}\right)^{kx}$ (k 为正整数);

(3) $\lim\limits_{t\to 0}(1-t^2)^{\frac{1}{t}}$;

(4) $\lim\limits_{x\to\infty}\left(\dfrac{2-2x}{3-2x}\right)^{2x}$;

(5) $\lim\limits_{x\to\infty}\left(\dfrac{x}{1+x}\right)^{-2x}$;

(6) $\lim\limits_{x\to\frac{\pi}{2}}(\sin x)^{2\sec^2 x}$.

§1-7 无穷小与无穷大

当我们研究函数的变化趋势时,经常遇到下面两种情况:(1)函数的绝对值无限减小;(2)函数的绝对值无限增大.本节专门讨论这两种情况.

一、无穷小

1. 无穷小的定义

定义 1 如果函数 $f(x)$ 当 $x\to x_0$(或 $x\to\infty$)时的极限为零,那么称函数 $f(x)$ 为 $x\to x_0$(或 $x\to\infty$)时的**无穷小**,记为 $\lim\limits_{x\to x_0}f(x)=0$.

例如,函数 $\dfrac{1}{x}$ 为当 $x\to\infty$ 时的无穷小,函数 $x-1$ 为当 $x\to 1$ 时的无穷小.

注意 (1)无穷小是以零为极限的变量,不能把很小的数(如 0.001^{1000},-0.0001^{10000})看作无穷小.零是唯一一个可以看作无穷小的常数.

(2)无穷小是相对于自变量的变化趋势而言的,如:当 $x\to\infty$ 时,$\dfrac{1}{x}$ 是无穷小,而当 $x\to 2$

 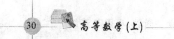

时, $\dfrac{1}{x}$ 就不是无穷小.

2.无穷小的性质

在自变量的同一变化过程中,无穷小具有以下性质:

性质 1 有限个无穷小的代数和仍为无穷小.

性质 2 有限个无穷小的乘积仍为无穷小.

性质 3 有界函数与无穷小的乘积仍为无穷小.

推论 常数与无穷小的乘积仍为无穷小.

以上性质均可以用极限的运算法则推出.

例 1 求 $\lim\limits_{x \to 0} x \sin \dfrac{1}{x}$.

解 因为 $\lim\limits_{x \to 0} x = 0$,且 $\left| \sin \dfrac{1}{x} \right| \leqslant 1$,所以由无穷小的性质 3 知 $\lim\limits_{x \to 0} x \sin \dfrac{1}{x} = 0$.

3.无穷小与函数极限的关系

函数、函数极限与无穷小三者之间有着密切的联系,它们有如下定理:

定理 1 在自变量的同一变化过程 $x \to x_0$(或 $x \to \infty$)中,函数 $f(x)$ 具有极限 A 的充分必要条件是 $f(x) = A + \alpha$,其中 α 是当 $x \to x_0$(或 $x \to \infty$)时的无穷小.

证明 以 $x \to x_0$ 为例.

必要性:设 $\lim\limits_{x \to x_0} f(x) = A$,令 $\alpha = f(x) - A$,则 $f(x) = A + \alpha$,且

$$\lim_{x \to x_0} \alpha = \lim_{x \to x_0} [f(x) - A] = \lim_{x \to x_0} f(x) - A = 0.$$

充分性:设 $f(x) = A + \alpha$,其中 A 是常数,$\lim\limits_{x \to x_0} \alpha = 0$,于是

$$\lim_{x \to x_0} f(x) = \lim_{x \to x_0} (A + \alpha) = A + \lim_{x \to x_0} \alpha = A.$$

类似地,可证明 $x \to \infty$ 时的情形.

二、无穷大

定义 2 如果当 $x \to x_0$(或 $x \to \infty$)时,对应的函数的绝对值 $|f(x)|$ 无限增大,那么称函数 $f(x)$ 为当 $x \to x_0$(或 $x \to \infty$)时的**无穷大**,记为 $\lim\limits_{x \to x_0} f(x) = \infty$(或 $\lim\limits_{x \to \infty} f(x) = \infty$).

注意 (1)无穷大是变量,不能把绝对值很大的数(如 100^{1000},-1000^{10000})看作无穷大.

(2)无穷大也是相对于自变量的变化趋势而言的,如:当 $x \to \infty$ 时,x 是无穷大,而当 $x \to 2$ 时,x 就不是无穷大.

(3)当 $x \to x_0$(或 $x \to \infty$)时为无穷大的函数 $f(x)$,按函数极限定义来说,极限是不存在的.但为了便于叙述函数的这一性态,我们也说"函数的极限是无穷大",并记作

$$\lim_{x \to x_0} f(x) = \infty (或 \lim_{x \to \infty} f(x) = \infty).$$

例如,$\lim\limits_{x \to \infty} x = \infty$,$\lim\limits_{x \to 0} \dfrac{1}{x} = \infty$.

(4)在无穷大的定义中,对于 x_0 左右附近的 x,对应函数 $f(x)$ 的值恒为正(或负)的,则称 $f(x)$ 为 $x \to x_0$ 时的正无穷大(或负无穷大),记为

$$\lim_{x \to x_0} f(x) = +\infty (或 \lim_{x \to x_0} f(x) = -\infty).$$

例如，$\lim\limits_{x\to 0^+}\ln x=-\infty$，$\lim\limits_{x\to +\infty}\ln x=+\infty$.

三、无穷大与无穷小之间的关系

定理 2　在自变量的同一变化过程中，如果 $f(x)$ 为无穷大，则 $\dfrac{1}{f(x)}$ 为无穷小；反之，如果 $f(x)$ 为无穷小，且 $f(x)\neq 0$，则 $\dfrac{1}{f(x)}$ 为无穷大.

例 2　求 $\lim\limits_{x\to 1}\dfrac{x+2}{x-1}$.

解　因为 $\lim\limits_{x\to 1}\dfrac{x-1}{x+2}=0$，即 $\dfrac{x-1}{x+2}$ 是当 $x\to 1$ 时的无穷小，根据无穷大与无穷小的关系，它的倒数 $\dfrac{x+2}{x-1}$ 是当 $x\to 1$ 时的无穷大，即 $\lim\limits_{x\to 1}\dfrac{x+2}{x-1}=\infty$.

说明　由无穷大和无穷小的关系，可得分式极限的以下三种情况：

对于有理函数的极限 $\lim\dfrac{P(x)}{Q(x)}$，

(1) 当 $\lim Q(x)\neq 0$ 且 $\lim P(x)=0$ 时，$\lim\dfrac{P(x)}{Q(x)}=0$；

(2) 当 $\lim Q(x)=0$ 且 $\lim P(x)\neq 0$ 时，$\lim\dfrac{P(x)}{Q(x)}=\infty$；

(3) 当 $\lim Q(x)=\lim P(x)=0$ 时，$\lim\dfrac{P(x)}{Q(x)}$ 为 "$\dfrac{0}{0}$" 型未定式，应进一步讨论（通常要约去零因子）.

例 3　求 $\lim\limits_{x\to \infty}\dfrac{3x^3+x^2+2}{4x^3+2x^2-3}$.

解　分子、分母同时除以 x^3，然后取极限：

$$\lim\limits_{x\to \infty}\dfrac{3x^3+x^2+2}{4x^3+2x^2-3}=\lim\limits_{x\to \infty}\dfrac{3+\dfrac{1}{x}+\dfrac{2}{x^3}}{4+\dfrac{2}{x}-\dfrac{3}{x^3}}=\dfrac{3}{4}.$$

例 4　求 $\lim\limits_{x\to \infty}\dfrac{3x^2-2x-1}{2x^3-x^2+5}$.

解　分子、分母同时除以 x^3，然后取极限：

$$\lim\limits_{x\to \infty}\dfrac{3x^2-2x-1}{2x^3-x^2+5}=\lim\limits_{x\to \infty}\dfrac{\dfrac{3}{x}-\dfrac{2}{x^2}-\dfrac{1}{x^3}}{2-\dfrac{1}{x}+\dfrac{5}{x^3}}=\dfrac{0}{2}=0.$$

例 5　求 $\lim\limits_{x\to \infty}\dfrac{2x^3-x^2+5}{3x^2-2x-1}$.

解　因为 $\lim\limits_{x\to \infty}\dfrac{3x^2-2x-1}{2x^3-x^2+5}=0$，所以 $\lim\limits_{x\to \infty}\dfrac{2x^3-x^2+5}{3x^2-2x-1}=\infty$.

分析例 3～例 5 的特点和结果，我们可得当自变量趋向于无穷大时有理分式的极限：

$$\lim_{x\to\infty}\frac{a_0x^n+a_1x^{n-1}+\cdots+a_n}{b_0x^m+b_1x^{m-1}+\cdots+b_m}=\begin{cases}0, & n<m,\\[2mm]\dfrac{a_0}{b_0}, & n=m,\\[2mm]\infty, & n>m.\end{cases}$$

其中 $a_0\neq0,b_0\neq0,m,n\in\mathbf{N}_+$.

例 6 求 $\lim\limits_{x\to\infty}\dfrac{(2x+1)^3(x-3)^2}{x^5+4}$.

解 因为 $m=n=5,a_0=2^3\cdot1^2=8,b_0=1$,所以

$$\lim_{x\to\infty}\frac{(2x+1)^3(x-3)^2}{x^5+4}=8.$$

四、无穷小的比较

已知两个无穷小的和与积仍为无穷小,但两个无穷小的商却会出现不同的结果.例如,当 $x\to0$ 时,$x^2,3x,\sin x$ 都是无穷小,但是 $\lim\limits_{x\to0}\dfrac{x^2}{3x}=0,\lim\limits_{x\to0}\dfrac{3x}{x^2}=\infty,\lim\limits_{x\to0}\dfrac{\sin x}{3x}=\dfrac{1}{3}$.

两个无穷小比值的极限的各种不同情况,反映了不同的无穷小趋于零的"快慢"程度.在 $x\to0$ 的过程中,$x^2\to0$ 比 $3x\to0$"快些",反过来 $3x\to0$ 比 $x^2\to0$"慢些",而 $\sin x\to0$ 与 $3x\to0$ "快慢相仿".

下面,我们就无穷小之比的极限存在或为无穷大时,来说明两个无穷小之间的比较.

定义 3 设 α 及 β 都是在同一个自变量的同一变化过程中的无穷小.

(1) 如果 $\lim\dfrac{\beta}{\alpha}=0$,就说 β 是比 α 高阶的无穷小,记为 $\beta=o(\alpha)$;

(2) 如果 $\lim\dfrac{\beta}{\alpha}=\infty$,就说 β 是比 α 低阶的无穷小;

(3) 如果 $\lim\dfrac{\beta}{\alpha}=C\neq0$,就说 β 与 α 是同阶无穷小.

特别地,如果 $\lim\dfrac{\beta}{\alpha}=1$(即 $C=1$ 的情形),就说 β 与 α 是等价无穷小,记为 $\alpha\sim\beta$.

下面举一些例子:

因为 $\lim\limits_{n\to\infty}\dfrac{\frac{1}{n}}{\frac{1}{n^2}}=\infty$,所以当 $n\to\infty$ 时,$\dfrac{1}{n}$ 是比 $\dfrac{1}{n^2}$ 低阶的无穷小.

因为 $\lim\limits_{x\to3}\dfrac{x^2-9}{x-3}=6$,所以当 $x\to3$ 时,x^2-9 与 $x-3$ 是同阶无穷小.

因为 $\lim\limits_{x\to0}\dfrac{\tan x}{x}=1$,所以当 $x\to0$ 时,$\tan x$ 与 x 是等价无穷小,即 $\tan x\sim x(x\to0)$.

关于等价无穷小,有如下有关定理:

定理 3 设 $\alpha,\alpha',\beta,\beta'$ 是在自变量的同一个变化过程中的无穷小,$\alpha\sim\alpha',\beta\sim\beta'$,且 $\lim\dfrac{\beta'}{\alpha'}$ 存在,则 $\lim\dfrac{\beta}{\alpha}=\lim\dfrac{\beta'}{\alpha'}$.

证明略.

定理表明,求两个无穷小之比的极限时,分子及分母都可用它们的等价无穷小来代替. 因此,如果用来代替的无穷小选取得适当,则可使计算简化.

经常用到的一些等价无穷小如下:

当 $x \to 0$ 时,$\sin x \sim x$,$\tan x \sim x$,$\arcsin x \sim x$,$\arctan x \sim x$,$\ln(1+x) \sim x$,$1-\cos x \sim \frac{1}{2}x^2$,

$e^x - 1 \sim x$,$\sqrt[n]{1+x} - 1 \sim \frac{1}{n}x$.

例 7 求 $\lim\limits_{x \to 0} \dfrac{\tan 3x}{\sin 4x}$.

解 当 $x \to 0$ 时,$\tan 3x \sim 3x$,$\sin 4x \sim 4x$,所以 $\lim\limits_{x \to 0} \dfrac{\tan 3x}{\sin 4x} = \lim\limits_{x \to 0} \dfrac{3x}{4x} = \dfrac{3}{4}$.

例 8 求 $\lim\limits_{x \to 0} \dfrac{\sin x}{x^3 + 3x}$.

解 当 $x \to 0$ 时,$\sin x \sim x$,无穷小 $x^3 + 3x$ 与它本身显然是等价的,所以

$$\lim_{x \to 0} \frac{\sin x}{x^3 + 3x} = \lim_{x \to 0} \frac{x}{x^3 + 3x} = \lim_{x \to 0} \frac{1}{x^2 + 3} = \frac{1}{3}.$$

例 9 求 $\lim\limits_{x \to 0} \dfrac{x \ln(1+x) \cdot (e^x - 1)}{(1 - \cos x) \cdot \sin 2x}$.

解 因为当 $x \to 0$ 时,$\ln(1+x) \sim x$,$e^x - 1 \sim x$,$1 - \cos x \sim \dfrac{1}{2}x^2$,$\sin 2x \sim 2x$,所以

$$\lim_{x \to 0} \frac{x \ln(1+x) \cdot (e^x - 1)}{(1 - \cos x) \cdot \sin 2x} = \lim_{x \to 0} \frac{x \cdot x \cdot x}{\frac{1}{2}x^2 \cdot 2x} = 1.$$

例 10 用等价无穷小的代换,求 $\lim\limits_{x \to 0} \dfrac{\tan x - \sin x}{x^3}$.

解 因为 $\tan x - \sin x = \tan x(1 - \cos x)$,而当 $x \to 0$ 时,$\tan x \sim x$,$1 - \cos x \sim \dfrac{1}{2}x^2$,所以

$$\lim_{x \to 0} \frac{\tan x - \sin x}{x^3} = \lim_{x \to 0} \frac{\frac{1}{2}x^3}{x^3} = \frac{1}{2}.$$

在运算时要注意正确地使用等价无穷小的代换,例 10 的错误代换如下:

$\lim\limits_{x \to 0} \dfrac{\tan x - \sin x}{x^3} = \lim\limits_{x \to 0} \dfrac{x - x}{x^3} = 0$,为什么是错误的? 请读者思考.

习题 1-7(A)

1. 判断下列说法及运算是否正确:

(1) 10^{-10000} 是无穷小;

(2) $\dfrac{1}{x}$ 是无穷小;

(3) 无穷小的倒数是无穷大;

(4) 任意多个无穷小的和是无穷小;

(5) $\lim\limits_{x\to 0}\dfrac{\sin x-\tan x}{x^2\sin x}=\lim\limits_{x\to 0}\dfrac{x-x}{x^2\cdot x}=0$;

(6) $\lim\limits_{x\to 0}\dfrac{1-\cos x}{\tan x}=\lim\limits_{x\to 0}\dfrac{\frac{1}{2}x}{x}=\infty$.

2. 当 $x\to 0$ 时，$2x-x^2$ 与 x^2-x^3 相比，哪一个是较高阶的无穷小？

3. 当 $x\to 1$ 时，无穷小 $1-x$ 和 $\dfrac{1}{2}(1-x^2)$ 是否同阶？是否等价？

4. 计算下列极限：

(1) $\lim\limits_{x\to 2}\dfrac{x^3+2x^2}{(x-2)^2}$;

(2) $\lim\limits_{x\to\infty}\dfrac{2x}{x^2+1}$;

(3) $\lim\limits_{x\to\infty}(2x^3-x+1)$;

(4) $\lim\limits_{x\to\infty}\dfrac{(2x+1)^4(x-3)^2}{(3x^2+4)^3}$.

5. 计算下列极限：

(1) $\lim\limits_{x\to 0}x^2\sin\dfrac{1}{x}$;

(2) $\lim\limits_{x\to\infty}\dfrac{\arctan x}{x}$.

6. 利用等价无穷小的性质求下列极限：

(1) $\lim\limits_{x\to 0}\dfrac{\sin 3x}{\mathrm{e}^{2x}-1}$;

(2) $\lim\limits_{x\to 0}\dfrac{\ln(1+3x)}{\arctan 3x}$;

(3) $\lim\limits_{\Delta x\to 0}\dfrac{\sin 3\Delta x}{\Delta x}$;

(4) $\lim\limits_{x\to 0}\dfrac{\sin 3x\cdot(\sqrt{1-2x}-1)}{\arcsin x\cdot\ln(1+6x)}$.

 习题 1-7(B)

1. 指出下列函数在自变量相应变化过程中是无穷小，还是无穷大：

(1) $y=2x+1\left(x\to-\dfrac{1}{2}\right)$;

(2) $y=\dfrac{1}{x^2-1}(x\to 1)$;

(3) $y=\ln x(x\to 1)$;

(4) $y=\mathrm{e}^x(x\to+\infty)$.

2. 求下列极限：

(1) $\lim\limits_{x\to\infty}\dfrac{1}{x^2}\cos x$;

(2) $\lim\limits_{x\to 2}\dfrac{x+2}{x-2}$;

(3) $\lim\limits_{x\to\infty}\dfrac{3x^3+x^2+2x}{5x^3+3x-1}$;

(4) $\lim\limits_{x\to\infty}\dfrac{x-1}{x^2+1}$;

(5) $\lim\limits_{x\to\infty}\dfrac{x^3+3x+1}{2x^2-5}$;

(6) $\lim\limits_{x\to\infty}\dfrac{(5x^2+3x-1)^5}{(3x+1)^{10}}$.

3. 利用等价无穷小的性质求下列极限：

(1) $\lim\limits_{x\to 0}\dfrac{\tan 3x}{\ln(1+2x)}$;

(2) $\lim\limits_{x\to 0}\dfrac{\sin(x^n)}{(\sin x)^m}$($n,m$ 为正整数，$n>m$);

(3) $\lim\limits_{x\to 0}\dfrac{\arcsin 2x\cdot(\mathrm{e}^{-x}-1)}{\ln(1-x^2)}$;

(4) $\lim\limits_{\Delta x\to 0}\dfrac{\mathrm{e}^{x+\Delta x}-\mathrm{e}^x}{\Delta x}$;

(5) $\lim\limits_{x\to 0}\dfrac{\arctan x^2\cdot\sin 4x}{(\sqrt{1-3x}-1)(1-\cos 2x)}$;

(6) $\lim\limits_{x\to 0}\dfrac{\sin x-\tan x}{(\mathrm{e}^{x^2}-1)(\sqrt{1+\sin x}-1)}$.

　　本章是为学习以后几章内容做准备的,后几章遇到的函数主要是初等函数.极限是描述数列和函数变化趋势的重要概念,是从近似认识精确、从有限认识无限的一种数学方法,它是学习后面各章的基本思想和方法.连续概念是函数的一种特性.函数在某点存在极限与在该点连续是有区别的,一切初等函数在其定义区间内都是连续的.

　　1. 几个重要概念如下:函数的概念,基本初等函数、复合函数和初等函数的概念,经济中常见的函数,函数极限的定义,无穷小与无穷大的概念,函数极限的运算法则,两个重要极限,函数连续性的概念以及闭区间上连续函数的性质.

　　2. 函数是微积分研究的对象.要熟练掌握函数定义域的求法和函数值的计算.应熟悉常见的基本初等函数的图象,利用图象了解它们的性质,从而理解复合函数和初等函数的概念.

　　3. 经济中常见的函数:利息与贴现函数,需求与供给函数,成本函数,收入函数,利润函数.

　　4. 极限的概念是本章内容的重点,应理解它的定义以及各种求极限的方法.

　　5. 无穷小和无穷大是两类具有特殊变化趋势的函数,不指出自变量的变化过程,笼统地说某个函数是无穷小或无穷大是没有意义的,同时要理解无穷小和无穷大两者之间的关系.

　　6. 熟记几个常用的基本极限:

(1) $\lim\limits_{x \to x_0} C = C$($C$ 为常数);

(2) $\lim\limits_{x \to x_0} x = x_0$;

(3) $\lim\limits_{x \to \infty} \dfrac{1}{x} = 0$;

(4) $\lim\limits_{x \to \infty} \dfrac{1}{x^{\alpha}} = 0$($\alpha$ 为正实数);

(5) 当 $a_0 \neq 0, b_0 \neq 0, m \in \mathbf{N}_+, n \in \mathbf{N}_+$ 时,

$$\lim_{x \to \infty} \frac{a_0 x^n + a_1 x^{n-1} + \cdots + a_n}{b_0 x^m + b_1 x^{m-1} + \cdots + b_m} = \begin{cases} 0, & n < m, \\ \dfrac{a_0}{b_0}, & n = m, \\ \infty, & n > m. \end{cases}$$

　　7. 掌握求极限的几种方法:

(1) 利用函数的连续性求极限;

(2) 利用极限的四则运算法则求极限;

(3) 利用无穷小的性质求极限;

(4) 利用无穷大与无穷小的倒数关系求极限;

(5) 利用两个重要极限求极限;

(6) 利用变量代换求极限;

(7) 利用等价无穷小的替换求极限.

　　8. 连续是函数的一个重要性态,应注意函数在一点连续的两个定义的内在联系,掌握函数在区间连续的概念,并能判断函数的间断点.了解闭区间上连续函数的性质.

 自测题一

一、填空题

1. 函数 $f(x)=\dfrac{x}{\ln(x-1)}+\sqrt{x^2-3x-4}$ 的定义域为 _____ .

2. 设 $f(x+1)=x^2+2x-5$,则 $f(x)=$ _____ .

3. $\lim\limits_{x\to 1}(\ln x-x^2-1)=$ _____ .

4. $\lim\limits_{x\to -3}\dfrac{x^2-x-12}{x^2+4x+3}=$ _____ .

5. $\lim\limits_{x\to 1}\dfrac{x}{x-1}=$ _____ .

6. $\lim\limits_{x\to\infty}\dfrac{(2x-1)^{10}}{(3x^2-1)^5}=$ _____ .

7. 设 $f(x)=\begin{cases}x-1, & x<1,\\ 2x+1, & 1\leqslant x\leqslant 2, \\ x^2+1, & x>2,\end{cases}$ 则 $\lim\limits_{x\to 1}f(x)=$ _____ ,$\lim\limits_{x\to 2}f(x)=$

_____ ,$\lim\limits_{x\to 3}f(x)=$ _____ .

8. 当 $x\to$ _____ 时,$f(x)=\dfrac{(x-1)(x+2)}{(x-1)(x+3)}$ 是无穷大;当 $x\to$ _____ 时,

$f(x)=\dfrac{(x-1)(x+2)}{(x-1)(x+3)}$ 是无穷小.

9. 设 $f(x)=x\sin\dfrac{1}{x}$,$g(x)=\dfrac{\sin x}{x}$,则 $\lim\limits_{x\to 0}f(x)=$ _____ ,$\lim\limits_{x\to\infty}f(x)=$

_____ ,$\lim\limits_{x\to 0}g(x)=$ _____ ,$\lim\limits_{x\to\infty}g(x)=$ _____ .

二、选择题

1. 函数 $f(x)$ 在点 x_0 处连续是 $\lim\limits_{x\to x_0}f(x)$ 存在的 （   ）

A. 必要不充分条件 B. 充分不必要条件

C. 充分必要条件 D. 既非充分,也非必要条件

2. 若 $\lim\limits_{x\to x_0^-}f(x)=\lim\limits_{x\to x_0^+}f(x)=A$,则下列说法正确的是 （   ）

A. $f(x)$ 在点 x_0 处有定义 B. $f(x)$ 在点 x_0 处连续

C. $\lim\limits_{x\to x_0}f(x)=A$ D. $f(x_0)=A$

3. 设 $f(x)=\dfrac{|x-2|}{x-2}$,则 $\lim\limits_{x\to 2}f(x)=$ （   ）

A. -1 B. 1 C. 不存在 D. 0

4. 下列说法正确的是 （   ）

A. 初等函数是由基本初等函数经复合得到的

B. 无穷小的倒数是无穷大

C. 函数 $f(x)$ 在 x_0 处存在极限,必在 x_0 处有定义

D. 函数 $y=\ln x^5$,$y=5\ln x$ 是相等的

5. 函数 $f(x)=\ln\cos(3x+1)$ 的复合过程是 　　　　　　　　　　(　)

A. $y=\ln u,u=\cos v,v=3x+1$ 　　　　B. $y=u,u=\ln\cos v,v=3x+1$

C. $y=\ln u,u=\cos(3x+1)$ 　　　　　　D. $y=\ln u,u=v,v=\cos(3x+1)$

6. 设 $f(x)=\dfrac{e^x-1}{x}$,则 $x=0$ 是函数 $f(x)$ 的 　　　　　　　(　)

A. 连续点 　　　　　　　　　　　　　B. 可去间断点

C. 跳跃型间断点 　　　　　　　　　　D. 第二类间断点

7. 当 $x\to 0^+$ 时,下列变量为无穷小的是 　　　　　　　　　　　(　)

A. $\ln x$ 　　　　B. $\dfrac{\sin x}{x}$ 　　　　C. $\dfrac{\cos x}{x}$ 　　　　D. $\dfrac{x}{\cos x}$

8. $\lim\limits_{x\to 0}\dfrac{(e^{-x}-1)\ln(1-x)}{\sin^2 x}=$ 　　　　　　　　　　　(　)

A. 1 　　　　　　B. -1 　　　　　　C. 0 　　　　　　D. ∞

三、综合题

1. 求下列极限:

(1) $\lim\limits_{x\to 1}\dfrac{x^2+x+3}{x+1}$;

(2) $\lim\limits_{x\to 0}\dfrac{\sqrt{x+4}-2}{x}$;

(3) $\lim\limits_{x\to 1}\dfrac{x^2+4x-5}{x^2-1}$;

(4) $\lim\limits_{x\to\infty}\dfrac{2x^3+1}{3x^4+x^2-5}$;

(5) $\lim\limits_{x\to\infty}\dfrac{2x^3+x-1}{3x^2+x+1}$;

(6) $\lim\limits_{x\to\infty}\dfrac{4x^2+4x+3}{3x^2+5x-6}$;

(7) $\lim\limits_{x\to 0}x\left(\sin\dfrac{1}{x}-\dfrac{1}{\sin 2x}\right)$;

(8) $\lim\limits_{x\to 0}\dfrac{\tan 6x}{\sin 3x}$;

(9) $\lim\limits_{x\to 0}(1-2x)^{\frac{1}{x}}$;

(10) $\lim\limits_{x\to\infty}\left(\dfrac{x-1}{x+1}\right)^{2x}$;

(11) $\lim\limits_{x\to 0}\left(\dfrac{1}{\sin x}-\dfrac{1}{\tan x}\right)$;

(12) $\lim\limits_{x\to 0}\dfrac{\sqrt[3]{1-4x}-1}{\tan 4x}$.

2. 设 $f(x)=\begin{cases}e^x-1, & x\leqslant 0,\\ 3x+1, & 0<x<1,\\ (x+1)^2, & x\geqslant 1,\end{cases}$ 求 $\lim\limits_{x\to 0}f(x),\lim\limits_{x\to 1}f(x)$.

3. 设 $f(x)=\begin{cases}x\sin\dfrac{1}{x}, & x>0,\\ a+x^2, & x\leqslant 0,\end{cases}$ 要使 $f(x)$ 在 $(-\infty,+\infty)$ 内连续,应怎样选择数 a?

4. 设 $f(x)=\begin{cases}3x+2, & x\leqslant -1,\\ \dfrac{\ln(x+2)}{x+1}+a, & -1<x<0,\\ -2+x+b, & x\geqslant 0\end{cases}$ 在 $(-\infty,+\infty)$ 内连续,求 a,b 的值.

5. 验证方程 $x^3-4x^2+1=0$ 在区间 $(0,1)$ 内至少有一个根.

6. 求函数 $f(x)=\dfrac{1}{1-e^{\frac{x}{1-x}}}$ 的间断点,并对间断点进行分类.

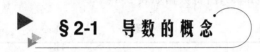

第2章

导数与微分

导数和微分是微分学中两个重要的概念. 导数反映的是函数相对于自变量的变化率, 微分反映了自变量有微小变化时函数本身相应变化的主要部分.

本章将从讨论一些非均匀变化现象的变化率和分析函数增量的近似表达的数学模型入手, 抽象概括出导数和微分的概念, 进而研究基本初等函数的导数和微分公式, 以及常用的求导数和微分的法则与方法.

▶ §2-1 导数的概念

一、两个实例

当我们观察某一变量的变化状况时, 首先是注意这个变化是急剧的还是缓慢的, 这就提出了怎样衡量变量变化快慢的问题, 即如何把变化快慢数量化.

实例1 曲线上一点的切线的斜率.

关于曲线在某一点的切线, 我们在初中平面几何中学过: 和圆周交于一点的直线被称为圆的切线. 这一说法对圆来说是对的, 但对其他曲线来说就未必成立.

现在研究一般曲线在某一点处的切线. 设方程为 $y = f(x)$ 的曲线为 l (图 2-1), 其上一点 A 的坐标为 $(x_0, f(x_0))$. 在曲线上点 A 附近另取一点 B, 它的坐标是 $(x_0 + \Delta x, f(x_0 + \Delta x))$. 直线 AB 是曲线 l 的割线, 它的倾斜角记作 β. 由图 2-1 中的 $\mathrm{Rt}\triangle ACB$, 可知割线 AB 的斜率:

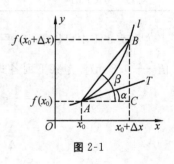

图 2-1

$$\tan\beta = \frac{CB}{AC} = \frac{\Delta y}{\Delta x} = \frac{f(x_0 + \Delta x) - f(x_0)}{\Delta x}.$$

在数量上, 它表示当自变量从 x_0 变到 $x_0 + \Delta x$ 时, 函数 $f(x)$ 关于变量 x 的平均变化率(增长率或减小率).

现在让点 B 沿着曲线趋向于点 A, 此时 $\Delta x \to 0$, 过点 A 的割线 AB 如果也能趋向于一个极限位置——直线 AT, 我们就称在点 A 处存在切线 AT. 记 AT 的倾斜角为 α, 则 α 为 β 的极限. 若 $\alpha \neq 90°$, 根据正切函数的连续性, 可得到切线 AT 的斜率为

$$\tan\alpha = \lim_{\Delta x \to 0}\tan\beta = \lim_{\Delta x \to 0}\frac{f(x_0 + \Delta x) - f(x_0)}{\Delta x}.$$

在数量上, 它表示函数 $f(x)$ 在点 x_0 处的变化率.

有这样一类变化,当我们在不同时刻观察时,变化的快慢程度总是一致的,也就是说变化是均匀的.例如,质点的匀速直线运动,它所经过的路程 $s(t)-s(0)$ 与所用时间 t 的比,就是质点的运动速度,所以 $v=\dfrac{s(t)-s(0)}{t}=$ 常数.但是,实际问题中变量变化的快慢并不总是均匀的.请看下面的实例:

实例 2 变速直线运动的瞬时速度.

现在考察质点的自由落体运动.真空中,质点在时刻 $t=0$ s 到时刻 t 这一时间段内下落的距离 s 由公式 $s=\dfrac{1}{2}gt^2$ 来确定.因为不同的时刻 t 在相同的时间段内下落的距离不等,所以运动不是匀速的,速度时刻在变化.现在来求 $t=1$ s 这一时刻质点的速度.

当 Δt 很小时,从 1 s 到 1 s$+\Delta t$ 这段时间内,质点运动的速度变化不大,可以以这段时间内的平均速度作为质点在 $t=1$ s 时速度的近似.一般来讲,Δt 越小,这种近似就越精确.现在我们来计算一下 t 从 1 s 分别到 1.1 s,1.01 s,1.001 s,1.0001 s,1.00001 s 各段时间内的平均速度,取 $g=9.8$ m/s^2,所得数据如表 2-1:

表 2-1

$\Delta t/$s	$\Delta s/$m	$\dfrac{\Delta s}{\Delta t}/$(m/s)
0.1	1.029	10.29
0.01	0.09849	9.849
0.001	0.0098049	9.8049
0.0001	0.000980049	9.80049
0.00001	0.00009800049	9.800049

从表 2-1 中可以看出,平均速度 $\dfrac{\Delta s}{\Delta t}$ 随着 Δt 变化而变化,Δt 越小,$\dfrac{\Delta s}{\Delta t}$ 就越接近于一个定值——9.8 m/s.考察下列各式:

$$\Delta s=\frac{1}{2}g(1+\Delta t)^2-\frac{1}{2}g\cdot1^2=\frac{1}{2}g\left[2\Delta t+(\Delta t)^2\right],$$

$$\frac{\Delta s}{\Delta t}=\frac{1}{2}g\cdot\frac{2\Delta t+(\Delta t)^2}{\Delta t}=\frac{1}{2}g(2+\Delta t).$$

当 Δt 越来越接近于 0 时,$\dfrac{\Delta s}{\Delta t}$ 越来越接近于 1 s 时的"速度".现在对 $\dfrac{\Delta s}{\Delta t}$ 取 $\Delta t\to0$ 时的极限,得

$$\lim_{\Delta t\to0}\frac{\Delta s}{\Delta t}=\lim_{\Delta t\to0}\frac{1}{2}g(2+\Delta t)=g=9.8\ (\text{m/s}).$$

我们有理由认为这正是质点在 $t=1$ s 时的速度,称其为质点在 $t=1$ s 时的**瞬时速度**.

一般地,设质点所经过的路程与时间的规律是 $s=f(t)$,在时刻 t,时间有改变量 Δt,路程相应的改变量为 $\Delta s=f(t+\Delta t)-f(t)$,在时间段 t 到 $t+\Delta t$ 内的平均速度为

$$\overline{v}=\frac{\Delta s}{\Delta t}=\frac{f(t+\Delta t)-f(t)}{\Delta t}.$$

对平均速度取 $\Delta t\to0$ 时的极限,得

$$v(t) = \lim_{\Delta t \to 0} \frac{\Delta s}{\Delta t} = \lim_{\Delta t \to 0} \frac{f(t + \Delta t) - f(t)}{\Delta t},$$

称 $v(t)$ 为质点在时刻 t 的瞬时速度.

从变化率的观点来看,平均速度 $\bar{v}$ 表示 s 关于 t 在时间段 t 到 $t + \Delta t$ 内的平均变化率,而瞬时速度 $v(t)$ 则表示 s 关于 t 在时刻 t 的变化率.

在实践中经常会遇到类似上述两个实例的问题,虽然表达问题的函数形式 $y = f(x)$ 和自变量 x 的具体内容不同,但本质都是要求函数 y 关于自变量 x 在某一点处的变化率. 所有这类问题的基本分析方法都与上述两个实例相同:

(1) 自变量 x 作微小变化 Δx,求出函数在 x 到 $x + \Delta x$ 段内的平均变化率 $\bar{y} = \dfrac{\Delta y}{\Delta x}$ 作为点 x 处变化率的近似;

(2) 对 $\bar{y}$ 求 $\Delta x \to 0$ 时的极限 $\lim\limits_{\Delta x \to 0} \dfrac{\Delta y}{\Delta x}$,若它存在,这个极限即为 y 在点 x 处变化率的精确值.

二、导数的定义

1. 函数在一点处可导的概念

现在我们把这种分析方法应用到一般的函数,得到函数导数的概念.

定义 设函数 $y = f(x)$ 在 x_0 的某个邻域内有定义,对应于自变量 x 在 x_0 处有改变量 $\Delta x (x_0 + \Delta x$ 仍在上述邻域内),函数 $y = f(x)$ 有相应的改变量

$$\Delta y = f(x_0 + \Delta x) - f(x_0),$$

若这两个改变量的比

$$\frac{\Delta y}{\Delta x} = \frac{f(x_0 + \Delta x) - f(x_0)}{\Delta x}$$

当 $\Delta x \to 0$ 时存在极限,即 $\lim\limits_{\Delta x \to 0} \dfrac{\Delta y}{\Delta x}$ 存在,我们就称**函数 $y = f(x)$ 在点 x_0 处可导**,并把这一极限称为**函数 $y = f(x)$ 在点 x_0 处的导数**,记作

$$y'\Big|_{x=x_0}, f'(x_0), \frac{\mathrm{d}y}{\mathrm{d}x}\Big|_{x=x_0} \text{ 或 } \frac{\mathrm{d}[f(x)]}{\mathrm{d}x}\Big|_{x=x_0},$$

即

$$y'\Big|_{x=x_0} = f'(x_0) = \lim_{\Delta x \to 0} \frac{f(x_0 + \Delta x) - f(x_0)}{\Delta x}. \tag{1}$$

比值 $\dfrac{\Delta y}{\Delta x}$ 表示函数 $y = f(x)$ 在 x_0 到 $x_0 + \Delta x$ 之间的平均变化率,导数 $y'\big|_{x=x_0}$ 则表示了函数在点 x_0 处的变化率,它反映了函数 $y = f(x)$ 在点 x_0 处变化的快慢.

如果当 $\Delta x \to 0$ 时 $\dfrac{\Delta y}{\Delta x}$ 的极限不存在,我们就称函数 $y = f(x)$ 在点 x_0 处不可导或导数不存在.

在定义中,若设 $x = x_0 + \Delta x$,则(1)式可写成

$$f'(x_0) = \lim_{x \to x_0} \frac{f(x) - f(x_0)}{x - x_0}. \tag{2}$$

根据导数的定义,可得到求函数在点 x_0 处导数的步骤如下:

第一步,求函数的改变量 $\Delta y = f(x_0 + \Delta x) - f(x_0)$;

第二步,求比值 $\dfrac{\Delta y}{\Delta x} = \dfrac{f(x_0 + \Delta x) - f(x_0)}{\Delta x}$;

第三步,求极限 $f'(x_0) = \lim\limits_{\Delta x \to 0} \dfrac{\Delta y}{\Delta x}$.

例 1 求函数 $y = x^2$ 在点 $x = 2$ 处的导数.

解 $\Delta y = (2 + \Delta x)^2 - 2^2 = 4\Delta x + (\Delta x)^2$,

$$\frac{\Delta y}{\Delta x} = \frac{4\Delta x + (\Delta x)^2}{\Delta x} = 4 + \Delta x,$$

$$\lim_{\Delta x \to 0} \frac{\Delta y}{\Delta x} = \lim_{\Delta x \to 0}(4 + \Delta x) = 4,$$

所以 $y'|_{x=2} = 4$.

在第 1 章中,我们已经学过左、右极限的概念,因此可以用左、右极限相应地定义左、右导数.即当左极限 $\lim\limits_{\Delta x \to 0^-} \dfrac{f(x_0 + \Delta x) - f(x_0)}{\Delta x}$ 存在时,称其极限值为函数 $y = f(x)$ 在点 x_0 处的左导数,记作 $f'_-(x_0)$.同理,当右极限 $\lim\limits_{\Delta x \to 0^+} \dfrac{f(x_0 + \Delta x) - f(x_0)}{\Delta x}$ 存在时,称其极限值为函数 $y = f(x)$ 在点 x_0 处的右导数,记作 $f'_+(x_0)$.

根据极限与左、右极限之间的关系,立即可得:

$f'(x_0)$ 存在 $\Leftrightarrow f'_-(x_0)$ 和 $f'_+(x_0)$ 同时存在,且 $f'_-(x_0) = f'_+(x_0)$.

2.导函数的概念

如果函数 $y = f(x)$ 在开区间 (a, b) 内每一点处都可导,就称函数 $y = f(x)$ 在开区间 (a, b) 内可导.这时,对开区间 (a, b) 内每一个确定的值 x_0,都对应着一个确定的导数 $f'(x_0)$,这样就在开区间 (a, b) 内构成了一个新的函数,我们把这一新的函数称为 $f(x)$ 的**导函数**,记作 $f'(x), y'$ 或 $\dfrac{\mathrm{d}y}{\mathrm{d}x}$.

根据导数的定义,可得出导函数

$$f'(x) = y' = \lim_{\Delta x \to 0} \frac{\Delta y}{\Delta x} = \lim_{\Delta x \to 0} \frac{f(x + \Delta x) - f(x)}{\Delta x}. \tag{3}$$

导函数也简称为导数.今后,如不特别指明求某一点处的导数,就是指求导函数.但要注意:函数 $y = f(x)$ 的导函数 $f'(x)$ 与函数 $y = f(x)$ 在点 x_0 处的导数 $f'(x_0)$ 是有区别的,$f'(x)$ 是 x 的函数,而 $f'(x_0)$ 是一个数值;但它们又是有联系的,$f(x)$ 在点 x_0 处的导数 $f'(x_0)$ 就是导函数 $f'(x)$ 在点 x_0 处的函数值.这样,如果知道了导函数 $f'(x)$,要求 $f(x)$ 在点 x_0 处的导数,只要把 $x = x_0$ 代入 $f'(x)$ 中去求函数值就可以了.

下面,我们根据导数的定义来求常数和几个基本初等函数的导数.

例 2 求函数 $y = C$(C 为常数)的导数.

解 因为 $\Delta y = C - C = 0, \dfrac{\Delta y}{\Delta x} = \dfrac{0}{\Delta x} = 0$,所以 $y' = \lim\limits_{\Delta x \to 0} \dfrac{\Delta y}{\Delta x} = 0$,即

$$(C)' = 0 \text{(常数的导数恒等于零)}.$$

例 3 求函数 $y = x^n$($n \in \mathbf{N}, x \in \mathbf{R}$)的导数.

解 因为 $\Delta y = (x+\Delta x)^n - x^n = nx^{n-1}\Delta x + C_n^2 x^{n-2}(\Delta x)^2 + \cdots + (\Delta x)^n$,

$$\frac{\Delta y}{\Delta x} = nx^{n-1} + C_n^2 x^{n-2}\Delta x + \cdots + (\Delta x)^{n-1},$$

从而有

$$y' = \lim_{\Delta x \to 0}\frac{\Delta y}{\Delta x} = \lim_{\Delta x \to 0}\left[nx^{n-1} + C_n^2 x^{n-2}\Delta x + \cdots + (\Delta x)^{n-1}\right] = nx^{n-1},$$

即

$$(x^n)' = nx^{n-1}.$$

可以证明,一般的幂函数 $y = x^\alpha (\alpha \in \mathbf{R}, x > 0)$ 的导数为

$$(x^\alpha)' = \alpha x^{\alpha-1}.$$

例如:

$$(\sqrt{x})' = (x^{\frac{1}{2}})' = \frac{1}{2}x^{-\frac{1}{2}} = \frac{1}{2\sqrt{x}};$$

$$\left(\frac{1}{x}\right)' = (x^{-1})' = -x^{-2} = -\frac{1}{x^2}.$$

例 4 求函数 $y = \sin x (x \in \mathbf{R})$ 的导数.

解 $\lim_{\Delta x \to 0}\dfrac{\Delta y}{\Delta x} = \lim_{\Delta x \to 0}\dfrac{\sin(x+\Delta x) - \sin x}{\Delta x} = \lim_{\Delta x \to 0}\dfrac{2\cos\left(x + \dfrac{\Delta x}{2}\right)\sin\dfrac{\Delta x}{2}}{\Delta x}$

$$= \lim_{\Delta x \to 0}\cos\left(x + \frac{\Delta x}{2}\right) \cdot \frac{\sin\dfrac{\Delta x}{2}}{\dfrac{\Delta x}{2}} = \cos x,$$

即

$$(\sin x)' = \cos x.$$

用类似的方法可以求得 $y = \cos x (x \in \mathbf{R})$ 的导数为

$$(\cos x)' = -\sin x.$$

例 5 求函数 $y = \log_a x$ 的导数 $(a > 0, a \neq 1, x > 0)$.

解 $\lim_{\Delta x \to 0}\dfrac{\Delta y}{\Delta x} = \lim_{\Delta x \to 0}\dfrac{\log_a(x+\Delta x) - \log_a x}{\Delta x} = \lim_{\Delta x \to 0}\dfrac{1}{\Delta x}\log_a\dfrac{x+\Delta x}{x}$

$$= \lim_{\Delta x \to 0}\frac{1}{x} \cdot \frac{x}{\Delta x}\log_a\left(1 + \frac{\Delta x}{x}\right) = \frac{1}{x}\lim_{\Delta x \to 0}\log_a\left(1 + \frac{\Delta x}{x}\right)^{\frac{x}{\Delta x}} = \frac{1}{x\ln a},$$

即

$$(\log_a x)' = \frac{1}{x\ln a}.$$

特别地,当 $a = \mathrm{e}$ 时,由上式得到自然对数函数的导数: $(\ln x)' = \dfrac{1}{x}$.

三、导数的几何意义

在实例 1 中,我们可以得到结论:方程为 $y = f(x)$ 的曲线 l 在点 $A(x_0, f(x_0))$ 处存在非垂直切线与 $y = f(x)$ 在 x_0 处存在极限 $\lim_{\Delta x \to 0}\dfrac{f(x_0 + \Delta x) - f(x_0)}{\Delta x}$ 是等价的,且极限就是 l 在 A 处切线的斜率.根据导数的定义,这正好表示函数 $y = f(x)$ 在 x_0 处可导,且极限就是导数值 $f'(x_0)$.由此可得结论:

方程为 $y = f(x)$ 的曲线在点 $A(x_0, f(x_0))$ 处存在非垂直切线 AT(图 2-1)的充分必要

条件是 $f(x)$ 在 x_0 处存在导数 $f'(x_0)$,且切线 AT 的斜率 $k=f'(x_0)$.

这个结论一方面给出了导数的几何意义,即函数 $y=f(x)$ 在 x_0 处的导数 $f'(x_0)$ 就是函数对应的曲线在点 $(x_0,f(x_0))$ 处切线的斜率;另一方面也可立即得到函数 $f(x)$ 在点 $(x_0,f(x_0))$ 处切线的方程为

$$y-f(x_0)=f'(x_0)(x-x_0). \tag{4}$$

过切点 $A(x_0,f(x_0))$ 且垂直于切线的直线,称为曲线 $y=f(x)$ 在点 $A(x_0,f(x_0))$ 处的法线,则当切线非水平(即 $f'(x_0)\neq0$)时的法线方程为

$$y-f(x_0)=-\frac{1}{f'(x_0)}(x-x_0). \tag{5}$$

例 6 求曲线 $y=\sin x$ 在点 $\left(\dfrac{\pi}{6},\dfrac{1}{2}\right)$ 处的切线方程和法线方程.

解 $(\sin x)'|_{x=\frac{\pi}{6}}=\cos x|_{x=\frac{\pi}{6}}=\dfrac{\sqrt{3}}{2}$,根据公式(4)和公式(5)即得所求的切线方程和法线方程分别为

$$y-\frac{1}{2}=\frac{\sqrt{3}}{2}\left(x-\frac{\pi}{6}\right),即\ y=\frac{\sqrt{3}}{2}x+\frac{6-\sqrt{3}\pi}{12};$$

$$y-\frac{1}{2}=-\frac{2\sqrt{3}}{3}\left(x-\frac{\pi}{6}\right),即\ y=-\frac{2\sqrt{3}}{3}x+\frac{9+2\sqrt{3}\pi}{18}.$$

例 7 求曲线 $y=\ln x$ 上平行于直线 $y=2x$ 的切线方程.

解 设切点为 $A(x_0,y_0)$,则曲线在点 A 处的切线的斜率

$$y'|_{x=x_0}=(\ln x)'|_{x=x_0}=\frac{1}{x_0}.$$

因为切线平行于直线 $y=2x$,所以 $\dfrac{1}{x_0}=2$,即 $x_0=\dfrac{1}{2}$. 切点位于曲线上,所以

$$y_0=\ln\frac{1}{2}=-\ln 2,$$

故所求的切线方程为

$$y+\ln 2=2\left(x-\frac{1}{2}\right),$$

即

$$y=2x-1-\ln 2.$$

四、可导和连续的关系

如果函数 $y=f(x)$ 在点 x_0 处可导,则存在极限

$$\lim_{\Delta x\to0}\frac{\Delta y}{\Delta x}=f(x_0),$$

所以

$$\frac{\Delta y}{\Delta x}=f'(x_0)+\alpha\ (\lim_{\Delta x\to0}\alpha=0)$$

或

$$\Delta y=f'(x_0)\Delta x+\alpha\Delta x\ (\lim_{\Delta x\to0}\alpha=0),$$

所以

$$\lim_{\Delta x\to0}\Delta y=\lim_{\Delta x\to0}[f'(x_0)\Delta x+\alpha\Delta x]=0.$$

这表明函数 $y=f(x)$ 在点 x_0 处连续.

但函数 $y=f(x)$ 在点 x_0 处连续却不一定在点 x_0 处可导. 例如,$y=|x|$(图 2-2)和 $y=\sqrt[3]{x}$

(图 2-3)在点 $x=0$ 处都连续但却不可导(前者是因为在 $x=0$ 处左、右极限分别为 -1 和 1,所以导数不存在;后者是因为 $k=\tan\alpha$ 不存在,但是在点 $(0,0)$ 处存在垂直于 x 轴的切线).

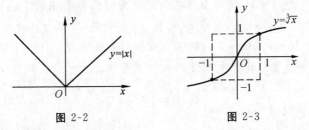

图 2-2   图 2-3

通过以上讨论,我们得到以下结论:

如果函数 $y=f(x)$ 在点 x_0 处可导,则函数 $y=f(x)$ 在点 x_0 处连续;如果函数 $y=f(x)$ 在点 x_0 处连续,则不能断定函数 $y=f(x)$ 在点 x_0 处可导.

例 8 设函数 $f(x)=\begin{cases} x^2, & x\geqslant 0, \\ x+1, & x<0, \end{cases}$ 讨论函数 $f(x)$ 在点 $x=0$ 处的连续性和可导性.

解 因为 $\lim\limits_{x\to 0^-}f(x)=\lim\limits_{x\to 0^-}(x+1)=1\neq f(0)=0,$

所以 $f(x)$ 在点 x_0 处不连续.由以上定理可知,$f(x)$ 在点 x_0 处不可导.

 习题 2-1(A)

1. (1) $f'(x_0)=[f(x_0)]'$ 是否成立?

(2) 若函数 $y=f(x)$ 在点 x_0 处的导数不存在,问曲线 $y=f(x)$ 在点 $(x_0,f(x_0))$ 处的切线是否存在?

(3) 函数 $y=f(x)$ 在点 x_0 处可导与连续的关系是什么?

2. 物体做直线运动的方程为 $s=3t^2-5t$,求:

(1) 物体从时刻 t_0 到 $t_0+\Delta t$ 的平均速度;

(2) 物体在时刻 t_0 的瞬时速度.

3. 根据导数的定义,求下列函数在指定点处的导数:

(1) $y=2x^2-3x+1, x=-1$;

(2) $y=\sqrt{x}-1, x=4$.

4. 设函数 $f(x)=\begin{cases} x+2, & 0\leqslant x<1, \\ 3x-1, & x\geqslant 1, \end{cases}$ 问 $f(x)$ 在 $x=1$ 处是否可导? 为什么?

 习题 2-1(B)

1. 根据导数的定义,求下列函数的导数:

(1) $y=x^3$;   (2) $y=\dfrac{2}{x}$.

2. 已知一抛物线 $y=x^2$.

(1) 求该抛物线在 $x=1$ 和 $x=3$ 处的切线的斜率;

(2) 该抛物线上何点处的切线与 x 轴正向成 $45°$ 角?

3. 曲线 $y=x^3$ 和 $y=x^2$ 的横坐标在何点处的切线斜率相同?

4. 设 $f(x)=(x-a)\varphi(x)$,其中 $\varphi(x)$ 在 $x=a$ 处连续,求 $f'(a)$.

5. 求曲线 $y=\log_3 x$ 在 $x=3$ 处的切线方程和法线方程.

6. 讨论下列函数在指定点处的连续性和可导性:

(1) $f(x)=\begin{cases} x, & x<0, \\ \ln(1+x), & x\geqslant 0 \end{cases}$ 在点 $x=0$ 处;

(2) $f(x)=\begin{cases} \sin(x-1), & x\neq 1, \\ 0, & x=1 \end{cases}$ 在点 $x=1$ 处.

▶ §2-2 导数的基本公式与求导四则运算法则

上一节我们以实际问题为背景给出了函数导数的概念,并用导数的定义求得一些基本初等函数的导数.从前面的例题中可以看出,对一般的函数,用定义求它的导数将是极为复杂、困难的,也是没有必要的.因此,我们总是希望找到一些基本公式与运算法则,借助它们简化求导数的计算.本节和后面几节将建立一系列的求导法则和方法,以已经得到的五个函数的导数为基础,导出所有基本初等函数的导数.所有基本初等函数的导数称为导数的基本公式.有了导数的基本公式,再利用求导法则和方法,原则上就可以求出全部初等函数的导数.因此,求初等函数的导数,必须做到:第一,熟记导数基本公式;第二,熟记并掌握求导法则和方法.

一、导数的基本公式

(1) $(C)'=0$;

(2) $(x^a)'=ax^{a-1}$;

(3) $(a^x)'=a^x\ln a$;

(4) $(e^x)'=e^x$;

(5) $(\log_a x)'=\dfrac{1}{x\ln a}$;

(6) $(\ln x)'=\dfrac{1}{x}$;

(7) $(\sin x)'=\cos x$;

(8) $(\cos x)'=-\sin x$;

(9) $(\tan x)'=\sec^2 x$;

(10) $(\cot x)'=-\csc^2 x$;

(11) $(\sec x)'=\sec x\tan x$;

(12) $(\csc x)'=-\csc x\cot x$;

(13) $(\arcsin x)'=\dfrac{1}{\sqrt{1-x^2}}$;

(14) $(\arccos x)'=-\dfrac{1}{\sqrt{1-x^2}}$;

(15) $(\arctan x)'=\dfrac{1}{1+x^2}$;

(16) $(\operatorname{arccot} x)'=-\dfrac{1}{1+x^2}$.

二、导数的四则运算法则

设 $u=u(x),v=v(x)$ 都是可导的函数,则有:

(1) 和差法则

$$(u \pm v)' = u' \pm v'.$$

(2) 乘法法则

$$(uv)' = u'v + uv'.$$

特别地，$(Cu)' = Cu'$（C 是常数）.

(3) 除法法则

$$\left(\frac{u}{v}\right)' = \frac{u'v - uv'}{v^2} (v \neq 0).$$

注意　法则(1)和法则(2)都可以推广到有限多个函数的情形,即若 $u_1, u_2, \cdots, u_n$ 均为可导函数,则

$$(u_1 \pm u_2 \pm \cdots \pm u_n)' = u_1' \pm u_2' \pm \cdots \pm u_n';$$
$$(u_1 u_2 \cdots u_n)' = u_1' u_2 \cdots u_n + u_1 u_2' \cdots u_n + \cdots + u_1 u_2 \cdots u_n'.$$

以上三个法则都可以用导数的定义和极限的运算法则来验证.下面给出法则 2 的验证过程.

证明　设 $\Delta u = u(x + \Delta x) - u(x), \Delta v = v(x + \Delta x) - v(x)$,则

$$u(x + \Delta x) = u(x) + \Delta u, v(x + \Delta x) = v(x) + \Delta v,$$

于是

$$(uv)' = \lim_{\Delta x \to 0} \frac{u(x + \Delta x)v(x + \Delta x) - u(x)v(x)}{\Delta x}$$

$$= \lim_{\Delta x \to 0} \left[\frac{u(x + \Delta x) - u(x)}{\Delta x} \cdot v(x + \Delta x) + u(x) \cdot \frac{v(x + \Delta x) - v(x)}{\Delta x}\right],$$

$$= \lim_{\Delta x \to 0} \frac{u(x + \Delta x) - u(x)}{\Delta x} \cdot \lim_{\Delta x \to 0} v(x + \Delta x) + u(x) \cdot \lim_{\Delta x \to 0} \frac{v(x + \Delta x) - v(x)}{\Delta x}.$$

$$= u'(x)v(x) + u(x)v'(x).$$

其中 $\lim\limits_{\Delta x \to 0} v(x + \Delta x) = v(x)$ 是由于 $v'(x)$ 存在,故 $v(x)$ 在点 x 处连续,于是法则得证.

例 1　设函数 $f(x) = e^x - x^2 + \sec x$,求 $f'(x)$.

解　$f'(x) = (e^x)' - (x^2)' + (\sec x)'$

$$= e^x - 2x + \sec x \tan x.$$

例 2　设函数 $f(x) = 2x^2 - 3x + \sin\frac{\pi}{7} + \ln 2$,求 $f'(x), f'(1)$.

解　注意到 $\sin\frac{\pi}{7}, \ln 2$ 都是常数,则有

$$f'(x) = \left(2x^2 - 3x + \sin\frac{\pi}{7} + \ln 2\right)'$$

$$= (2x^2)' - (3x)' + \left(\sin\frac{\pi}{7}\right)' + (\ln 2)'$$

$$= 2(x^2)' - 3(x)' + 0 + 0$$

$$= 4x - 3,$$

从而　$f'(1) = 4 \times 1 - 3 = 1$.

例 3　设函数 $y = \tan x \cdot \log_2 x$,求 y'.

解　$y' = (\tan x)' \cdot \log_2 x + \tan x \cdot (\log_2 x)'$

$$= \sec^2 x \cdot \log_2 x + \tan x \cdot \frac{1}{x \ln 2}.$$

例 4 设函数 $g(x) = \frac{(x^2-1)^2}{x^2}$，求 $g'(x)$.

解 改写 $g(x) = x^2 - 2 + x^{-2}$，由此求得 $g'(x) = 2x - 2x^{-3} = \frac{2}{x^3}(x^4 - 1)$.

例 5 设函数 $f(x) = \frac{\arctan x}{1 + \sin x}$，求 $f'(x)$.

解
$$f'(x) = \frac{(\arctan x)'(1 + \sin x) - \arctan x(1 + \sin x)'}{(1 + \sin x)^2}$$

$$= \frac{\frac{1}{1+x^2}(1 + \sin x) - \arctan x \cdot \cos x}{(1 + \sin x)^2}$$

$$= \frac{(1 + \sin x) - (1 + x^2) \cdot \arctan x \cdot \cos x}{(1 + x^2)(1 + \sin x)^2}.$$

例 6 设函数 $y = \tan x$，求 y'（见导数基本公式 9）.

解
$$y' = (\tan x)' = \left(\frac{\sin x}{\cos x}\right)' = \frac{(\sin x)' \cos x - \sin x (\cos x)'}{\cos^2 x}$$

$$= \frac{\cos^2 x + \sin^2 x}{\cos^2 x} = \frac{1}{\cos^2 x},$$

即 $(\tan x)' = \sec^2 x$.

同理可验证导数基本公式 10：$(\cot x)' = -\csc^2 x$.

例 7 设函数 $y = \sec x$，求 y'（见导数基本公式 11）.

解
$$y' = (\sec x)' = \left(\frac{1}{\cos x}\right)' = \frac{0 - 1 \cdot (\cos x)'}{\cos^2 x} = \frac{\sin x}{\cos^2 x},$$

即 $(\sec x)' = \tan x \sec x$.

同理可验证导数基本公式 12：$(\csc x)' = -\cot x \csc x$.

例 8 求曲线 $y = x^3 - 2x$ 上垂直于直线 $x + y = 0$ 的切线方程.

解 设所求切线切曲线于点 (x_0, y_0)，由于 $y' = 3x^2 - 2$，直线 $x + y = 0$ 的斜率为 -1，故所求切线的斜率为 $3x_0^2 - 2$，且 $3x_0^2 - 2 = 1$，由此得两解：$\begin{cases} x_1 = 1, \\ y_1 = -1, \end{cases} \begin{cases} x_2 = -1, \\ y_2 = 1. \end{cases}$

所以所求的切线方程有两条：$y + 1 = x - 1$，$y - 1 = x + 1$，即 $y = x \pm 2$.

 习题 2-2（A）

1. 判断下列说法或式子是否正确：

(1) $(uv)' = u'v'$；

(2) $\left(\frac{u}{v}\right)' = \frac{u'}{v'}$；

(3) 若 $f(x)$ 在 x_0 处可导，$g(x)$ 在 x_0 处不可导，则 $f(x) + g(x)$ 在 x_0 处必不可导；

(4) 若 $f(x)$ 和 $g(x)$ 在 x_0 处不可导，则 $f(x) + g(x)$ 在 x_0 处也不可导.

 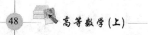

2. 求下列各函数的导数：

(1) $y=\ln x+3\cos x-5x$；

(2) $y=x^2(1+\sqrt[3]{x})$；

(3) $y=\dfrac{\sin x}{x}$；

(4) $y=x^3\cdot\arctan x\cdot\csc x$.

3. 求 $y=\sin x\cos x$ 在 $x=\dfrac{\pi}{6}$ 和 $x=\dfrac{\pi}{4}$ 处的导数.

 习题 2-2(B)

1. 求下列函数的导数：

(1) $y=\log_3 x-5\arccos x+2\sqrt[3]{x^2}$；

(2) $y=\dfrac{x^2-3x+3}{\sqrt{x}}$；

(3) $y=\sqrt{x\sqrt{x\sqrt{x}}}$；

(4) $y=\sqrt{x}\arcsin x$；

(5) $\rho=\dfrac{\varphi}{1-\cos\varphi}$；

(6) $y=\dfrac{\arcsin x}{\arccos x}$；

(7) $y=\dfrac{1}{1+\sqrt{x}}-\dfrac{1}{1-\sqrt{x}}$；

(8) $y=x\cos x\cdot\ln x$；

(9) $y=x\csc x-3\sec x$；

(10) $s=\dfrac{1-\ln t}{1+\ln t}$.

2. 求下列函数在指定点处的导数值：

(1) $y=x^5+3\sin x,x=0,x=\dfrac{\pi}{2}$；

(2) $f(x)=2x^2+3\operatorname{arccot}x,x=0,x=1$.

3. 曲线 $y=x^{\frac{3}{2}}$ 上哪一点处的切线与直线 $y=3x-1$ 平行？

§2-3　复合函数的导数

我们先来看下面的例子：

已知函数 $y=\sin 2x$，求 y'.

可能有人这样解题：

$$y'=(\sin 2x)'=\cos 2x.$$

这个结果对吗？让我们换一种方法求导：

$$y'=(\sin 2x)'=(2\sin x\cos x)'=2(\cos^2 x-\sin^2 x)=2\cos 2x.$$

到底哪个结果正确？后者有把握是对的，那前者肯定错了！那么错在哪儿呢？事实上，$y=\sin 2x$ 是由 $y=\sin u,u=2x$ 复合而成的复合函数，前者实际上是求中间变量 $u=2x$ 的导数，而不是求对自变量 x 的导数. 但题目要求的是对自变量的导数，因此出了错. 这个例子启发我们，在讨论复合函数的导数时，由于出现了中间变量，求导时一定要弄清楚是函数对中间变量求导，还是对自变量求导.

对一般的复合函数，通常不能由现有的求导方法求得其导数，故我们需要引入复合函数的求导法则.下面我们来推导复合函数的求导方法.

设函数 $u=\varphi(x)$ 在点 x_0 处可导,函数 $y=f(u)$ 在对应点 $u_0=\varphi(x_0)$ 处可导,求函数 $y=f[\varphi(x)]$ 在点 x_0 处的导数.

设 x 在点 x_0 处有改变量 Δx,则对应的 u 有改变量 Δu,y 也有改变量 Δy.因为 $u=\varphi(x)$ 在点 x_0 处可导,所以在点 x_0 处连续.因此,当 $\Delta x\to 0$ 时,$\Delta u\to 0$.若 $\Delta u\neq 0$,由

$$\frac{\Delta y}{\Delta x}=\frac{\Delta y}{\Delta u}\cdot\frac{\Delta u}{\Delta x},\lim_{\Delta x\to 0}\frac{\Delta y}{\Delta u}=\lim_{\Delta u\to 0}\frac{\Delta y}{\Delta u}=f'(u_0),\lim_{\Delta x\to 0}\frac{\Delta u}{\Delta x}=\varphi'(x_0),$$

得

$$\{f[\varphi(x)]\}'=\lim_{\Delta x\to 0}\frac{\Delta y}{\Delta x}=\lim_{\Delta x\to 0}\frac{\Delta y}{\Delta u}\cdot\lim_{\Delta x\to 0}\frac{\Delta u}{\Delta x}=f'(u_0)\cdot\varphi'(x_0),$$

即

$$y'_x\Big|_{x=x_0}=y'_u\Big|_{u=u_0}\cdot u'_x\Big|_{x=x_0}$$

或

$$\frac{\mathrm{d}y}{\mathrm{d}x}\Big|_{x=x_0}=\frac{\mathrm{d}y}{\mathrm{d}u}\Big|_{u=u_0}\cdot\frac{\mathrm{d}u}{\mathrm{d}x}\Big|_{x=x_0}.$$

可以证明当 $\Delta u=0$ 时,上述公式仍然成立.

复合函数的求导法则 设函数 $u=\varphi(x)$ 在 x 处有导数 $u'_x=\varphi'(x)$,函数 $y=f(u)$ 在点 x 的对应点 u 处也有导数 $y'_u=f'(u)$,则复合函数 $y=f[\varphi(x)]$ 在点 x 处有导数,且

$$y'_x=y'_u\cdot u'_x \text{ 或 } \frac{\mathrm{d}y}{\mathrm{d}x}=\frac{\mathrm{d}y}{\mathrm{d}u}\cdot\frac{\mathrm{d}u}{\mathrm{d}x}.$$

这个法则可以推广到有两个以上的中间变量的情形.如果

$$y=y(u),u=u(v),v=v(x),$$

且在各对应点处的导数存在,则

$$y'_x=y'_u\cdot u'_v\cdot v'_x \text{ 或 } \frac{\mathrm{d}y}{\mathrm{d}x}=\frac{\mathrm{d}y}{\mathrm{d}u}\cdot\frac{\mathrm{d}u}{\mathrm{d}v}\cdot\frac{\mathrm{d}v}{\mathrm{d}x}. \tag{1}$$

通常称公式(1)为复合函数求导的**链式法则**.

在对复合函数求导时,关键在于选取适当的中间变量,通常是把要计算的函数与基本初等函数进行比较,从而把复合函数分解成基本初等函数与复合中间变量或分解成基本初等函数与常数的和、差、积、商,化繁为简,逐层求导.求导时,要按照复合次序,由最外层开始,向内层一层一层地对中间变量求导,直到对自变量求导为止.

例 1 求函数 $y=\sin 2x$ 的导数.

解 令 $y=\sin u,u=2x$,则

$$y'_x=y'_u\cdot u'_x=\cos u\cdot 2=2\cos 2x.$$

例 2 求函数 $y=(3x+5)^2$ 的导数.

解 令 $y=u^2,u=3x+5$,则

$$y'_x=y'_u\cdot u'_x=2u\cdot 3=6(3x+5).$$

例 3 求函数 $y=\ln(\sin x)^2$ 的导数.

解 令 $y=\ln u,u=v^2,v=\sin x$,则

$$y'_x=y'_u\cdot u'_v\cdot v'_x=\frac{1}{u}\cdot 2v\cdot\cos x=\frac{1}{\sin^2 x}\cdot 2\sin x\cdot\cos x=2\cot x.$$

上述几例详细地写出了复合函数的中间变量及复合关系,熟练之后就不必写出中间变量,只要分析清楚函数的复合关系,心里记着而不必写出分解过程,中间变量代表什么就直接写什么,具体做法是逐步、反复地利用链式求导法则.以例 2 来说,只是默想着用 u 去代替

$3x+5$ 而不必把它写出来,运用复合函数的链式求导法则,得

$$y'=2(3x+5)\cdot(3x+5)'=6(3x+5).$$

这里,y'_x 可简单地写成 y',右下角的 x 不必再写出,因为 y 本来就是 x 的函数,又没有明确写出中间变量,所以不写 x 不会引起误解.

例 4 求函数 $y=\sqrt{a^2-x^2}$ 的导数.

解 把 a^2-x^2 看作中间变量,得

$$y'=\left[(a^2-x^2)^{\frac{1}{2}}\right]'=\frac{1}{2}(a^2-x^2)^{\frac{1}{2}-1}\cdot(a^2-x^2)'$$

$$=\frac{1}{2\sqrt{a^2-x^2}}\cdot(-2x)=-\frac{x}{\sqrt{a^2-x^2}}.$$

例 5 求函数 $y=\ln(1+x^2)$ 的导数.

解 $y'=\left[\ln(1+x^2)\right]'=\frac{1}{1+x^2}\cdot(1+x^2)'=\frac{2x}{1+x^2}.$

例 6 求函数 $y=\sin^2\left(2x+\dfrac{\pi}{3}\right)$ 的导数.

解 $y'=\left[\sin^2\left(2x+\dfrac{\pi}{3}\right)\right]'=2\sin\left(2x+\dfrac{\pi}{3}\right)\cdot\left[\sin\left(2x+\dfrac{\pi}{3}\right)\right]'$

$$=2\sin\left(2x+\frac{\pi}{3}\right)\cdot\cos\left(2x+\frac{\pi}{3}\right)\cdot\left(2x+\frac{\pi}{3}\right)'$$

$$=2\sin\left(2x+\frac{\pi}{3}\right)\cdot\cos\left(2x+\frac{\pi}{3}\right)\cdot2=2\sin\left(4x+\frac{2\pi}{3}\right).$$

本例中我们用了两次中间变量,遇到这种多层复合的情况,只要按照前面的方法一步一步地做下去,每一步用一个中间变量,使外层函数成为这个中间变量的基本初等函数,一层一层地拆,直到求出对自变量的导数.

例 7 求函数 $y=\cos\sqrt{x^2+1}$ 的导数.

解 $y'=-\sin\sqrt{x^2+1}\cdot(\sqrt{x^2+1})'=-\sin\sqrt{x^2+1}\cdot\dfrac{1}{2}(x^2+1)^{-\frac{1}{2}}\cdot(x^2+1)'$

$$=-\frac{\sin\sqrt{x^2+1}}{2\sqrt{x^2+1}}\cdot2x=-\frac{x\sin\sqrt{x^2+1}}{\sqrt{x^2+1}}.$$

例 8 求函数 $y=\ln(x+\sqrt{x^2+1})$ 的导数.

解 $y'=\dfrac{1}{x+\sqrt{x^2+1}}\cdot(x+\sqrt{x^2+1})'=\dfrac{1}{x+\sqrt{x^2+1}}\cdot\left[1+(\sqrt{x^2+1})'\right]$

$$=\frac{1}{x+\sqrt{x^2+1}}\cdot\left[1+\frac{1}{2\sqrt{x^2+1}}\cdot(x^2+1)'\right]$$

$$=\frac{1}{x+\sqrt{x^2+1}}\cdot\left(1+\frac{x}{\sqrt{x^2+1}}\right)=\frac{1}{\sqrt{x^2+1}}.$$

例 9 已知 $y=\ln|x|(x\neq0)$,求 y'.

解 当 $x>0$ 时,$y=\ln x$,据基本求导公式,$y'=\dfrac{1}{x}$;

当 $x<0$ 时,$y=\ln|x|=\ln(-x)$,所以 $y'=\left[\ln(-x)\right]'=\dfrac{1}{-x}\cdot(-x)'=\dfrac{1}{x}.$

综合得
$$(\ln|x|)'=\frac{1}{x}.$$

这也是常用的导数公式,必须熟记.

例 10 设 $f(x)$ 是可导的非零函数,$y=\ln|f(x)|$,求 y'.

解 由例 9 的结果立即可得 $y'=\dfrac{1}{f(x)}\cdot f'(x)$.

例 11 设函数 $f(x)=\sin nx\cdot\cos^n x$,求 $f'(x)$.

解
$$
\begin{aligned}
f'(x)&=(\sin nx)'\cdot\cos^n x+\sin nx\cdot(\cos^n x)'\\
&=\cos nx\cdot(nx)'\cdot\cos^n x+\sin nx\cdot n\cdot\cos^{n-1}x\cdot(\cos x)'\\
&=n\cos^{n-1}x(\cos nx\cos x-\sin nx\sin x)\\
&=n\cos^{n-1}x\cos(n+1)x.
\end{aligned}
$$

例 12 设 $f(u),g(u)$ 都是可导函数,$y=f(\sin^2 x)+g(\cos^2 x)$,求 y'.

解
$$
\begin{aligned}
y'&=[f(\sin^2 x)]'+[g(\cos^2 x)]'\\
&=f'(\sin^2 x)\cdot(\sin^2 x)'+g'(\cos^2 x)\cdot(\cos^2 x)'\\
&=f'(\sin^2 x)\cdot 2\sin x\cdot(\sin x)'+g'(\cos^2 x)\cdot 2\cos x\cdot(\cos x)'\\
&=f'(\sin^2 x)\cdot\sin 2x-g'(\cos^2 x)\cdot\sin 2x\\
&=[f'(\sin^2 x)-g'(\cos^2 x)]\sin 2x.
\end{aligned}
$$

注意 这里的记号"f'""g'"分别表示 f,g 对中间变量求导,而不是对 x 求导.

例 13 设函数 $y=x^a\,(a\in\mathbf{R},x>0)$,利用公式 $(\mathrm{e}^x)'=\mathrm{e}^x$ 证明求导基本公式:$(x^a)'=ax^{a-1}$.

解 因为 $x^a=(\mathrm{e}^{\ln x})^a=\mathrm{e}^{a\ln x}$,所以
$$(x^a)'=(\mathrm{e}^{a\ln x})'=\mathrm{e}^{a\ln x}\cdot(a\ln x)'=\mathrm{e}^{a\ln x}\cdot a\cdot\frac{1}{x}=x^a\cdot a\cdot\frac{1}{x}=ax^{a-1}.$$

 习题 2-3(A)

1. 判断下面的计算是否正确:

(1) $(2^{\sin^2 2x})'=2^{\sin^2 2x}\cdot\ln 2\cdot 2\cos 2x=\cdots$;

(2) $\left(x+\sqrt{x+\sqrt{x}}\right)'=\left(1+\sqrt{x+\sqrt{x}}\right)\left(x+\sqrt{x}\right)'=\cdots$;

(3) $\left(\ln\cos\sqrt{2x}\right)'=\dfrac{\sqrt{2}}{\cos\sqrt{2x}}\cdot\dfrac{1}{2\sqrt{x}}=\cdots$;

(4) $\left(\ln\dfrac{2}{x}-\ln 2\right)'=\dfrac{x}{2}-\dfrac{1}{2}=\cdots$.

2. 求下列函数的导数:

(1) $y=\tan\left(2x+\dfrac{\pi}{6}\right)$;

(2) $y=(3x^3-2x^2+x-5)^5$;

(3) $y=\ln(\sin 2x+2^x)$;

(4) $y=\cos[\cos(\cos x)]$;

(5) $y=\sqrt{x+\sqrt{x}}$;

(6) $y=\ln(\sec x+\tan x)$;

(7) $y=f(2^{\sin x})$(其中 $f(u)$ 可导);

(8) $y=\sin^2 x\cos x^2$.

 **习题 2-3(B)**

1. 求下列函数的导数:

(1) $y=\dfrac{1}{\sqrt{1-x^2}}$;

(2) $y=\sqrt[5]{(x^4-3x^2+2)^3}$;

(3) $y=3^{-x}\cdot\cos 3x$;

(4) $y=\ln(x^2+3x)$;

(5) $y=\sin^2(2x-1)$;

(6) $y=2^{\tan x}$;

(7) $y=\ln(x+\sqrt{x^2+a^2})$;

(8) $y=\ln\cos x$;

(9) $y=\dfrac{x}{\sqrt{x^2-1}}$;

(10) $y=\cot 2x\sec 3x$;

(11) $y=\sqrt{1+\cos 2x}$;

(12) $y=\arctan\sqrt{x^2+1}$;

(13) $y=\sin^2(\csc 2x)$;

(14) $y=\ln\left|\tan\dfrac{x}{2}\right|$;

(15) $y=\dfrac{\sin^2 x}{\sin x^2}$;

(16) $y=\arcsin\dfrac{1}{x}$.

2. 求下列函数在指定点处的导数值:

(1) $y=\cos 2x+\tan x,\ x=\dfrac{\pi}{4}$;

(2) $y=\cot^2 x,\ x=\dfrac{\pi}{6}$;

(3) $y=\ln\dfrac{\sqrt{x+1}-1}{\sqrt{x+1}+1},\ x=1$.

3. 设 $f(x)$ 是可导函数, $f(x)>0$, 求下列导数:

(1) $y=\ln f(2x)$;

(2) $y=[f(\mathrm{e}^x)]^2$.

▶ §2-4　隐函数与参数式函数的导数

一、隐函数的导数

如果变量 x,y 之间的对应规律是把 y 直接表示成 x 的解析式, 即我们熟知的 $y=f(x)$ 形式的显函数, 如 $y=x^2+1,y=\sin x$ 等, 它们的导数可由前面的方法求得. 但在实际中, 有时 x,y 之间的对应关系是以方程 $F(x,y)=0$ 的形式表示的, 其函数关系被隐含在这个方程中, 如 $x^2+y^2=a^2$ 在 $y\geqslant 0$ 范围内隐含函数关系式 $y=\sqrt{a^2-x^2}\,(|x|\leqslant a)$, 把这个函数称为由方程 $x^2+y^2=a^2$ 在 $y\geqslant 0$ 范围内所确定的隐函数. 一般地, 如果能从方程 $F(x,y)=0$ 确定 y 为 x 的函数 $y=f(x)$, 则称 $y=f(x)$ 为由方程 $F(x,y)=0$ 所确定的**隐函数**.

注意　由方程确定的隐函数未必可解出显函数表达形式. 例如, 方程

$$x^2-y^3-\sin y=0\left(0\leqslant y\leqslant\dfrac{\pi}{2},x\geqslant 0\right),$$

因为在 $x\geqslant 0$ 时, y 是 x 的单调增加函数, 对于每一个 $x\in\left[0,\sqrt{\left(\dfrac{\pi}{2}\right)^3+1}\right]$, 必定唯一地对应

一个 y，但却不能解出 y 成为 x 的显函数表达式.

如果已知隐函数可导，如何求出它的导数呢？我们通过例题来探讨隐函数的求导方法.

例 1 求由方程 $x^2 + y^2 = 4$ 所确定的隐函数的导数.

解 在等式的两边同时对 x 求导，注意现在方程中的 y 是 x 的函数，所以 y^2 是 x 的复合函数，于是得

$$2x + 2y \cdot y' = 0,$$

解得

$$y' = -\frac{x}{y},$$

其中分母中的 y 是 x 的函数.

其实这个隐函数是可以解出成为显函数的，读者不妨解出后再求导，看看结果是否相同.

上述过程的实质是：视 $F(x, y) = 0$ 为 x 的恒等式，把 y 看成是 x 的函数，把 y 的函数看成是 x 的复合函数，利用复合函数求导法则对等式两边各项求关于 x 的导数，最后解出的 y' 即为所求隐函数的导数，求出的隐函数的导数通常是一个含有 x, y 的表达式.

例 2 求由方程 $x^2 - y^3 - \sin y = 0 \left(0 \leqslant y \leqslant \frac{\pi}{2}, x \geqslant 0 \right)$ 所确定的隐函数的导数.

解 在方程两边关于 x 求导，视其中的 y 为 x 的函数，y 的函数为 x 的复合函数，得

$$2x - 3y^2 \cdot y' - \cos y \cdot y' = 0,$$

解得

$$y' = \frac{2x}{3y^2 + \cos y}.$$

例 3 求证：过椭圆 $\frac{x^2}{a^2} + \frac{y^2}{b^2} = 1$ 上一点 $M(x_0, y_0)$ 的切线方程为 $\frac{xx_0}{a^2} + \frac{yy_0}{b^2} = 1$.

证明 先根据导数的几何意义，求出椭圆上点 $M(x_0, y_0)$ 处切线的斜率.

对方程两边关于 x 求导数，得

$$\frac{2x}{a^2} + \frac{2y}{b^2} \cdot y' = 0,$$

解得

$$y' = -\frac{b^2 x}{a^2 y},$$

即椭圆在点 $M(x_0, y_0)$ 处切线的斜率为 $k = y' |_{(x_0, y_0)} = -\frac{b^2 x_0}{a^2 y_0}$.

应用直线的点斜式，即得椭圆在点 $M(x_0, y_0)$ 处的切线方程为

$$y - y_0 = -\frac{b^2 x_0}{a^2 y_0} (x - x_0),$$

即所求的切线方程为

$$\frac{x_0 x}{a^2} + \frac{y_0 y}{b^2} = 1.$$

下面利用隐函数的求导方法来验证基本求导公式中的指数函数、反三角函数的导数公式.

例 4 设函数 $y = a^x (a > 0, a \neq 1)$，证明 $y' = a^x \ln a$.

证明 函数 $y = a^x$ 的反函数为 $x = \log_a y$，或者说，$y = a^x$ 是由方程 $x = \log_a y$ 所确定的隐函数.

对方程 $x = \log_a y$ 两边关于 x 求导，得

$$1 = \frac{1}{y\ln a} \cdot y',$$

所以
$$y' = y\ln a.$$

以 $y = a^x$ 回代,即得
$$(a^x)' = a^x\ln a.$$

当 $a = e$ 时,上式即为
$$(e^x)' = e^x.$$

例 5 设函数 $y = \arcsin x(|x| < 1)$,证明 $y' = \dfrac{1}{\sqrt{1-x^2}}$.

证明 函数 $y = \arcsin x$ 的反函数为 $x = \sin y, y \in \left(-\dfrac{\pi}{2}, \dfrac{\pi}{2}\right)$,或者说 $y = \arcsin x$ 是由方程 $x = \sin y$ 所确定的隐函数.

对方程 $x = \sin y$ 两边关于 x 求导,得 $1 = \cos y \cdot y', y' = \dfrac{1}{\cos y}$,因为 $y \in \left(-\dfrac{\pi}{2}, \dfrac{\pi}{2}\right)$,$\cos y > 0$,所以

$$y' = \frac{1}{\sqrt{1-\sin^2 y}} = \frac{1}{\sqrt{1-x^2}},$$

即
$$(\arcsin x)' = \frac{1}{\sqrt{1-x^2}}.$$

类似地,可证得 $(\arccos x)' = -\dfrac{1}{\sqrt{1-x^2}}$.

例 6 求函数 $y = x^x$ 的导数.

解 这个函数既不是幂函数,也不是指数函数,所以不能用这两种函数的求导公式来求导数.我们可以对方程两边取自然对数,把函数关系隐含在方程 $F(x, y) = 0$ 中,然后用隐函数求导方法得到所求的导数.

两边取对数,得 $\ln y = x\ln x$,两边对 x 求导,得

$$\frac{1}{y} \cdot y' = \ln x + 1,$$

所以
$$y' = y(\ln x + 1) = x^x(\ln x + 1).$$

可以把例 6 的函数推广到 $y = u(x)^{v(x)}$ 的形式,称这类函数为幂指函数,如 $y = (\sin x)^{\tan x}, y = (\ln x)^{\cos x}$ 等都是幂指函数.例 6 中使用的方法,也可以推广:为了求 $y = f(x, y)$ 的导数 y',两边先取对数,然后用隐函数求导的方法得到 y'.通常称这种求导数的方法为**对数求导法**.根据对数能把积商转化为和差、幂转化为指数与底的对数的积的特点,我们不难想象,对幂指函数或多项乘积函数求导时,用对数求导法可能会比较简单.

例 7 利用对数求导法求函数 $y = (\sin x)^x$ 的导数.

解 两边取对数,得 $\ln y = x\ln\sin x$,两边对 x 求导,得

$$\frac{1}{y} \cdot y' = \ln\sin x + x \cdot \frac{1}{\sin x} \cdot \cos x,$$

故
$$y' = y(\ln\sin x + x\cot x),$$

即
$$y' = (\sin x)^x(\ln\sin x + x\cot x).$$

注意 例 7 也能用下面的方法求导:把 $y = (\sin x)^x$ 改变为 $y = e^{x\ln\sin x}$,则

$$y'=(e^{x\ln\sin x})'=e^{x\ln\sin x} \cdot (x\ln\sin x)'=e^{x\ln\sin x}(\ln\sin x+x\cot x),$$

即

$$y'=(\sin x)^x(\ln\sin x+x\cot x).$$

这种方法的基本思想仍然是化幂为积,但可以避免涉及隐函数.因此,这两种方法各有优点,采用哪一种方法可由读者根据具体问题适当选择.

例 8 设函数 $y=(3x-1)^{\frac{5}{3}}\sqrt{\dfrac{x-1}{x-2}}$,求 y'.

解 函数表现为多项式的积商的形式,拟采用对数求导法.

对等式两边取对数,得

$$\ln y=\frac{5}{3}\ln(3x-1)+\frac{1}{2}\ln(x-1)-\frac{1}{2}\ln(x-2),$$

两边对 x 求导,得

$$\frac{1}{y} \cdot y'=\frac{5}{3} \cdot \frac{3}{3x-1}+\frac{1}{2} \cdot \frac{1}{x-1}-\frac{1}{2} \cdot \frac{1}{x-2},$$

所以

$$y'=(3x-1)^{\frac{5}{3}}\sqrt{\frac{x-1}{x-2}}\left[\frac{5}{3x-1}+\frac{1}{2(x-1)}-\frac{1}{2(x-2)}\right].$$

二、参数式函数的导数

在平面解析几何中,我们学过曲线的参数方程,它的一般形式为

$$\begin{cases} x=\varphi(t), \\ y=\psi(t) \end{cases} (t \text{ 为参数}, a\leqslant t\leqslant b). \tag{1}$$

如果画出曲线,那么在一定的范围内,可以通过图象上点的横坐标和纵坐标对应来确定 y 为 x 的函数 $y=f(x)$,这种函数关系式是通过参数 t 联系起来的,称 $y=f(x)$ 是由参数方程所确定的函数,或称原方程组为函数 $y=f(x)$ 的参数式.

有的参数方程可以消去参数 t,得到函数 $y=f(x)$,有的参数方程无法消去参数 t,如 $\begin{cases} x=2t+t^3, \\ y=t+\sin t, \end{cases}$ 这就有必要推导参数方程所表示的函数的求导法则.

当 $\varphi'(t)$,$\psi'(t)$ 都存在,且 $\varphi'(t)\neq 0$ 时,可以证明由参数方程(1)所确定的函数 $y=f(x)$ 的求导公式为

$$y'=\frac{\mathrm{d}y}{\mathrm{d}x}=\frac{\dfrac{\mathrm{d}y}{\mathrm{d}t}}{\dfrac{\mathrm{d}x}{\mathrm{d}t}}=\frac{y'_t}{x'_t}.$$

这就是由参数方程(1)所确定的函数 y 对 x 的求导公式,求导的结果一般是参数 t 的一个解析式.

例 9 求由方程 $\begin{cases} x=a\cos t, \\ y=a\sin t \end{cases} (0<t<\pi)$ 所确定的函数 $y=f(x)$ 的导数 y'.

解 $y'=\dfrac{y'_t}{x'_t}=\dfrac{a\cos t}{-a\sin t}=-\cot t(0<t<\pi).$

题中的参数方程表示半径为 a 的圆 $x^2+y^2=a^2$,在例 1 中已经求过 y',读者可以比较一下结果是否相同,同时也有助于理解求导得到的参数 t 的解析式的含义.

例 10 求摆线 $\begin{cases} x=a(t-\sin t), \\ y=a(1-\cos t) \end{cases}$ (a 为常数)上对应于 $t=\dfrac{\pi}{2}$ 的点 M_0 处的切线方程.

解 摆线上对应于 $t=\dfrac{\pi}{2}$ 的点 M_0 的坐标为 $\left(\dfrac{(\pi-2)a}{2}, a\right)$，又

$$\frac{\mathrm{d}y}{\mathrm{d}x}=\frac{[a(1-\cos t)]'}{[a(t-\sin t)]'}=\frac{\sin t}{1-\cos t}=\cot\frac{t}{2},$$

$$\left.\frac{\mathrm{d}y}{\mathrm{d}x}\right|_{t=\frac{\pi}{2}}=1,$$

即摆线在 M_0 处的切线斜率为 1，故所求的切线方程为

$$y-a=1\cdot\left[x-\frac{(\pi-2)a}{2}\right],$$

即

$$x-y+\left(2-\frac{\pi}{2}\right)a=0.$$

例 11 以初速度 v_0、发射角 α 发射炮弹，已知炮弹的运动规律是

$$\begin{cases} x=(v_0\cos\alpha)t, \\ y=(v_0\sin\alpha)t-\dfrac{1}{2}gt^2 \end{cases} \quad (0\leqslant t\leqslant t_0, g\ 为重力加速度).$$

(1) 求炮弹任一时刻 t 的运动方向；

(2) 求炮弹任一时刻 t 的速率(图 2-4).

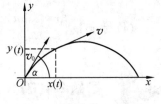

图 2-4

解 (1) 炮弹任一时刻 t 的运动方向就是指炮弹运动轨迹在时刻 t 的切线方向，而切线方向可由切线的斜率反映. 因此，求炮弹的运动方向，即要求轨迹的切线的斜率.

根据参数方程的求导公式，得

$$\frac{\mathrm{d}y}{\mathrm{d}x}=\frac{\left[(v_0\sin\alpha)t-\dfrac{1}{2}gt^2\right]'}{[(v_0\cos\alpha)t]'}=\frac{v_0\sin\alpha-gt}{v_0\cos\alpha}=\tan\alpha-\frac{g}{v_0\cos\alpha}t.$$

(2) 炮弹的运动速度是一个向量 (v_x, v_y)，

$$v_x=\frac{\mathrm{d}x}{\mathrm{d}t}=v_0\cos\alpha, \quad v_y=\frac{\mathrm{d}y}{\mathrm{d}t}=v_0\sin\alpha-gt.$$

设 t 时的速率为 $v(t)$，则

$$v(t)=\sqrt{v_x^2+v_y^2}=\sqrt{(v_0\cos\alpha)^2+(v_0\sin\alpha-gt)^2}=\sqrt{v_0^2-2v_0gt\sin\alpha+g^2t^2}.$$

 习题 2-4(A)

1. 判断下面的计算是否正确：

(1) 求由方程 $x^3+y^3-3axy=0$ 所确定的隐函数 y 的导数 y'.

解：两边对 x 求导，得 $3x^2+3y^2-3a(y-xy')=0$，故 $y'=\dfrac{x^2+y^2-ay}{ax}$.

(2) 用对数求导法求 $y=x^{\sin x}$ 的导数.

解：对 $y=x^{\sin x}$ 两边取对数，得 $\ln y=\sin x\ln x$.

两边对 x 求导后解出 y'，得 $y'=\cos x\ln x+\dfrac{\sin x}{x}$.

(3) 设 $\begin{cases} x=\mathrm{e}^t\cos t, \\ y=\mathrm{e}^t\sin t, \end{cases}$ 求 y'_x.

解：由参数式函数的求导公式得

$$y'_x=\frac{(\mathrm{e}^t\sin t)'_t}{(\mathrm{e}^t\cos t)'_t}=\frac{\mathrm{e}^t\sin t+\mathrm{e}^t\cos t}{\mathrm{e}^t\cos t-\mathrm{e}^t\sin t}=\frac{\sin t+\cos t}{\cos t-\sin t}.$$

2. 解下列各题：

(1) 求由方程 $xy-\mathrm{e}^x+\mathrm{e}^y=0$ 所确定的隐函数的导数 y' 和 $y'|_{(x=0,y=0)}$；

(2) 求函数 $y=\sqrt{\dfrac{(x-1)(x-2)}{(x-3)(x-4)}}$ 的导数；

(3) 设 $y=\left(1+\dfrac{1}{x}\right)^x$，求 y'；

(4) 求曲线 $\begin{cases} x=2\sin t, \\ y=\cos 2t \end{cases}$ 在 $t=\dfrac{\pi}{4}$ 处的切线方程.

 习题 2-4(B)

1. 求由下列方程确定的隐函数的导数或在指定点的导数：

(1) $\sqrt{x}+\sqrt{y}=\sqrt{a}\,(a>0)$；

(2) $\arctan y=x^2+y^2$；

(3) $x^2+2xy-y^2=2x$，$y'|_{(x=2,y=0)}$；

(4) $2^x+2y=2^{x+y}$，$y'|_{(x=0,y=1)}$.

2. 求曲线 $x^3+y^5+2xy=0$ 在点 $(-1,-1)$ 处的切线方程.

3. 用对数求导法求下列函数的导数：

(1) $y=(1+\cos x)^x$；

(2) $y=(x-1)^{\frac{2}{3}}\sqrt{\dfrac{x-2}{x-3}}$；

(3) $y=(\sin x)^{\cos x}$，$x\in\left(0,\dfrac{\pi}{2}\right)$；

(4) $y=\sqrt{x\sin x\sqrt{\mathrm{e}^x}}$.

4. 求曲线 $y=x^{x^2}$ 在点 $(1,1)$ 处的切线方程和法线方程.

5. 求下列参数式函数的导数或在指定点的导数：

(1) $\begin{cases} x=t\cos t, \\ y=t\sin t; \end{cases}$

(2) $\begin{cases} x=t-\arctan t, \\ y=\ln(1+t^2), \end{cases}$ $y'_x|_{t=1}$；

(3) $\begin{cases} x=a\cos^3 t, \\ y=b\sin^3 t \end{cases}$ （a,b 是正常数）.

6. 已知曲线 $\begin{cases} x=t^2+at+b, \\ y=c\mathrm{e}^t-\mathrm{e} \end{cases}$ 在 $t=1$ 时过原点，且曲线在原点处的切线平行于直线 $2x-y+1=0$，求 a,b,c 的值.

§2-5 高阶导数

若函数 $y=f(x)$ 的导函数 $y'=f'(x)$ 是可导的,则可以对导函数 $y'=f'(x)$ 继续求导,对 $y=f(x)$ 而言则是多次求导了,这就是本节将要学习的高阶导数问题.

一、高阶导数的概念

在运动学中,不但需要了解物体运动的速度,有时还要了解物体运动速度的变化,即加速度问题.所谓加速度,从变化率的角度来看,就是速度关于时间的变化率,也即速度的导数.

例如,自由落体下落的距离 s 与时间 t 的关系为 $s=\dfrac{1}{2}gt^2$,物体在任意时刻 t 的速度 $v(t)$ 和加速度 $a(t)$ 分别为

$$v(t)=\frac{\mathrm{d}s}{\mathrm{d}t}=\left(\frac{1}{2}gt^2\right)'=gt,$$

$$a(t)=\frac{\mathrm{d}v}{\mathrm{d}t}=(gt)'=g.$$

如果加速度直接用距离 $s(t)$ 表示,将得到 $a(t)=\dfrac{\mathrm{d}v}{\mathrm{d}t}=\dfrac{\mathrm{d}}{\mathrm{d}t}\left(\dfrac{\mathrm{d}s}{\mathrm{d}t}\right)$. 对 $s(t)$ 而言,"$\dfrac{\mathrm{d}}{\mathrm{d}t}\left(\dfrac{\mathrm{d}s}{\mathrm{d}t}\right)$"是导数的导数. 这种求导数的导数问题在运动学中经常会遇到,在其他工程技术中也经常会遇到同样的问题. 也就是说,我们对一个可导函数求导之后,还需要研究其导函数的导数问题. 为此给出如下定义:

定义 设函数 $y=f(x)$ 存在导函数 $f'(x)$,若导函数 $f'(x)$ 的导数 $[f'(x)]'$ 存在,则称 $[f'(x)]'$ 为原来函数 $y=f(x)$ 的**二阶导数**,记作 y'',$f''(x)$,$\dfrac{\mathrm{d}^2y}{\mathrm{d}x^2}$ 或 $\dfrac{\mathrm{d}^2f(x)}{\mathrm{d}x^2}$,即

$$y''=(y')'=\frac{\mathrm{d}}{\mathrm{d}x}\left(\frac{\mathrm{d}y}{\mathrm{d}x}\right)=\frac{\mathrm{d}^2y}{\mathrm{d}x^2}.$$

若二阶导函数 $f''(x)$ 的导数存在,则称 $f''(x)$ 的导数 $[f''(x)]'$ 为 $y=f(x)$ 的**三阶导数**,记作 y''' 或 $f'''(x)$.

一般地,若 $y=f(x)$ 的 $n-1$ 阶导函数存在导数,则称函数的 $n-1$ 阶导函数的导数为 $y=f(x)$ 的 **n 阶导数**,记作 $y^{(n)}$,$f^{(n)}(x)$,$\dfrac{\mathrm{d}^ny}{\mathrm{d}x^n}$ 或 $\dfrac{\mathrm{d}^nf(x)}{\mathrm{d}x^n}$,即

$$y^{(n)}=\left[y^{(n-1)}\right]',\ f^{(n)}(x)=\left[f^{(n-1)}(x)\right]' \ \text{或} \ \frac{\mathrm{d}^ny}{\mathrm{d}x^n}=\frac{\mathrm{d}}{\mathrm{d}x}\left(\frac{\mathrm{d}^{n-1}y}{\mathrm{d}x^{n-1}}\right).$$

因此,函数 $y=f(x)$ 的 n 阶导数是由 $y=f(x)$ 连续依次地对 x 求 n 次导数得到的.

函数的二阶和二阶以上的导数称为函数的**高阶导数**. 函数 $y=f(x)$ 的 n 阶导数在 x_0 处的导数值记作 $y^{(n)}(x_0)$,$f^{(n)}(x_0)$ 或 $\dfrac{\mathrm{d}^ny}{\mathrm{d}x^n}\bigg|_{x=x_0}$ 等.

例 1 求函数 $y=3x^3+2x^2+x+1$ 的四阶导数 $y^{(4)}$.

解 $y'=(3x^3+2x^2+x+1)'=9x^2+4x+1$,

$y''=(y')'=(9x^2+4x+1)'=18x+4$,

$$y''' = (y'')' = (18x+4)' = 18,$$
$$y^{(4)} = (y''')' = 18' = 0.$$

例 2 求函数 $y = a^x$ 的 n 阶导数.

解 $y' = (a^x)' = a^x \ln a,$

$$y'' = (y')' = (a^x \ln a)' = \ln a \cdot (a^x)' = a^x (\ln a)^2,$$

$$y''' = (y'')' = [a^x (\ln a)^2]' = (\ln a)^2 \cdot (a^x)' = a^x (\ln a)^3.$$

依此类推，最后可得 $\qquad y^{(n)} = (a^x)^{(n)} = a^x (\ln a)^n.$

例 3 若 $f(x)$ 存在二阶导数，求函数 $y = f(\ln x)$ 的二阶导数.

解 $y' = f'(\ln x) \cdot (\ln x)' = \dfrac{f'(\ln x)}{x},$

$$y'' = \left[\frac{f'(\ln x)}{x}\right]' = \frac{f''(\ln x) \cdot \frac{1}{x} \cdot x - f'(\ln x) \cdot 1}{x^2} = \frac{f''(\ln x) - f'(\ln x)}{x^2}.$$

例 4 求函数 $y = \sin x$ 的 n 阶导数 $y^{(n)}$.

解 $y' = (\sin x)' = \cos x$，为了得到 n 阶导数的规律，改写 $y' = \cos x = \sin\left(x + \dfrac{\pi}{2}\right),$

$$y'' = \left[\sin\left(x + \frac{\pi}{2}\right)\right]' = \sin\left[\left(x + \frac{\pi}{2}\right) + \frac{\pi}{2}\right] \cdot \left(x + \frac{\pi}{2}\right)' = \sin\left(x + 2 \cdot \frac{\pi}{2}\right),$$

$$y''' = \left[\sin\left(x + 2 \cdot \frac{\pi}{2}\right)\right]' = \sin\left[\left(x + 2 \cdot \frac{\pi}{2}\right) + \frac{\pi}{2}\right] \cdot \left(x + 2 \cdot \frac{\pi}{2}\right)' = \sin\left(x + 3 \cdot \frac{\pi}{2}\right).$$

依此类推，最后可得 $\qquad y^{(n)} = (\sin x)^{(n)} = \sin\left(x + n \cdot \dfrac{\pi}{2}\right).$

例 5 设隐函数 $f(x)$ 由方程 $y = \sin(x+y)$ 确定，求 y''.

解 在 $y = \sin(x+y)$ 两端对 x 求导，得

$$y' = \cos(x+y) \cdot (x+y)' = \cos(x+y)(1+y'), \tag{1}$$

解得

$$y' = \frac{\cos(x+y)}{1 - \cos(x+y)}. \tag{2}$$

再将(1)式两端对 x 求导，并注意现在 y, y' 都是 x 的函数，得

$$y'' = -\sin(x+y) \cdot (1+y')^2 + \cos(x+y) \cdot (1+y')'$$
$$= -\sin(x+y) \cdot (1+y')^2 + \cos(x+y) \cdot y'',$$

解得

$$y'' = \frac{\sin(x+y)}{\cos(x+y) - 1} \cdot (1+y')^2. \tag{3}$$

将(2)式代入(3)式，得

$$y'' = \frac{\sin(x+y)}{\cos(x+y) - 1} \cdot \left[1 + \frac{\cos(x+y)}{1 - \cos(x+y)}\right]^2 = \frac{\sin(x+y)}{[\cos(x+y) - 1]^3}.$$

例 6 设函数 $f(x)$ 的参数式为 $\begin{cases} x = a(t - \sin t), \\ y = a(1 - \cos t) \end{cases} (t \neq 2n\pi, n \in \mathbf{Z})$，求 y 的二阶导数 $\dfrac{\mathrm{d}^2 y}{\mathrm{d}x^2}$.

解 $\dfrac{\mathrm{d}y}{\mathrm{d}x} = \dfrac{y_t'}{x_t'} = \dfrac{[a(1 - \cos t)]'}{[a(t - \sin t)]'} = \dfrac{\sin t}{1 - \cos t} = \cot \dfrac{t}{2} (t \neq 2n\pi, n \in \mathbf{Z}).$

因为 $\dfrac{\mathrm{d}^2 y}{\mathrm{d}x^2} = \dfrac{\mathrm{d}}{\mathrm{d}x}\left(\dfrac{\mathrm{d}y}{\mathrm{d}x}\right)$，所以求二阶导数相当于求由参数方程 $\begin{cases} x = a(t - \sin t), \\ y' = \cot \dfrac{t}{2} \end{cases}$ 确定的函数

$y'(x)$的导数,继续应用参数式函数的求导法则,得到

$$\frac{\mathrm{d}^2 y}{\mathrm{d}x^2} = \frac{(y')'_t}{x'_t} = \frac{\left(\cot\dfrac{t}{2}\right)'}{[a(t-\sin t)]'} = \frac{-\dfrac{1}{2}\csc^2\dfrac{t}{2}}{a(1-\cos t)} = \frac{1}{a(1-\cos t)^2}\ (t\neq 2n\pi,\ n\in\mathbf{Z}).$$

二、导数的物理含义

函数$y=f(x)$的导数表示函数y在某点关于自变量x的变化率,很多物理量的变化规律都归结为函数形式,如做直线运动的物体,位移s与时间t之间的关系表示成位移函数$s=s(t)$;物体位移是由于力的作用,因此力做功W与时间t之间也有关系$W=W(t)$;非均匀的线材的质量H与线材长度s有关系$H=H(s)$……我们建立了物理量之间的函数关系后,普遍关心变化率的问题,而变化率就是导数,因此导数是研究物理问题的基本工具.特别地,在物理上这种变化率通常会导出一个新的物理概念,这样就使一些导数有了明确的物理含义.下面举几个简单的例子.

1. 速度与加速度

设物体做直线运动,位移函数$s=s(t)$,速度函数$v(t)$和加速度函数$a(t)$分别为

$$v(t)=\frac{\mathrm{d}s}{\mathrm{d}t},\ a(t)=\frac{\mathrm{d}^2 s}{\mathrm{d}t^2}.$$

若设位移函数为$s=2t^3-\dfrac{1}{2}gt^2$(g为重力加速度,取$g=9.8\ \mathrm{m/s^2}$),求物体在$t=2$ s时的速度和加速度.则

$$v(2)=\frac{\mathrm{d}s}{\mathrm{d}t}\Big|_{t=2}=\left(2t^3-\frac{1}{2}gt^2\right)'\Big|_{t=2}=(6t^2-gt)\big|_{t=2}=24-19.6=4.4(\mathrm{m/s}),$$

$$a(2)=\frac{\mathrm{d}^2 s}{\mathrm{d}t^2}\Big|_{t=2}=\left(2t^3-\frac{1}{2}gt^2\right)''\Big|_{t=2}=(6t^2-gt)'\big|_{t=2}=(12t-g)\big|_{t=2}$$
$$=24-9.8=14.2(\mathrm{m/s^2}).$$

又如,做微小摆动的单摆,记s为偏离平衡位置的位移,$s(t)=A\sin(\omega t+\varphi)$(其中$A,\omega$为与重力加速度、物体质量有关的常数,$\varphi$为以弧度计算的初始偏移角度),则

$$v(t)=[A\sin(\omega t+\varphi)]'=A\omega\cos(\omega t+\varphi),$$
$$a(t)=[A\sin(\omega t+\varphi)]''=-A\omega^2\sin(\omega t+\varphi).$$

2. 线密度

设非均匀线材的质量H与线材长度s有关系$H=H(s)$,则在$s=s_0$处的线密度(即单位长度的质量)$\mu(s_0)=H'(s)\big|_{s=s_0}$.

如图 2-5 所示形状的柱形铁棒,铁的密度为$7.8\ \mathrm{g/cm^3}$,$d=2$ cm,$D=10$ cm,$l=50$ cm,从小端开始计长,求中点处的线密度.因为长为s处的截面积的直径$d(s)=\dfrac{Ds-ds+ld}{l}$,所以长为s的柱形体的体积为

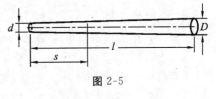

图 2-5

$$V(s)=\frac{1}{3}\pi s\left[\left(\frac{d}{2}\right)^2+\frac{d}{2}\cdot\frac{Ds-ds+ld}{2l}+\left(\frac{Ds-ds+ld}{2l}\right)^2\right]=\frac{\pi}{3}\left(\frac{4}{625}s^3+\frac{6}{25}s^2+3s\right).$$

故质量函数为

$$H(s) = 7.8V(s) = \frac{2.6\pi}{625}(4s^3 + 150s^2 + 1875s),$$

密度函数为

$$\mu(s) = H'(s) = \frac{2.6\pi}{625}(12s^2 + 300s + 1875),$$

中点处的线密度为

$$\mu(s)\big|_{s=25} = 2.6\pi(12 + 12 + 3) = 70.2\pi(\text{g/cm}).$$

3. 功率

单位时间内做的功称为功率,若做功函数为 $W = W(t)$,则 $t = t_0$ 时的功率 $N(t_0) = W'(t_0)$.已知发动机能在 2 s 时间内把质量为 1100 kg 的汽车从静止状态加速到 36 km/h,若汽车启动后做匀加速、直线运动,求发动机的最大输出功率.

因为 36 km/h = 36 000 m/3 600 s = 10 m/s,所以加速度 $a = 10$ m/s ÷ 2 s = 5 m/s²,汽车的位移函数为

$$s(t) = \frac{1}{2}at^2 = 2.5t^2 (0 \leqslant t \leqslant 2).$$

据牛顿第二运动定律 $F = ma$,汽车所受推力为 $F = 1100 \times 5 = 5500(\text{N})$,所以推力做功函数为

$$W(t) = Fs = 5500 \times 2.5t^2(\text{J}).$$

功率函数 $N(t) = W'(t) = 5500 \times 5t$,当 $t = 2$ s 时达到最大输出功率,即

$$N_{\max} = 5500 \times 5 \times 2 = 55000(\text{W}).$$

4. 电流

电流是单位时间内通过导体界面的电量,即电量关于时间的变化率,记 $q(t)$ 为通过截面的电量,$I(t)$ 为截面上的电流,则 $I(t) = q'(t)$.

现设通过截面的电荷量 $q(t) = 20\sin\left(\frac{25}{\pi}t + \frac{\pi}{2}\right)(\text{C})$,则通过该截面的电流为

$$I(t) = \left[20\sin\left(\frac{25}{\pi}t + \frac{\pi}{2}\right)\right]' = 20 \times \frac{25}{\pi}\cos\left(\frac{25}{\pi}t + \frac{\pi}{2}\right) = \frac{500}{\pi}\cos\left(\frac{25}{\pi}t + \frac{\pi}{2}\right)(\text{A}).$$

 习题 2-5(A)

1. 判断下列计算是否正确:

(1) 求由方程 $x^2 + y^2 = 1$ 所确定的隐函数 $y = y(x)$ 的二阶导数.

解:方程两边分别对 x 求导,得 $2x + 2yy' = 0$,故 $y' = -\frac{x}{y}(y \neq 0)$.

再将上式两边分别对 x 求导,有 $y'' = -\frac{y - xy'}{y^2}(y \neq 0)$.

(2) 设 $\begin{cases} x = 2t, \\ y = t^2, \end{cases}$ 求 $\frac{d^2y}{dx^2}$.

解:$\frac{dy}{dx} = \frac{2t}{2} = t$,$\frac{d^2y}{dx^2} = (t)' = 1$.

(3) 设 $y = x\mathrm{e}^{x^2}$, 求 y''.

解: $y' = \mathrm{e}^{x^2} + x\mathrm{e}^{x^2} \cdot 2x = \mathrm{e}^{x^2}(1+2x^2)$,

$y'' = \mathrm{e}^{x^2}(1+2x^2)' = \mathrm{e}^{x^2} \cdot 4x = 4x\mathrm{e}^{x^2}$.

2. 已知 $y^{(n-2)} = \sin^2 x$, 求 $y^{(n)}$.

3. 求下列函数的二阶导数:

(1) 由方程 $x^2 + 2xy + y^2 - 4x + 4y - 2 = 0$ 所确定的函数 $y = y(x)$;

(2) $y = \ln f(x^2)$ ($f''(x)$ 存在);

(3) 由参数方程 $\begin{cases} x = 1 + t^2, \\ y = 1 + t^3 \end{cases}$ 所确定的函数 $y = y(x)$.

4. 已知一物体的运动规律为 $s(t) = \dfrac{1}{4}t^4 + 2t^2 - 2$, 求该物体在 $t = 1\,\mathrm{s}$ 时的速度和加速度.

 习题 2-5(B)

1. 已知 $y = -x^3 - x + 1$, 求 y'', y'''.

2. 如果 $f(x) = (x+10)^5$, 求 $f'''(x)$.

3. 求下列各函数的二阶导数:

(1) $y = x\cos x$;

(2) $y = \dfrac{x}{\sqrt{1-x^2}}$;

(3) $y = \dfrac{\arcsin x}{\sqrt{1-x^2}}$;

(4) $y = f(\mathrm{e}^x)$, 其中 $f(x)$ 存在二阶导数.

4. 设 $y^{(n-4)} = x^3 \ln x$, 求 $y^{(n)}$.

5. 验证函数 $y = \mathrm{e}^x \cos x$ 满足 $y^{(4)} + 4y = 0$.

6. 求下列各隐函数的二阶导数:

(1) $xy^3 = y + x$;

(2) $y = 1 + x\mathrm{e}^y$;

(3) $y^2 + 2\ln y = x^4$.

7. 求下列各参数方程所确定的函数的二阶导数:

(1) $\begin{cases} x = 1 - t^2, \\ y = 1 - t^3; \end{cases}$

(2) $\begin{cases} x = a\cos t, \\ y = a\sin t. \end{cases}$

8. 设质点做直线运动, 其运动规律如下, 求质点在指定时刻的速度和加速度:

(1) $s(t) = t^3 - 3t + 2, t = 2$;

(2) $s(t) = A\cos\dfrac{\pi t}{3}, t = 1, A$ 为常数.

9. 设通过某截面的电荷 $q(t) = A\cos(\omega t + \varphi)$, 其中 A, ω, φ 为常数, 求通过该截面的电流 $I(t)$.

§2-6 微 分

一、微分的概念

1. 微分的定义

对已给函数 $y=f(x)$,在很多情况下,给自变量 x 以改变量 Δx,要准确得到函数 y 相应的改变量 Δy 并不十分简单. 例如,简单的函数 $y=x^n (n\in\mathbf{N})$,对应于 x 的改变量 Δx, y 的改变量

$$\Delta y=nx^{n-1}\Delta x+\frac{n(n-1)}{2}x^{n-2}(\Delta x)^2+\cdots+(\Delta x)^n \qquad (1)$$

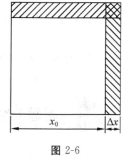

图 2-6

就已经比较复杂了. 因此,我们希望能有一种简单的方法. 为此先看一个具体例子:

一块正方形金属薄片,由于温度的变化,其边长由 x_0 变化到 $x_0+\Delta x$,问其面积改变了多少(图 2-6)?

此薄片边长为 x_0 时的面积为 $S=x_0^2$,当边长由 x_0 变化到 $x_0+\Delta x$ 时,面积的改变量为

$$\Delta S=(x_0+\Delta x)^2-x_0^2=2x_0\Delta x+(\Delta x)^2.$$

它由两部分构成:第一部分是 $2x_0\Delta x$,它是 Δx 的线性函数(即是 Δx 的一次方),在图 2-6 上表示增大的两块长条矩形部分(图中单斜线部分);第二部分是 $(\Delta x)^2$,在图 2-6 上表示增大的右上角的小正方形块(图中双斜线部分),当 $\Delta x\to 0$ 时,它是比 Δx 更高阶的无穷小,当 $|\Delta x|$ 很小时可忽略不计. 因此,可以只留下 Δx 的主要部分,即 Δx 的线性部分,认为

$$\Delta S\approx 2x_0\Delta x.$$

对于(1)式表示的函数改变量,当 $\Delta x\to 0$ 时也可以忽略比 Δx 更高阶的无穷小,只留下 Δy 的主要部分,即 Δx 的线性部分,得到

$$\Delta y\approx nx^{n-1}\Delta x.$$

如果函数改变量的主要部分能表示为 Δx 的线性函数,则为计算函数改变量的近似值提供了极大的方便. 因此,对于一般的函数,我们给出下面的定义:

定义 如果函数 $y=f(x)$ 在点 x_0 处的改变量 Δy 可以表示为 Δx 的线性函数 $A\Delta x$(A 是与 Δx 无关,与 x_0 有关的常数)与一个比 Δx 更高阶的无穷小之和 $\Delta y=A\Delta x+o(\Delta x)$,则称函数 $y=f(x)$ 在点 x_0 处**可微**,且称 $A\Delta x$ 为函数 $y=f(x)$ 在点 x_0 处的**微分**,记作 $\mathrm{d}y|_{x=x_0}$,即

$$\mathrm{d}y|_{x=x_0}=A\Delta x.$$

函数的微分 $A\Delta x$ 是 Δx 的线性函数,且与函数的改变量 Δy 相差一个比 Δx 更高阶的无穷小. 当 $\Delta x\to 0$ 时,它是 Δy 的主要部分,所以也称微分 $\mathrm{d}y$ 是函数改变量 Δy 的线性主部. 当 $|\Delta x|$ 很小时,就可以用微分 $\mathrm{d}y$ 作为改变量 Δy 的近似值:

$$\Delta y\approx \mathrm{d}y.$$

下面我们讨论何时函数 $y=f(x)$ 在点 x_0 处是可微的.

如果函数 $y=f(x)$ 在点 x_0 处可微,按定义有 $\Delta y=A\Delta x+o(\Delta x)$,两端同时除以 Δx,取 $\Delta x\to 0$ 时的极限,得

 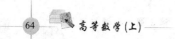

$$\lim_{\Delta x \to 0} \frac{\Delta y}{\Delta x} = \lim_{\Delta x \to 0} \left[A + \frac{o(\Delta x)}{\Delta x} \right] = A.$$

这表明若 $y = f(x)$ 在点 x_0 处可微,则在点 x_0 处必定可导,且 $A = f'(x_0)$.

反之,如果函数 $y = f(x)$ 在点 x_0 处可导,即 $\lim\limits_{\Delta x \to 0} \frac{\Delta y}{\Delta x} = f'(x_0)$ 存在,根据极限与无穷小的关系,还可写成 $\frac{\Delta y}{\Delta x} = f'(x_0) + \alpha$,其中 α 为 $\Delta x \to 0$ 时的无穷小,从而

$$\Delta y = f'(x_0)\Delta x + \alpha \Delta x.$$

这里 $f'(x_0)$ 是不依赖于 Δx 的常数,$\alpha \Delta x$ 是当 $\Delta x \to 0$ 时比 Δx 更高阶的无穷小. 按微分的定义,可见 $y = f(x)$ 在点 x_0 处是可微的,且微分为 $f'(x_0)\Delta x$.

由此可得**重要结论**:函数 $y = f(x)$ 在点 x_0 处可微的充分必要条件是函数 $y = f(x)$ 在点 x_0 处可导,且

$$dy|_{x=x_0} = f'(x_0)\Delta x.$$

由于自变量 x 的微分 $dx = (x)'\Delta x = \Delta x$,所以 $y = f(x)$ 在点 x_0 处的微分常记为

$$dy|_{x=x_0} = f'(x_0)dx.$$

对函数 y,通常 $\Delta y \neq dy$,彼此相差一个比 Δx 更高阶的无穷小,当 $\Delta x \to 0$ 时,Δy 可以用 dy 来代替.

如果函数 $y = f(x)$ 在某区间内每一点处都可微,则称函数在该区间内是**可微函数**,函数在区间内任一点 x 处的微分为

$$dy = f'(x)dx.$$

由上式可得 $f'(x) = \frac{dy}{dx}$,这是导数记号 $\frac{dy}{dx}$ 的来历,同时也表明导数是函数的微分 dy 与自变量的微分 dx 的商,故导数也称为**微商**.

例1 求函数 $y = x^2$ 在点 $x = 1$ 处,对应于自变量的改变量 Δx 分别为 0.1 和 0.01 时的改变量 Δy 及微分 dy.

解 $\Delta y = (x + \Delta x)^2 - x^2 = 2x\Delta x + (\Delta x)^2$,$dy = (x^2)'\Delta x = 2x\Delta x$.

在点 $x = 1$ 处,当 $\Delta x = 0.1$ 时,

$\Delta y = 2 \times 1 \times 0.1 + 0.1^2 = 0.21$,

$dy = 2 \times 1 \times 0.1 = 0.2$.

当 $\Delta x = 0.01$ 时,

$\Delta y = 2 \times 1 \times 0.01 + 0.01^2 = 0.0201$,

$dy = 2 \times 1 \times 0.01 = 0.02$.

例2 将单摆的摆长 l 由 $100\,cm$ 增长 $1\,cm$,求周期 T 的改变量(精确到小数点后 4 位).

解 摆长 l 的单摆的摆动周期 $T = 2\pi\sqrt{\frac{l}{g}}$($g$ 为重力加速度,取 $g = 980\,cm/s^2$). 当摆长 l 改变 $\Delta l = 1$ 时,因为 1 相对于原摆长 100 很小,故 T 的改变量

$$\Delta T \approx dT|_{l=100} = \left(2\pi\sqrt{\frac{l}{g}} \right)' \bigg|_{l=100} \Delta l = \frac{\pi}{10\sqrt{g}} \times 1 \approx 0.0100(s).$$

若直接计算 ΔT,结果也是 0.0100,但计算 dT 比较简便.

例3 求函数 $y = x\ln x$ 的微分.

解 $y'=(x\ln x)'=1+\ln x,\mathrm{d}y=(x\ln x)'\mathrm{d}x=(1+\ln x)\mathrm{d}x.$

2. 微分的几何意义

为了直观理解函数的微分,下面说明微分的几何意义.

设函数 $y=f(x)$ 的图象如图 2-7 所示,点 $M(x_0,y_0)$,$N(x_0+\Delta x,y_0+\Delta y)$ 在图象上,过 M,N 分别作 x 轴和 y 轴的平行线,相交于点 Q,则 $MQ=\Delta x$,$QN=\Delta y$. 过点 M 再作曲线的切线 MT,交 QN 于点 P,设其倾斜角为 α,则

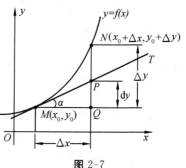

图 2-7

$$QP=MQ\tan\alpha=\Delta xf'(x_0)=\mathrm{d}y.$$

因此,函数 $y=f(x)$ 在点 x_0 处的微分 $\mathrm{d}y$,在几何上表示函数图象在点 $M(x_0,y_0)$ 处切线的纵坐标的相应改变量.

由图 2-7 还可以看出:

(1) 线段 PN 的长表示用 $\mathrm{d}y$ 来近似代替 Δy 时所产生的误差,当 $|\Delta x|=|\mathrm{d}x|$ 很小时,它比 $|\mathrm{d}y|$ 要小得多;

(2) 近似式 $\Delta y\approx\mathrm{d}y$ 表示当 $\Delta x\to 0$ 时,可以以 PQ 近似代替 NQ,即以图象在 M 处的切线来近似代替曲线本身,即在一点的附近可以用"直"代"曲". 这就是以微分近似代替函数改变量之所以简便的本质所在,这个重要思想以后还要多次用到.

二、微分的基本公式与运算法则

根据微分和导数的关系式 $\mathrm{d}y=f'(x)\mathrm{d}x$,易知求函数 $y=f(x)$ 在某一点 x_0 处的微分只要求出导数,再乘以自变量的微分 $\mathrm{d}x$ 就行了. 因此,微分的计算方法和导数的计算方法在本质上就没有什么差别. 由导数的基本公式和运算法则,就可以直接得到微分的基本公式与运算法则.

1. 微分的基本公式

(1) $\mathrm{d}C=0$;

(2) $\mathrm{d}(x^a)=ax^{a-1}\mathrm{d}x$;

(3) $\mathrm{d}(a^x)=a^x\ln a\mathrm{d}x$;

(4) $\mathrm{d}(e^x)=e^x\mathrm{d}x$;

(5) $\mathrm{d}(\log_a x)=\dfrac{1}{x\ln a}\mathrm{d}x$;

(6) $\mathrm{d}(\ln x)=\dfrac{1}{x}\mathrm{d}x$;

(7) $\mathrm{d}(\sin x)=\cos x\mathrm{d}x$;

(8) $\mathrm{d}(\cos x)=-\sin x\mathrm{d}x$;

(9) $\mathrm{d}(\tan x)=\sec^2 x\mathrm{d}x$;

(10) $\mathrm{d}(\cot x)=-\csc^2 x\mathrm{d}x$;

(11) $\mathrm{d}(\sec x)=\sec x\tan x\mathrm{d}x$;

(12) $\mathrm{d}(\csc x)=-\csc x\cot x\mathrm{d}x$;

(13) $\mathrm{d}(\arcsin x)=\dfrac{1}{\sqrt{1-x^2}}\mathrm{d}x$;

(14) $\mathrm{d}(\arccos x)=-\dfrac{1}{\sqrt{1-x^2}}\mathrm{d}x$;

(15) $\mathrm{d}(\arctan x)=\dfrac{1}{1+x^2}\mathrm{d}x$;

(16) $\mathrm{d}(\text{arccot}x)=-\dfrac{1}{1+x^2}\mathrm{d}x.$

2. 微分的四则运算法则

(1) $\mathrm{d}(u\pm v)=\mathrm{d}u\pm\mathrm{d}v$;

(2) $\mathrm{d}(uv)=v\mathrm{d}u+u\mathrm{d}v$,特别地,$\mathrm{d}(Cu)=C\mathrm{d}u$($C$ 为常数);

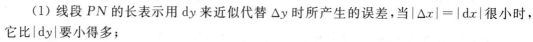

（3）$d\left(\dfrac{u}{v}\right)=\dfrac{vdu-udv}{v^2}(v\neq0)$.

3. 复合函数的微分法则

设 $y=f(u)$，$u=\varphi(x)$，则复合函数 $y=f[\varphi(x)]$ 的微分为

$$dy=y'_x dx=f'(u)\varphi'(x)dx=f'(u)du.$$

注意 最后得到的结果与 u 是自变量时的形式是相同的，这说明对于函数 $y=f(u)$，不论 u 是自变量还是中间变量，y 的微分都有 $f'(u)du$ 的形式. 这个性质称为**一阶微分形式的不变性**. 这个性质为求复合函数的微分提供了方便.

例4 求 $d[\ln(\sin2x)]$.

解 $d[\ln(\sin2x)]=\dfrac{1}{\sin2x}d(\sin2x)=\dfrac{1}{\sin2x}\cdot\cos2x\cdot d(2x)=2\cot2xdx$.

例5 已知函数 $f(x)=\sin\left(\dfrac{1-\ln x}{x}\right)$，求 $d[f(x)]$.

解 $d[f(x)]=d\left[\sin\left(\dfrac{1-\ln x}{x}\right)\right]=\cos\left(\dfrac{1-\ln x}{x}\right)d\left(\dfrac{1-\ln x}{x}\right)$

$$=\cos\left(\dfrac{1-\ln x}{x}\right)\dfrac{d(1-\ln x)\cdot x-(1-\ln x)\cdot dx}{x^2}$$

$$=\cos\left(\dfrac{1-\ln x}{x}\right)\dfrac{-\dfrac{1}{x}\cdot xdx-(1-\ln x)\cdot dx}{x^2}$$

$$=\dfrac{\ln x-2}{x^2}\cos\left(\dfrac{1-\ln x}{x}\right)dx.$$

例6 证明参数式函数的求导公式.

证明 设函数 $y=y(x)$ 的参数方程形式为 $\begin{cases}x=\varphi(t),\\ y=\psi(t),\end{cases}$ 其中 $\varphi(t)$，$\psi(y)$ 可导，则

$$dx=\varphi'(t)dt,\ dy=\psi'(t)dt.$$

导数 $\dfrac{dy}{dx}$ 是 y 和 x 的微分之商，所以当 $\varphi'(t)\neq0$ 时，

$$\dfrac{dy}{dx}=\dfrac{\psi'(t)dt}{\varphi'(t)dt}=\dfrac{\psi'(t)}{\varphi'(t)}.$$

例7 用求微分的方法，求由方程 $4x^2-xy-y^2=0$ 所确定的隐函数 $y=y(x)$ 的微分与导数.

解 对方程两端分别求微分，有

$$8xdx-(ydx+xdy)-2ydy=0,\ 即\ (x+2y)dy=(8x-y)dx.$$

当 $x+2y\neq0$ 时，可得

$$dy=\dfrac{8x-y}{x+2y}dx,$$

即

$$y'=\dfrac{dy}{dx}=\dfrac{8x-y}{x+2y}.$$

习题 2-6(A)

1. 判断下列说法是否正确：

(1) 函数 $f(x)$ 在点 x_0 处可导与可微是等价的；

(2) 函数 $f(x)$ 在点 x_0 处的导数值与微分值只与 $f(x)$ 和 x_0 有关；

(3) 函数 $f(x)$ 在点 x_0 处可微，则 $\Delta y - \mathrm{d}y$ 是 Δy 的高阶无穷小.

2. 求下列函数的微分：

(1) $y = x^3 a^x$；

(2) $y = \dfrac{\sin x}{\ln x}$；

(3) $y = \cos(2 - x^2)$；

(4) $y = \arctan(\ln x)$.

习题 2-6(B)

1. 设函数 $y = x^3$，计算在 $x = 2$ 处，Δx 分别等于 $-0.1, 0.01$ 时的改变量 Δy 及微分 $\mathrm{d}y$.

2. 求下列函数的微分：

(1) $y = \dfrac{x}{1-x}$；

(2) $y = \ln(2x - 1)$；

(3) $y = \arcsin\sqrt{1 - x^2}$；

(4) $y = \mathrm{e}^{-x}\cos(3 - x)$；

(5) $y = \sin^2 x$；

(6) $y = (1 + x)^{\sec x}$.

3. 用微分求由方程 $x + y = \arctan(x - y)$ 所确定的函数 $y = f(x)$ 的微分和导数.

4. 用微分求由参数方程 $\begin{cases} x = \dfrac{t}{1+t}, \\ y = \dfrac{t^2}{1+t} \end{cases}$ 所确定的函数 $y = f(x)$ 的一阶导数和二阶导数.

本章内容小结

数学中研究变量时，既要了解彼此的对应规律——函数关系，各量的变化趋势——极限，还要对各量在变化过程某一时刻的相互动态关系——各量变化快慢及一个量相对于另一个量的变化率等，作准确的数量分析，作为本章主要内容的导数和微分，就是用来刻画这种相互动态关系的.

在这一章中，我们学习了导数和微分的概念，求导数和微分的方法和运算法则.

1. 导数的概念和运算.

导数的概念极为重要，应准确理解. 领会导数的基本思想，掌握它的基本分析方法是会应用导数的前提. 要动态地考察函数 $y = f(x)$ 在某点 x_0 附近变量间的关系. 由于存在变化"均匀与不均匀"或图形"曲与直"等不同变化性态，如果孤立地考察一点 x_0，除了能求得函数值 $f(x_0)$ 外，是难以反映这些变化性态的，所以要在小范围区间 $[x_0, x_0 + \Delta x]$ 内研究函数的变化情况. 再结合极限, 就得出点变化率的概念. 有了点变化率的概念, 在小范围内就可以以"均匀"代"不均匀"、以"直"代"曲", 使得函数 $y=f(x)$ 在某点 x_0 附近变量间关系的动态研究得到简化, 运用这一基本思想和分析方法, 可以解决实际中的大量问题.

本章内容的重点是导数、微分的概念, 但大量的工作则是求导运算, 目的在于加深对导数的理解, 并提高运算能力. 求导运算的对象分为两类: 一类是初等函数, 另一类是非初等函数. 由于初等函数是由基本初等函数和常数经过有限次四则运算与复合运算得到的, 所以求出初等函数的导数必须熟记导数基本公式及求导法则, 特别是复合函数的求导法则. 在本章中遇到的非初等函数, 包括由方程确定的隐函数和用参数方程形式表示的函数. 对这两类函数的求导, 前者总是先在方程两边同时对自变量求导, 然后解出所求的导数, 后者则有现成公式可用.

2. 导数的几何意义与物理含义.

(1) 导数的几何意义.

函数 $y=f(x)$ 在点 x_0 处的导数 $f'(x_0)$, 在几何上表示函数的图象在点 $(x_0, f(x_0))$ 处的切线的斜率.

(2) 导数的物理含义.

在物理领域中, 大量运用导数来表示一个物理量相对于另一个物理量的变化率, 而且这种变化率本身常常是一个物理概念. 由于具体物理量含义不同, 导数的含义也不同, 所得的物理概念也就各异. 常见的是速度——位移关于时间的变化率, 加速度——速度关于时间的变化率, 密度——质量关于体积的变化率, 功率——功关于时间的变化率, 电流——电荷量关于时间的变化率.

3. 微分的概念与运算.

函数 $y=f(x)$ 在点 x_0 处可微, 表示 $f(x)$ 在点 x_0 附近的一种变化性态: 随着自变量 x 的改变量 Δx 的变化, 始终成立 $\Delta y=f(x_0+\Delta x)-f(x_0)=f'(x_0)\Delta x+o(\Delta x)$. 这在数值上表示 $f'(x_0)\Delta x$ 是 Δy 的线性主部: $\Delta y \approx f'(x_0)\Delta x$. 在几何上表示 x_0 附近可以以"直"(图象在点 $(x_0, f(x_0))$ 处的切线)代"曲"($y=f(x)$ 图象本身), 误差是 Δx 的高阶无穷小, 称 $\mathrm{d}y= f'(x_0)\Delta x=f'(x_0)\mathrm{d}x$ 为 $f(x)$ 在 x_0 处的微分.

在运算上, 求函数 $y=f(x)$ 的导数 $f'(x)$ 与求函数的微分 $f'(x)\mathrm{d}x$ 是互通的, 即

$$y'=\frac{\mathrm{d}y}{\mathrm{d}x}=f'(x) \Leftrightarrow \mathrm{d}y=f'(x)\mathrm{d}x.$$

因此, 可以先求导数然后乘以 $\mathrm{d}x$ 计算微分, 也可以利用微分公式与微分法则进行计算.

4. 可导、可微与连续的关系.

函数 $y=f(x)$ 在点 x_0 处可导 $\Rightarrow$ 函数 $y=f(x)$ 在点 x_0 处连续;

函数 $y=f(x)$ 在点 x_0 处可微 $\Rightarrow$ 函数 $y=f(x)$ 在点 x_0 处连续;

函数 $y=f(x)$ 在点 x_0 处可导 $\Leftrightarrow$ 函数 $y=f(x)$ 在点 x_0 处可微;

而函数 $y=f(x)$ 在点 x_0 处连续不能得出它在点 x_0 处可导或可微.

一、选择题

1. 设函数 $f(x)$ 在点 x_0 处可导,则 $f'(x_0)=$ (   )

  A. $\lim\limits_{\Delta x \to 0} \dfrac{f(x_0-\Delta x)-f(x_0)}{\Delta x}$ B. $\lim\limits_{\Delta x \to 0} \dfrac{f(x_0-\Delta x)-f(x_0)}{2\Delta x}$

  C. $\lim\limits_{\Delta x \to 0} \dfrac{f(x_0)-f(x_0-\Delta x)}{\Delta x}$ D. $\lim\limits_{\Delta x \to 0} \dfrac{f(x_0+\Delta x)-f(x_0-\Delta x)}{\Delta x}$

2. 函数 $f(x)$ 在点 x_0 处连续是函数在该点可导的   (   )

  A. 充分非必要条件   B. 必要非充分条件

  C. 充要条件   D. 既非充分也非必要条件

3. 设 $f(u)$ 可导,$y=f(\ln^2 x)$,则 $y'=$ (   )

  A. $f'(\ln^2 x)$ B. $2\ln x f'(\ln^2 x)$

  C. $\dfrac{2\ln x}{x} f'(\ln^2 x)$ D. $\dfrac{2\ln x}{x}[f(\ln x)]'$

4. 设函数 $f(x)$ 在点 x_0 处的导数不存在,则曲线 $y=f(x)$ (   )

  A. 在点 $(x_0, f(x_0))$ 处的切线必不存在   B. 在点 $(x_0, f(x_0))$ 处的切线可能存在

  C. 在点 x_0 处间断   D. $\lim\limits_{x \to x_0} f(x)$ 不存在

5. 设 $f(x)$ 在点 x_0 处可导,且 $f(x_0)=1$,则 $\lim\limits_{x \to x_0} f(x)=$ (   )

  A. 1   B. x_0

  C. $f'(x_0)$ D. 不存在

6. 设 $y=e^{f(x)}$,其中 $f(x)$ 为可导函数,则 $y''=$ (   )

  A. $e^{f(x)}$ B. $e^{f(x)}f''(x)$

  C. $e^{f(x)}[f'(x)+f''(x)]$ D. $e^{f(x)}\{[f'(x)]^2+f''(x)\}$

7. 设 $y=\dfrac{\varphi(x)}{x}$,$\varphi(x)$ 可导,则 $\mathrm{d}y=$ (   )

  A. $\dfrac{x\mathrm{d}[\varphi(x)]-\varphi(x)\mathrm{d}x}{x^2}$ B. $\dfrac{\varphi'(x)-\varphi(x)}{x^2}\mathrm{d}x$

  C. $-\dfrac{\mathrm{d}[\varphi(x)]}{x^2}$ D. $\dfrac{x\mathrm{d}[\varphi(x)]-\mathrm{d}[\varphi(x)]}{x^2}$

8. 若直线 l 与 x 轴平行,且与曲线 $y=x-e^x$ 相切,则切点坐标为 (   )

  A. $(1,1)$ B. $(-1,1)$

  C. $(0,-1)$ D. $(0,1)$

二、填空题

1. 过曲线 $y=\dfrac{4+x}{4-x}$ 上一点 $(2,3)$ 处的法线的斜率为 _____.

2. 已知函数 $y=\ln\sin^2 x$,则 $y'=$ _____,$y'|_{x=\frac{\pi}{6}}=$ _____.

3. 设 $f(x)=x(x-1)(x-2)(x-3)(x-4)$,则 $f'(0)=$ _____.

4. 设 $y=y(x)$ 是由方程 $xy+\ln y=0$ 确定的函数,则 $\mathrm{d}y=$ _____.

5. 若 $f'(x_0)=0$,则曲线 $y=f(x)$ 在点 x_0 处的切线方程为_____,法线方程为_____.

6. 已知函数 $y=x\mathrm{e}^x$,则 $y''=$ _____.

7. 某物体沿直线运动,其运动规律为 $s=f(t)$,则在时间间隔 $[t,t+\Delta t]$ 内,物体经过的路程 $\Delta s=$ _____,平均速度为 $\bar{v}=$ _____,在时刻 t 的速度 $v=$ _____.

三、综合题

1. 设 $f(x)=\begin{cases} x^2, & x\leqslant 1, \\ ax+b, & x>1, \end{cases}$ 要使函数 $f(x)$ 在 $x=1$ 处连续且可导,则 a,b 各等于多少?

2. 求下列函数的导数 y':

(1) $y=\cos x^2$;

(2) $y=\ln(\ln x)$;

(3) $y=\sin x \cdot \arctan x \cdot 2^x$;

(4) $y=\dfrac{\sec 2x}{\ln x-x^2}$;

(5) $y=\mathrm{e}^{\cos(x^3+3x-1)}$;

(6) $y=(\tan x)^{\sin x}$;

(7) $y=\sqrt[3]{\dfrac{x-5}{\sqrt[3]{x^2+2}}}$;

(8) $x^2+y^2=a^2$;

(9) $\begin{cases} x=\sqrt[3]{1-t^2}, \\ y=\sqrt{1-t}; \end{cases}$

(10) $x^3+\sin y^2=\mathrm{e}^y$.

3. 求下列各函数的二阶导数 y'':

(1) $y=x\sqrt{1+x^2}$;

(2) $y=(1+x^2)\arctan x$;

(3) $\begin{cases} x=2t-t^2, \\ y=3t-t^2; \end{cases}$

(4) $x^2-xy+y^2=1$.

4. 求下列各函数的微分 $\mathrm{d}y$:

(1) $y=\dfrac{x}{\sqrt{1-x^2}}$;

(2) $y=\arcsin\dfrac{x}{a}$;

(3) $y=\dfrac{\arctan 2x}{1+x^2}$;

(4) $y=\dfrac{x\ln x}{1-x}+\ln(1-x)$.

5. 一物体的运动方程是 $s=\mathrm{e}^{-kt}\sin\omega t$($k,\omega$ 为常数),求物体的速度和加速度.

第3章

导数的应用

上一章中,我们从实际问题中因变量对自变量的变化率出发,引入了导数的概念,并讨论了导数的计算方法.本章中,我们将应用导数来计算未定式的极限(洛必达法则),研究函数及曲线的某些性态(单调性、极值、凹凸性和拐点等),并利用这些知识解决有关最大、最小值等实际问题.为此,首先介绍微分中值定理,它既是微分学的理论基础,也是导数应用的理论基础.

§3-1 微分中值定理

本节将介绍微分中的两个重要定理:罗尔定理、拉格朗日中值定理.这样就可以不求极限而直接将函数和它的导数之间建立起联系.

一、罗尔定理

定理1(罗尔定理) 设函数 $f(x)$ 满足下列三个条件:

(1) 在闭区间 $[a,b]$ 上连续,

(2) 在开区间 (a,b) 内可导,

(3) $f(a)=f(b)$,

则在开区间 (a,b) 内至少存在一点 ξ,使得

$$f'(\xi)=0.$$

罗尔定理在几何直观上是很明显的:在高度相同的两个点间的一段连续曲线上,除端点外各点都有不垂直于 x 轴的切线,那么至少有一点处的切线是水平的(图 3-1 中的点 P).

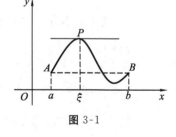

图 3-1

注意 罗尔定理要求函数同时满足三个条件,否则结论不一定成立.

例1 验证函数 $f(x)=x^2+x-6$ 在区间 $[-2,1]$ 上罗尔定理成立,并求出 ξ.

解 $f(x)=x^2+x-6$ 在区间 $[-2,1]$ 上连续, $f'(x)=2x+1$ 在 $(-2,1)$ 内存在, $f(-2)=f(1)=-4$,所以 $f(x)$ 满足罗尔定理的三个条件.

令 $f'(x)=2x+1=0$,得 $x=-\dfrac{1}{2}$.所以存在 $\xi=-\dfrac{1}{2}$, $\xi\in(-2,1)$ 使得 $f'(\xi)=0$.

由罗尔定理可知,如果函数 $y=f(x)$ 满足定理的三个条件,则方程 $f'(x)=0$ 在区间 (a,b) 内至少有一个实根.这个结论常被用来证明某些方程的根的存在性,如下例.

例2 如果方程 $ax^3+bx^2+cx=0$ 有正根 x_0,证明方程 $3ax^2+2bx+c=0$ 必定在 $(0,x_0)$ 内有根.

证明 设 $f(x)=ax^3+bx^2+cx$，则 $f(x)$ 在 $[0,x_0]$ 上连续，$f'(x)=3ax^2+2bx+c$ 在 $(0,x_0)$ 内存在，且 $f(0)=f(x_0)=0$，所以 $f(x)$ 在 $[0,x_0]$ 上满足罗尔定理的条件.

由罗尔定理的结论可知在 $(0,x_0)$ 内至少存在一点 ξ，使 $f'(\xi)=3a\xi^2+2b\xi+c=0$，即 ξ 为方程 $3ax^2+2bx+c=0$ 的根.

二、拉格朗日中值定理

定理 2（拉格朗日中值定理） 设函数 $f(x)$ 满足下列条件：

(1) 在闭区间 $[a,b]$ 上连续，

(2) 在开区间 (a,b) 内可导，

则在开区间 (a,b) 内至少存在一点 ξ，使得

$$f'(\xi)=\frac{f(b)-f(a)}{b-a}.$$

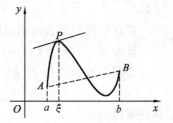

图 3-2

这个定理在几何直观上也很明显，等式 $f'(\xi)=\frac{f(b)-f(a)}{b-a}$ 的右端是连结端点 $A(a,f(a))$，$B(b,f(b))$ 的线段所在直线的斜率，由图 3-2 容易看出，如果函数 $f(x)$ 在 $[a,b]$ 上连续，除端点外如果各点都有不垂直于 x 轴的切线，那么在 (a,b) 内至少有一点 $P(\xi,f(\xi))$ 处的切线与直线 AB 平行.

与罗尔定理比较可以发现：拉格朗日中值定理是罗尔定理把端点连线由水平向斜线的推广. 或者说，罗尔定理是拉格朗日中值定理当端点连线为水平时的特例.

注意 拉格朗日中值定理要求函数同时满足两个条件，否则结论不一定成立.

例 3 验证 $f(x)=x^2$ 在区间 $[1,2]$ 上拉格朗日中值定理成立，并求 ξ.

解 显然 $f(x)=x^2$ 在区间 $[1,2]$ 上连续，$f'(x)=2x$ 在 $(1,2)$ 内存在，所以拉格朗日中值定理成立. 令 $\frac{f(2)-f(1)}{2-1}=f'(x)$，即 $2x=3$，得 $x=\frac{3}{2}$. 所以 $\xi=\frac{3}{2}$.

例 4 设 $a>b>0$，证明：不等式 $\frac{a-b}{a}<\ln\frac{a}{b}<\frac{a-b}{b}$ 成立.

证明 改写欲求证的不等式为 $\frac{1}{a}<\frac{\ln a-\ln b}{a-b}<\frac{1}{b}$. (1)

构造函数 $f(x)=\ln x$，因为 $f(x)=\ln x$ 在 $[b,a]$ 上连续，$f'(x)=\frac{1}{x}$ 在 (b,a) 内存在，由拉格朗日中值定理得至少存在一点 $\xi\in(b,a)$，使得 $\frac{\ln a-\ln b}{a-b}=f'(\xi)$，即 $\frac{\ln a-\ln b}{a-b}=\frac{1}{\xi}$，显然 $0<b<\xi<a$，则 $\frac{1}{a}<\frac{1}{\xi}<\frac{1}{b}$，所以 (1) 式成立. 原不等式得证.

拉格朗日中值定理可以改写成另外的形式，如：

$f(b)-f(a)=f'(\xi)(b-a)$ 或 $f(b)=f(a)+f'(\xi)(b-a)$（ξ 介于 a,b 之间）；

$f(x)=f(x_0)+f'(\xi)(x-x_0)$（$\xi$ 介于 x_0,x 之间）；

$f(x+\Delta x)-f(x)=f'(\xi)\Delta x$ 或 $\Delta y=f'(\xi)\Delta x$（ξ 介于 $x,x+\Delta x$ 之间）.

从拉格朗日中值定理可以推出一些很有用的结论.

推论 1 如果 $f'(x)\equiv0$，$x\in(a,b)$，则 $f(x)\equiv C$（$x\in(a,b)$，$C\in\mathbf{R}$），即在 (a,b) 内 $f(x)$

是常数函数.

证明 任取 $x_1,x_2 \in (a,b)$, 不妨设 $x_1 < x_2$. 因为 $[x_1,x_2] \subset (a,b)$, 显然 $f(x)$ 在 $[x_1,x_2]$ 上连续, 在 (x_1,x_2) 内可导. 于是由拉格朗日中值定理有

$$f(x_2) - f(x_1) = f'(\xi)(x_2 - x_1), x_1 < \xi < x_2.$$

又因为对 (a,b) 内的一切 x 都有 $f'(x)=0$, 而 $\xi \in (x_1,x_2) \subset (a,b)$, 所以 $f'(\xi)=0$, 于是得 $f(x_2) - f(x_1) = 0$, 即 $f(x_2) = f(x_1)$.

既然对于 (a,b) 内的任意 x_1,x_2 都有 $f(x_2)=f(x_1)$, 那么说明 $f(x)$ 在 (a,b) 内是一个常数.

注意 我们以前证明过"常数的导数等于零", 推论 1 说明它的逆命题也是真命题.

推论 2 如果 $f'(x) \equiv g'(x), x \in (a,b)$, 则 $f(x) = g(x) + C (x \in (a,b), C \in \mathbf{R})$.

证明 因为 $[f(x) - g(x)]' = f'(x) - g'(x) \equiv 0, x \in (a,b)$, 据推论 1, 得

$$f(x) - g(x) = C (x \in (a,b), C \in \mathbf{R}),$$

移项即得结论.

前面我们知道"两个函数相等, 则它们的导数也相等". 现在又知道"如果两个函数的导数相等, 那么它们至多只相差一个常数".

在例 1、例 3 中, 都要求求出拉格朗日中值定理及其特例——罗尔定理中的那个 ξ, 读者不要误以为 ξ 总是可以求得的. 事实上, 在绝大部分情况下, 可以验证 ξ 的存在性, 却很难求得其值, 但就是这个存在性, 确立了中值定理在微分学中的重要地位. 本来函数 $y = f(x)$ 与导数 $f'(x)$ 之间的关系是通过极限建立的, 因此导数 $f'(x_0)$ 只能近似反映 $f(x)$ 在 x_0 附近的性态, 如 $f(x) \approx f(x_0) + f'(x_0)(x-x_0)$. 中值定理却通过中间值处的导数, 证明了函数 $f(x)$ 与导数 $f'(x)$ 之间可以直接建立精确等式关系, 即只要 $f(x)$ 在 x, x_0 之间连续、可导, 且在点 x, x_0 也连续, 那么一定存在中间值 ξ, 使 $f(x) = f(x_0) + f'(\xi)(x-x_0)$. 这样就为由导数的性质来推断函数的性质, 由函数的局部性质来研究函数的整体性质架起了桥梁.

 习题 3-1(A)

1. 判断下列结论是否正确:

(1) 设函数 $f(x)$ 在 $[a,b]$ 上有定义, 在 (a,b) 内可导, $f(a)=f(b)$, 则至少存在一点 $\xi \in (a,b)$, 使 $f'(\xi)=0$;

(2) 若函数 $f(x)$ 在 $[a,b]$ 上连续, 在 (a,b) 内可导, 但 $f(a) \neq f(b)$, 则 (a,b) 内不存在 ξ, 使 $f'(\xi)=0$.

2. 验证函数 $f(x) = x^2 - 5x + 2$ 在区间 $[0,5]$ 上罗尔定理的正确性, 并求出 ξ 的值.

3. 验证函数 $f(x) = \sqrt{x}$ 在区间 $[1,4]$ 上拉格朗日中值定理的正确性, 并求出 ξ 的值.

 **习题 3-1(B)**

1. 验证罗尔定理对函数 $y = \ln\sin x$ 在区间 $\left[\dfrac{\pi}{6}, \dfrac{5\pi}{6}\right]$ 上的正确性, 并求出 ξ 的值.

2. 验证拉格朗日中值定理对函数 $y=4x^3+x-2$ 在区间 $[0,1]$ 上的正确性,并求出 ξ 的值.

3. 不用求出函数 $f(x)=(x-1)(x-2)(x-3)(x-4)$ 的导数,说明方程 $f'(x)=0$ 有几个实根,并指出它们所在的区间.

4. 利用拉格朗日中值定理证明下列不等式:

(1) 设 $a>b>0,n>1$,证明:$nb^{n-1}(a-b)<a^n-b^n<na^{n-1}(a-b)$;

(2) 设 $x>0$,证明:$\dfrac{x}{1+x}<\ln(1+x)<x$;

(3) $|\sin x-\sin y|\leqslant|x-y|$.

§3-2　洛必达法则

在极限的讨论中已经看到:若当 $x\to x_0$ 时,两个函数 $f(x),g(x)$ 都是无穷小或无穷大,则求极限 $\lim\limits_{x\to x_0}\dfrac{f(x)}{g(x)}$ 时不能直接用商的极限运算法则,其结果可能存在,也可能不存在,即使存在,其值也因式而异.因此,常把两个无穷小之比或无穷大之比的极限,称为 $\dfrac{0}{0}$ 型或 $\dfrac{\infty}{\infty}$ 型未定式(也称为 $\dfrac{0}{0}$ 型或 $\dfrac{\infty}{\infty}$ 型未定型)极限.对这类极限,一般可以用下面介绍的洛必达法则,它的特点是在求极限时以导数为工具.

一、$\dfrac{0}{0}$ 型未定式

定理 1(洛必达法则 1)　设函数 $f(x)$ 和 $g(x)$ 满足:

(1) $\lim\limits_{x\to x_0}f(x)=0,\lim\limits_{x\to x_0}g(x)=0$;

(2) 函数 $f(x)$ 和 $g(x)$ 在点 x_0 的某邻域内(点 x_0 可除外)可导,且 $g'(x)\neq0$;

(3) $\lim\limits_{x\to x_0}\dfrac{f'(x)}{g'(x)}=A$($A$ 可以是有限数,也可为 $\infty,\pm\infty$).

则
$$\lim\limits_{x\to x_0}\dfrac{f(x)}{g(x)}=\lim\limits_{x\to x_0}\dfrac{f'(x)}{g'(x)}=A.$$

在具体使用洛必达法则时,一般应先验证定理的条件(1),如果是 $\dfrac{0}{0}$ 型未定式,则可以逐步做下去,只要最终能得到结果就达到求极限的目的了.

例 1　求 $\lim\limits_{x\to0}\dfrac{\sin ax}{\sin bx}(b\neq0)$.

解　$\lim\limits_{x\to0}\dfrac{\sin ax}{\sin bx}=\lim\limits_{x\to0}\dfrac{a\cos ax}{b\cos bx}=\dfrac{a}{b}$.

例 2　求 $\lim\limits_{x\to1}\dfrac{x^3-3x+2}{x^3-x^2-x+1}$.

解　$\lim\limits_{x\to1}\dfrac{x^3-3x+2}{x^3-x^2-x+1}=\lim\limits_{x\to1}\dfrac{3x^2-3}{3x^2-2x-1}=\lim\limits_{x\to1}\dfrac{6x}{6x-2}=\dfrac{3}{2}$.

注意 如果应用洛必达法则后的极限仍然是 $\dfrac{0}{0}$ 型未定式,那么只要相关导数存在,就可以继续使用洛必达法则,直至能求出极限.上式中的 $\lim\limits_{x\to1}\dfrac{6x}{6x-2}$ 已不是未定式,不能对它使用洛必达法则,否则要导致错误结果.

例 3 求 $\lim\limits_{x\to0}\dfrac{x-\sin x}{x^3}$.

解 $\lim\limits_{x\to0}\dfrac{x-\sin x}{x^3}=\lim\limits_{x\to0}\dfrac{1-\cos x}{3x^2}=\lim\limits_{x\to0}\dfrac{\sin x}{6x}=\dfrac{1}{6}$.

二、$\dfrac{\infty}{\infty}$ 型未定式

定理 2(洛必达法则 2) 设函数 $f(x)$ 和 $g(x)$ 满足:

(1) $\lim\limits_{x\to x_0}f(x)=\infty,\lim\limits_{x\to x_0}g(x)=\infty$;

(2) 函数 $f(x)$ 和 $g(x)$ 在点 x_0 的某邻域内(点 x_0 可除外)可导,且 $g'(x)\neq0$;

(3) $\lim\limits_{x\to x_0}\dfrac{f'(x)}{g'(x)}=A(A$ 可以是有限数,也可为 $\infty,\pm\infty)$.

则
$$\lim\limits_{x\to x_0}\dfrac{f(x)}{g(x)}=\lim\limits_{x\to x_0}\dfrac{f'(x)}{g'(x)}=A.$$

例 4 求 $\lim\limits_{x\to\frac{\pi}{2}}\dfrac{\tan3x}{\tan x}$.

解 $\lim\limits_{x\to\frac{\pi}{2}}\dfrac{\tan3x}{\tan x}=\lim\limits_{x\to\frac{\pi}{2}}\dfrac{3\sec^2 3x}{\sec^2 x}=\lim\limits_{x\to\frac{\pi}{2}}\dfrac{3\cos^2 x}{\cos^2 3x}=\lim\limits_{x\to\frac{\pi}{2}}\dfrac{6\cos x(-\sin x)}{2\cos3x(-3\sin3x)}$

$$=\lim\limits_{x\to\frac{\pi}{2}}\dfrac{\sin2x}{\sin6x}=\lim\limits_{x\to\frac{\pi}{2}}\dfrac{2\cos2x}{6\cos6x}=\dfrac{1}{3}.$$

例 5 求 $\lim\limits_{x\to+\infty}\dfrac{\ln x}{x^n}\ (n>0)$.

解 $\lim\limits_{x\to+\infty}\dfrac{\ln x}{x^n}=\lim\limits_{x\to+\infty}\dfrac{\dfrac{1}{x}}{nx^{n-1}}=\lim\limits_{x\to+\infty}\dfrac{1}{nx^n}=0$.

例 6 求 $\lim\limits_{x\to+\infty}\dfrac{x^n}{\mathrm{e}^{\lambda x}}\ (n$ 为正整数,$\lambda>0)$.

解 相继应用洛必达法则 n 次,得

$$\lim\limits_{x\to+\infty}\dfrac{x^n}{\mathrm{e}^{\lambda x}}=\lim\limits_{x\to+\infty}\dfrac{nx^{n-1}}{\lambda\mathrm{e}^{\lambda x}}=\lim\limits_{x\to+\infty}\dfrac{n(n-1)x^{n-2}}{\lambda^2\mathrm{e}^{\lambda x}}=\cdots=\lim\limits_{x\to+\infty}\dfrac{n!}{\lambda^n\mathrm{e}^{\lambda x}}=0.$$

三、其他类型的未定式

在对函数 $f(x)$ 和 $g(x)$ 求 $x\to x_0,x\to\infty,x\to\pm\infty$ 时的极限时,除 $\dfrac{0}{0}$ 型与 $\dfrac{\infty}{\infty}$ 型未定式之外,还有下列一些其他类型的未定式:

(1) $0\cdot\infty$ 型:$f(x)$ 与 $g(x)$ 中的一个函数的极限为 0,另一个函数的极限为 ∞,求 $f(x)\cdot g(x)$ 的极限;

(2) $\infty-\infty$ 型:$f(x)$ 与 $g(x)$ 的极限都为 ∞,求 $f(x)-g(x)$ 的极限;

(3) 1^∞ 型：$f(x)$ 的极限为 1，$g(x)$ 的极限为 ∞，求 $f(x)^{g(x)}$ 的极限；

(4) 0^0 型：$f(x)$ 与 $g(x)$ 的极限都为 0，求 $f(x)^{g(x)}$ 的极限；

(5) ∞^0 型：$f(x)$ 的极限为 ∞，$g(x)$ 的极限为 0，求 $f(x)^{g(x)}$ 的极限.

这些类型的未定式，可按下述方法处理：对 (1)(2) 两种类型未定式，可进行适当变换将它们化为 $\dfrac{0}{0}$ 型或 $\dfrac{\infty}{\infty}$ 型未定式，再用洛必达法则求极限；对 (3)(4)(5) 三种类型未定式，直接利用恒等关系式 $\lim f(x)^{g(x)} = \lim e^{g(x)\ln f(x)} = e^{\lim g(x)\ln f(x)}$ 将它们化为 $0 \cdot \infty$ 型.

例 7　求 $\lim\limits_{x\to 0} x\cot 3x$.

解　这是 $0 \cdot \infty$ 型未定式，把 $\cot 3x$ 写成 $\dfrac{1}{\tan 3x}$，可将其化为 $\dfrac{0}{0}$ 型未定式.

$$\lim_{x\to 0} x\cot 3x = \lim_{x\to 0} \frac{x}{\tan 3x} = \lim_{x\to 0} \frac{1}{3\sec^2 3x} = \lim_{x\to 0} \frac{\cos^2 3x}{3} = \frac{1}{3}.$$

例 8　求 $\lim\limits_{x\to 1^+} \left(\dfrac{x}{x-1} - \dfrac{1}{\ln x} \right)$.

解　这是 $\infty - \infty$ 型未定式，通过通分将其化为 $\dfrac{0}{0}$ 型未定式.

$$\lim_{x\to 1^+} \left(\frac{x}{x-1} - \frac{1}{\ln x} \right) = \lim_{x\to 1^+} \frac{x\ln x - x + 1}{(x-1)\ln x} = \lim_{x\to 1^+} \frac{\ln x}{\ln x + 1 - \frac{1}{x}} = \lim_{x\to 1^+} \frac{\frac{1}{x}}{\frac{1}{x} + \frac{1}{x^2}} = \frac{1}{2}.$$

例 9　求 $\lim\limits_{x\to 0^+} x^{\sin x}$.

解　这是 0^0 型未定式，利用恒等关系将其转化为 $0 \cdot \infty$ 型，再将其转化为 $\infty - \infty$ 型.

$$\lim_{x\to 0^+} x^{\sin x} = \lim_{x\to 0^+} e^{\sin x\ln x} = e^{\lim\limits_{x\to 0^+} \frac{\ln x}{\csc x}} = e^{\lim\limits_{x\to 0^+} \frac{\frac{1}{x}}{-\csc x\cot x}} = e^{\lim\limits_{x\to 0^+} \frac{\sin^2 x}{-x\cos x}} = e^{\lim\limits_{x\to 0} \frac{x^2}{-x\cos x}} = 1.$$

注意　洛必达法则与其他求极限法（如无穷小的等价代换等）的混合使用，往往能简化运算.

例 10　验证极限 $\lim\limits_{x\to 0} \dfrac{x+\sin x}{x}$ 存在，但不能用洛必达法则求出.

解　$\lim\limits_{x\to\infty} \dfrac{x+\sin x}{x} = \lim\limits_{x\to\infty} \left(1 + \dfrac{\sin x}{x} \right) = 1 + \lim\limits_{x\to\infty} \dfrac{\sin x}{x} = 1.$

原极限是 $\dfrac{\infty}{\infty}$ 型未定式，由

$$\lim_{x\to\infty} \frac{(x+\sin x)'}{(x)'} = \lim_{x\to\infty} \frac{1+\cos x}{1} = \lim_{x\to\infty} (1+\cos x),$$

最后的极限不存在，所以所给的极限无法用洛必达法则求出.

在使用洛必达法则时，应注意以下几点：

(1) 每次使用洛必达法则时，必须检验极限是否属于 $\dfrac{0}{0}$ 型或 $\dfrac{\infty}{\infty}$ 型未定式，如果不是，就不能使用该法则；

(2) 如果所求极限式中有可约因子或有非零极限的乘积因子，则可先约去或直接提出，然后再利用洛必达法则，以简化演算步骤；

(3) 洛必达法则与其他求极限法（如无穷小的等价代换等）的混合使用，往往能简化

运算;

(4) 当 $\lim\dfrac{f'(x)}{g'(x)}$ 不存在时,并不能断定 $\lim\dfrac{f(x)}{g(x)}$ 不存在,此时应考虑使用其他方法求极限.

实际上,有些题用洛必达法则反而烦琐,而使用其他方法则显得简单明了(如计算 $\lim\limits_{x\to0}\dfrac{\tan x-\sin x}{x^3}$),读者可自行验证.有些题用洛必达法则求不出极限.但是洛必达法则仍然是求 $\dfrac{0}{0}$ 型或 $\dfrac{\infty}{\infty}$ 型未定式极限的一种主要的方法.

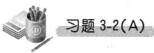 习题 3-2(A)

1. 用洛必达法则求下列极限:

(1) $\lim\limits_{x\to0}\dfrac{\ln(1+x)}{x}$;

(2) $\lim\limits_{x\to0^+}\dfrac{\ln\sin3x}{\ln\sin x}$;

(3) $\lim\limits_{x\to+\infty}\dfrac{\ln(\ln3x)}{x}$;

(4) $\lim\limits_{x\to0}\tan x\cot2x$;

(5) $\lim\limits_{x\to\infty}\left(1+\dfrac{a}{x}\right)^x$;

(6) $\lim\limits_{x\to0^+}\left(\dfrac{1}{x}\right)^{\tan x}$.

2. 验证极限 $\lim\limits_{x\to\infty}\dfrac{x+\sin x}{x-\sin x}$ 存在,但不能用洛必达法则求出.

 习题 3-2(B)

用洛必达法则求下列极限:

(1) $\lim\limits_{x\to0}\dfrac{e^x-e^{-x}}{\sin x}$;

(2) $\lim\limits_{x\to a}\dfrac{\ln x-\ln a}{x-a}(a>0)$;

(3) $\lim\limits_{x\to\pi}\dfrac{\sin3x}{\sin7x}$;

(4) $\lim\limits_{x\to0}\dfrac{1}{x}\arcsin3x$;

(5) $\lim\limits_{x\to0^+}\dfrac{\ln\tan7x}{\ln\tan2x}$;

(6) $\lim\limits_{x\to\frac{\pi}{2}}\dfrac{\tan x}{\tan5x}$;

(7) $\lim\limits_{x\to+\infty}\dfrac{\ln\left(1+\dfrac{1}{x}\right)}{\operatorname{arccot}x}$;

(8) $\lim\limits_{x\to0}\dfrac{\sec x-\cos x}{\ln(1+x^2)}$;

(9) $\lim\limits_{x\to1^-}\ln x\ln(1-x)$;

(10) $\lim\limits_{x\to0}x^2e^{\frac{1}{x^2}}$;

(11) $\lim\limits_{x\to2^+}\dfrac{\ln(x-2)}{\ln(e^x-e^2)}$;

(12) $\lim\limits_{x\to0}\left(\cot x-\dfrac{1}{x}\right)$;

(13) $\lim\limits_{x\to0^+}(\sin x)^{\tan x}$;

(14) $\lim\limits_{x\to0^+}x^{\ln(1+x)}$.

§3-3 函数的单调性、极值与最值

本节我们将以导数为工具,研究函数的单调性及相关的极值、最值问题,学习如何确定函数的增减区间,如何判定函数的极值和最值.

一、函数的单调性

定理 1 设函数 $f(x)$ 在闭区间 $[a,b]$ 上连续,在开区间 (a,b) 内可导.

(1) 若在 (a,b) 内 $f'(x)>0$,则函数 $f(x)$ 在 $[a,b]$ 上单调增加;

(2) 若在 (a,b) 内 $f'(x)<0$,则函数 $f(x)$ 在 $[a,b]$ 上单调减少.

证明 设 x_1,x_2 是 $[a,b]$ 上任意两点,不妨设 $x_1<x_2$,利用拉格朗日中值定理有
$$f(x_2)-f(x_1)=f'(\xi)(x_2-x_1)\quad(x_1<\xi<x_2).$$

若 $f'(x)>0$,则必有 $f'(\xi)>0$,又 $x_2-x_1>0$,所以 $f(x_2)-f(x_1)>0$,即 $f(x_2)>f(x_1)$.

由于 x_1,x_2 是 $[a,b]$ 上任意两点,所以 $f(x)$ 在 $[a,b]$ 上单调增加.

同理可证,若 $f'(x)<0$,则函数 $f(x)$ 在 $[a,b]$ 上单调减少.

有时,函数在整个考察范围内并不单调,这时,就需要把考察范围划分为若干个单调区间.如图 3-3 所示,在考察范围 $[a,b]$ 内,函数 $f(x)$ 并不单调,但可以划分 $[a,b]$ 为 $[a,x_1]$,$[x_1,x_2]$,$[x_2,b]$ 三个区间,$f(x)$ 在 $[a,x_1]$,$[x_2,b]$ 上单调增加,而在 $[x_1,x_2]$ 上单调减少.

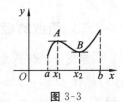

图 3-3

注意 如果函数 $f(x)$ 在 $[a,b]$ 上可导,那么在单调区间的分界点处的导数为零,即 $f'(x_1)=f'(x_2)=0$(在图 3-3 上表现为函数 $f(x)$ 的图象在点 A,B 处有水平切线).一般地,称导数 $f'(x)$ 在区间内部的零点为函数 $f(x)$ 的驻点.这就启发我们,对可导函数,为了确定函数的单调区间,只要求出考察范围内的驻点.另外,如果函数在考察范围内有若干个不可导点,而函数在考察范围内由这些不可导点所分割的每个子区间内都是可导的,由于函数在经过不可导点时也可能会改变单调性(如 $y=|x|$ 在 x 从小到大经过不可导点 $x=0$ 时由单调减少变为单调增加),所以还需要找出全部不可导点.

综上,我们得到确定函数 $f(x)$ 的单调区间的方法:首先确定函数 $f(x)$ 的考察范围 I(除指定范围外,一般是指函数的定义域)内部的全部驻点和不可导点;其次,用这些驻点和不可导点将考察区间 I 分成若干个子区间;最后,在每个子区间上用定理 1 判断函数 $f(x)$ 的单调性.为了清楚,最后一步常用列表方式给出.

例 1 讨论函数 $f(x)=\dfrac{x^2}{3}-\sqrt[3]{x^2}$ 的单调性.

解 考察范围 $I=\mathbf{R}$. $f'(x)=\dfrac{2x}{3}-\dfrac{2}{3\sqrt[3]{x}}$,令 $f'(x)=0$,得驻点为 $x_1=-1$,$x_2=1$,此外 $f(x)$ 有不可导点 $x_3=0$.

划分考察区间 $\mathbf{R}$ 为 4 个子区间:$(-\infty,-1)$,$(-1,0)$,$(0,1)$,$(1,+\infty)$.

列表确定在每个子区间内导数的符号,用定理 1 判断函数的单调性.列表如下(表 3-1):

表 3-1

x	$(-\infty,-1)$	$(-1,0)$	$(0,1)$	$(1,+\infty)$
$f'(x)$	$-$	$+$	$-$	$+$
$f(x)$	$\searrow$	$\nearrow$	$\searrow$	$\nearrow$

(注：符号"$\nearrow$"表示函数单调增加，"$\searrow$"表示函数单调减少)

所以 $f(x)$ 在 $(-\infty,-1)$ 和 $(0,1)$ 内是单调减少的，在 $(-1,0)$ 和 $(0,1)$ 内是单调增加的.

应用函数的单调性，还可证明一些不等式.

例 2 证明：当 $x>0$ 时，$1+\dfrac{1}{2}x>\sqrt{1+x}$.

证明 构造函数 $f(x)=1+\dfrac{1}{2}x-\sqrt{1+x}$，则 $f'(x)=\dfrac{1}{2}-\dfrac{1}{2\sqrt{1+x}}=\dfrac{1}{2}\left(1-\dfrac{1}{\sqrt{1+x}}\right)$.

当 $x>0$ 时，$0<\dfrac{1}{\sqrt{1+x}}<1$，所以 $f'(x)>0$，则 $f(x)$ 在 $(0,+\infty)$ 内单调增加，所以有 $f(x)>$ $f(0)$. 又 $f(0)=1-1=0$，即 $1+\dfrac{1}{2}x-\sqrt{1+x}>0(x>0)$，移项即得结论.

二、函数的极值

定义 1 设函数 $f(x)$ 在 $U(x_0,\delta)(\delta>0)$ 内有定义，若对于任意一点 $x\in\overset{\circ}{U}(x_0,\delta)(\delta>0)$，都有 $f(x)<f(x_0)$（或 $f(x)>f(x_0)$），则称 $f(x_0)$ 是函数 $f(x)$ 的**极大**（或**小**）**值**，x_0 称为函数 $f(x)$ 的**极大**（或**小**）**值点**. 函数的极大值和极小值统称为函数的**极值**，极大值点和极小值点统称为函数的**极值点**.

由定义 1 可以看出，极值是一个局部概念. 在函数整个考察范围内往往有多个极值，极大值未必是最大值，极小值也未必是最小值. 从图 3-4 可直观地看出，x_0，x_2，x_4 都是极小值点，x_1，x_3 是极大值点.

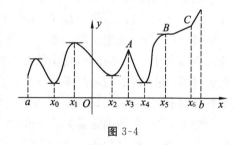

图 3-4

从图 3-4 可以看出，若函数在极值点处可导（如 x_0，x_1，x_2，x_4），则图象上对应点处的切线是水平的，由此函数在这类极值点处的导数为 0（在图 3-4 上，$f'(x_0)=f'(x_1)=f'(x_2)=f'(x_4)=0$），即这类极值点必定是驻点. 注意图象在点 x_3 处所对应的点 A 处无切线，因此 x_3 是函数的不可导点，但函数在 x_3 处取得了极大值. 这说明不可导点也可能是函数的极值点.

定理 2（极值的必要条件） 设函数 $f(x)$ 在其考察范围 I 内是连续的，x_0 不是 I 的端点. 若函数在点 x_0 处取得极值，则 x_0 或者是函数的不可导点，或者是可导点；当 x_0 是 $f(x)$ 的可导点时，x_0 必定是函数的驻点，即 $f'(x_0)=0$.

注意 $f(x)$ 的驻点不一定是 $f(x)$ 的极值点. 如图 3-4 上的点 x_5，尽管图象在点 B 处有水平切线，即 x_5 是驻点（$f'(x_5)=0$），但函数在点 x_5 处并无极值. 此外，$f(x)$ 的不可导点也未必是极值点，如在图 3-4 的点 C 处，图象无切线，因此函数在点 x_6 处是不可导的，但 x_6 并非极值点.这样就需要给出判断这两类点是否为极值点的方法.

定理 3(极值的第一充分条件) 设函数 $f(x)$ 在点 x_0 处连续,在 $\mathring{U}(x_0,\delta)(\delta>0)$ 内可导.当 x 由小到大经过 x_0 时,如果

(1) $f'(x)$ 由正变负,那么 x_0 是 $f(x)$ 的极大值点;

(2) $f'(x)$ 由负变正,那么 x_0 是 $f(x)$ 的极小值点;

(3) $f'(x)$ 不改变符号,那么 x_0 不是 $f(x)$ 的极值点.

证明 (1) 任取一点 $x\in\mathring{U}(x_0,\delta)(\delta>0)$,在以 x 和 x_0 为端点的闭区间上,对函数 $f(x)$ 使用拉格朗日中值定理,得

$$f(x)-f(x_0)=f'(\xi)(x-x_0)\ (\xi\ 在\ x\ 和\ x_0\ 之间).$$

当 $x<x_0$ 时,$x<\xi<x_0$,由已知条件 $f'(\xi)>0$,所以

$$f(x)-f(x_0)=f'(\xi)(x-x_0)<0,\ 即\ f(x)<f(x_0);$$

当 $x>x_0$ 时,$x_0<\xi<x$,由已知条件 $f'(\xi)<0$,所以

$$f(x)-f(x_0)=f'(\xi)(x-x_0)<0,\ 即\ f(x)<f(x_0).$$

综上,对点 x_0 附近的任意 x 都有 $f(x)<f(x_0)$.由极值的定义,x_0 是 $f(x)$ 的极大值点.类似地可以证明(2)和(3).

定理 4(极值的第二充分条件) 设 x_0 为函数 $f(x)$ 的驻点,且在点 x_0 处的二阶导数 $f''(x_0)\neq0$,则 x_0 必定是函数 $f(x)$ 的极值点,且

(1) 若 $f''(x_0)<0$,则 $f(x)$ 在 x_0 处取得极大值;

(2) 若 $f''(x_0)>0$,则 $f(x)$ 在 x_0 处取得极小值.

比较两个判定方法,定理 3 适用于驻点和不可导点,而定理 4 只适用于对驻点的判断.所以,一般我们推荐使用定理 3 求极值.

根据定理 3 和定理 4,把求函数 $f(x)$ 的极值的步骤归纳如下:

(1) 确定函数的考察范围;

(2) 求出函数的导数 $f'(x)$,令 $f'(x)=0$,求出所有的驻点和不可导点;

(3) 利用定理 3(或定理 4)判定上述驻点或不可导点是否为函数的极值点,并求出极值,这一步常采用列表方式.

例 3 求函数 $y=x^2\mathrm{e}^{-x}$ 的极值.

解法 1 (1) 函数的考察范围为 $(-\infty,+\infty)$;

(2) $y'=2x\mathrm{e}^{-x}-x^2\mathrm{e}^{-x}=x\mathrm{e}^{-x}(2-x)$,令 $y'=0$,得驻点为 $x_1=0,x_2=2$,无不可导点;

(3) 利用定理 3,判定驻点是否为函数的极值点,列表如下(表 3-2):

表 3-2

x	$(-\infty,0)$	0	$(0,2)$	2	$(2,+\infty)$
y'	$-$	0	$+$	0	$-$
y	↘	极小值 0	↗	极大值 $\dfrac{4}{\mathrm{e}^2}$	↘

所以函数的极小值为 0,极大值为 $\dfrac{4}{\mathrm{e}^2}$.

解法 2 (1)和(2)同解法 1.

$y'' = e^{-x}(x^2 - 4x + 2)$，$y''|_{x_1=0} = 2 > 0$，$y''|_{x_2=2} = -2e^{-2} < 0$. 由定理 4 知，$x_1 = 0$ 为极小值点，极小值为 0；$x_2 = 2$ 为极大值点，极大值为 $\dfrac{4}{e^2}$.

例 4 求函数 $f(x) = x^{\frac{2}{3}} - (x^2 - 1)^{\frac{1}{3}}$ 的极值.

解 （1）函数的考察范围为 $(-\infty, +\infty)$；

（2）$f'(x) = \dfrac{2}{3} x^{-\frac{1}{3}} - \dfrac{1}{3}(x^2 - 1)^{-\frac{2}{3}} \cdot 2x = \dfrac{2}{3} \cdot \dfrac{(x^2-1)^{\frac{2}{3}} - x^{\frac{4}{3}}}{x^{\frac{1}{3}}(x^2-1)^{\frac{2}{3}}}$，令 $f'(x) = 0$，得驻点为 $x_1 = -\dfrac{\sqrt{2}}{2}, x_2 = \dfrac{\sqrt{2}}{2}$，另有不可导点为 $x_3 = -1, x_4 = 0, x_5 = 1$.

（3）利用定理 3，判定驻点或不可导点是否为函数的极值点，列表如下（表 3-3）：

表 3-3

x	$(-\infty, -1)$	-1	$\left(-1, -\dfrac{\sqrt{2}}{2}\right)$	$-\dfrac{\sqrt{2}}{2}$	$\left(-\dfrac{\sqrt{2}}{2}, 0\right)$	0
$f'(x)$	$+$	不存在	$+$	0	$-$	不存在
$f(x)$	↗	无极值	↗	极大值 $\sqrt[3]{4}$	↘	极小值 1

x	$\left(0, \dfrac{\sqrt{2}}{2}\right)$	$\dfrac{\sqrt{2}}{2}$	$\left(\dfrac{\sqrt{2}}{2}, 1\right)$	1	$(1, +\infty)$
$f'(x)$	$+$	0	$-$	不存在	$-$
$f(x)$	↗	极大值 $\sqrt[3]{4}$	↘	无极值	↘

所以函数的极小值为 1，极大值为 $\sqrt[3]{4}$.

三、函数的最大值与最小值

设函数 $f(x)$ 的考察范围为 I，x_0 是 I 上一点. 若对于任意的 $x \in I$，都有 $f(x) \leqslant f(x_0)$（或 $f(x) \geqslant f(x_0)$），则称 $f(x_0)$ 为 $f(x)$ 在 I 上的**最大（或小）值**，把 x_0 称为函数 $f(x)$ 的**最大（或小）值点**. 函数的最大值和最小值统称为**最值**，最大值点和最小值点统称为**最值点**.

最值与极值不同，极值是一个仅与一点附近的函数值有关的局部概念，最值却是一个与函数考察范围 I 有关的整体概念，随着 I 的变化，最值的存在性及数值可能发生变化. 因此，一个函数的极值可以有若干个，但函数的最大值、最小值如果存在，只能是唯一的.

两者之间也有一定的关系. 如果最值点不是 I 的边界点，那么它必定是极值点. 这样就为求极值提供了方法.

设函数 $f(x)$ 在 $I = [a, b]$ 上连续（最大、最小值一定存在），则可按下列步骤求出函数 $f(x)$ 在 I 上的最值：

（1）求出函数 $f(x)$ 在 (a, b) 内的所有可能的极值点：驻点和不可导点；

（2）计算函数 $f(x)$ 在驻点、不可导点及端点 a, b 处的函数值；

（3）比较这些函数值，其中最大的即为函数的最大值，最小的即为函数的最小值.

例 5 求函数 $f(x)=x^4-2x^2+5$ 在区间 $I=[-2,3]$ 上的最大值和最小值.

解 因为函数 $f(x)$ 在区间 $[-2,3]$ 上连续,所以在该区间上必定存在最大值和最小值.

(1) $f'(x)=4x^3-4x=4x(x+1)(x-1)=0$,得驻点 $x_1=-1$,$x_2=0$,$x_3=1$,函数无不可导点;

(2) 计算函数 $f(x)$ 在驻点、区间两端点处的函数值:
$$f(-2)=13,\ f(-1)=4,\ f(0)=5,\ f(1)=4,\ f(3)=68;$$

(3) 比较这些值,即得函数在 $[-2,3]$ 上的最大值为 68,最大值点为 3;最小值为 4,最小值点为 $-1,1$.

在实际问题中遇到的函数未必都是闭区间上的连续函数,此时首先要判断在考察范围内函数有没有最值. 这个问题并不简单,一般可按下述原则处理:若由实际问题归结出的函数 $f(x)$ 在考察范围 I 上是可导的,且已事先可断定最大值(或最小值)必定在 I 的内部达到,而在 I 的内部函数 $f(x)$ 仅有唯一驻点 x_0,那么可断定 $f(x)$ 的最大值(或最小值)就在点 x_0 处取得.

例 6 要做一个容积为 V 的有盖圆柱形水桶,问怎样设计才能使所用材料最省?

解 要使所用材料最省,就是它的表面积最小. 设水桶的底面半径为 r,高为 h,则水桶的表面积为 $S=2\pi r^2+2\pi rh$. 由体积 $V=\pi r^2 h$,得 $h=\dfrac{V}{\pi r^2}$,所以

$$S=2\pi r^2+\frac{2V}{r},\ r\in(0,+\infty).$$

由问题的实际意义可知,$S=2\pi r^2+\dfrac{2V}{r}$ 在 $r\in(0,+\infty)$ 内必定有最小值. 令 $S'=4\pi r-\dfrac{2V}{r^2}=\dfrac{2(2\pi r^3-V)}{r^2}=0$,有唯一驻点 $r=\sqrt[3]{\dfrac{V}{2\pi}}\in(0,+\infty)$. 因此,它一定是使 S 达到最小值的点,此时对应的高 $h=\dfrac{V}{\pi r^2}=2\sqrt[3]{\dfrac{V}{2\pi}}=2r$.

所以当水桶的高和底面直径相等时,所用材料最省.

 习题 3-3(A)

1. 判断下列说法是否正确:

(1) 如果 $f'(x_0)=0$,则 x_0 一定是函数 $f(x)$ 的极值点;

(2) 如果 $f(x)$ 在点 x_0 处取得极值,则一定有 $f'(x_0)=0$;

(3) 函数的不可导点一定是函数的极值点.

2. 求下列函数的单调区间并求极值:

(1) $y=x^3(1-x)$;   (2) $y=\dfrac{x}{1+x^2}$.

3. 利用单调性证明:当 $x>0$ 时,$\ln(1+x)>\dfrac{x}{1+x}$.

4. 求下列函数在给定区间上的最值:

(1) $y=x^5-5x^4+5x^3+1,\ x\in[-1,2]$;   (2) $y=x+\cos x,\ x\in[0,2\pi]$.

5. 从周长为 l 的一切矩形中,找出面积最大者,并求出最大面积.

 习题 3-3(B)

1. 求下列函数的单调区间:

(1) $y = x - e^x$;

(2) $y = (x-1)(x+1)^3$;

(3) $y = \sqrt{2x - x^2}$;

(4) $y = \dfrac{1}{x^3 - 2x^2 + x}$.

2. 利用单调性,证明下列不等式:

(1) 当 $x > 0$ 时,$1 + \dfrac{x}{2} > \sqrt{1+x}$;

(2) 当 $x > 0$ 时,$\ln(1+x) > \dfrac{\arctan x}{1+x}$;

(3) 当 $0 < x < \dfrac{\pi}{2}$ 时,$\sin x + \tan x > 2x$.

3. 求下列函数的极值:

(1) $y = x^3 - 3x^2 + 7$;

(2) $y = \arctan x - \dfrac{1}{2}\ln(1+x^2)$;

(3) $y = x - \ln(1+x)$;

(4) $y = e^x \cos x, x \in \left[0, \dfrac{\pi}{2}\right]$.

4. 求下列函数在给定区间上的最值:

(1) $y = \ln(1+x^2), x \in [-1, 2]$;

(2) $y = 2\tan x - \tan^2 x, x \in \left[0, \dfrac{\pi}{2}\right)$;

(3) $y = \sqrt[3]{(x^2 - 2x)^2}, x \in [0, 3]$;

(4) $y = \dfrac{a^2}{x} + \dfrac{b^2}{1-x}(a > b > 0), x \in (0, 1)$.

5. 将数 8 分为两数之和,使它们的立方和最小.

6. 将半径为 r 的圆形铁皮截去一个扇形后做成一个圆锥形漏斗,问截去扇形的圆心角多大时,余下扇形做成的漏斗容积最大?

7. 设用某仪器进行测量时,读得 n 次实测数据为 $x_1, x_2, x_3, \cdots, x_n$. 问以怎样的数 x 表达所要测量的真值,才能使它与这 n 个数之差的平方和为最小?

§3-4 函数图形的凹凸与拐点

函数的曲线是函数变化形态的几何表示,而曲线的凹凸性则是反映函数增减快慢这个特性的. 图 3-5 是某种商品的销售曲线 $y = f(x)$,其中 y 表示销售总量,x 表示时间. 曲线始终是上升的,说明随着时间的推移,销售总量不断增加. 但在不同时间段,情况有所区别. 在 $(0, x_0)$ 段,曲线上升的趋势由缓慢逐渐加快;而在 $(x_0, +\infty)$ 段,曲线上升的趋势又逐渐转向缓慢. 这表示在时刻 x_0 以前,即销售量没有达到 $f(x_0)$ 时,市场需求旺盛,销售量越来越多;在时刻 x_0 以后,也即销售量超过 $f(x_0)$ 后,市场需求趋于平稳,且逐渐进

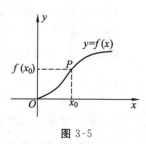

图 3-5

入饱和状态.其中$(x_0,f(x_0))$是销售量由加快转向平稳的转折点.

作为经营者来说,掌握这种销售动向,对决策产量、投入等是必要的.这就需要我们不仅能分析函数的增减区间,而且要会判断函数何时越增(或减)越快,何时又越增(或减)越慢.这种越增(或减)越快或越增(或减)越慢的现象,反映在图象上,就是本节要学的曲线的凹凸性.

一、曲线的凹凸性及其判别法

观察图 3-6 中的曲线 $y=f(x)$.在(a,c)段,曲线上各点的切线都位于曲线的下方;在(c,b)段,曲线上各点的切线都位于曲线的上方.在数学上以曲线的凹凸性来区分这种不同的现象.

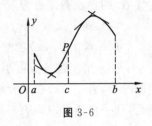

图 3-6

定义 1 若在区间(a,b)内,曲线 $y=f(x)$的各点处切线都位于曲线的下方,则称此曲线在(a,b)内是**凹的**;若曲线 $y=f(x)$的各点处切线都位于曲线的上方,则称此曲线在(a,b)内是**凸的**.

据此定义,在图 3-6 中,曲线在(a,c)段是凹的,在(c,b)段则是凸的.在凹弧段曲线上各点的切线的斜率将随着 x 的增加而增加,因此$f'(x)$是 x 的递增函数,即有 $f''(x)>0$;在凸弧段曲线上各点的切线的斜率将随着 x 的增加而减小,因此 $f'(x)$是 x 的递减函数,即有 $f''(x)<0$.于是,我们得到曲线凹凸性的判定方法.

定理 1(曲线凹凸性的判定定理) 设函数 $y=f(x)$在区间(a,b)内 $f''(x)$存在.

(1) 若在区间(a,b)内 $f''(x)>0$,则曲线 $y=f(x)$在(a,b)内是凹的;

(2) 若在区间(a,b)内 $f''(x)<0$,则曲线 $y=f(x)$在(a,b)内是凸的.

这个定理告诉我们,要定出曲线的凹凸区间,只要在函数的考察范围内,定出 $f''(x)$的同号区间及相应的符号.而要定出 $f''(x)$的同号区间,首先要找出 $f''(x)$可能改变符号的那些转折点,这些点(必须在考察范围的内部)应该是 $f''(x)$的零点以及 $f''(x)$不存在的点.然后用上述各点由小到大将考察区间分成若干个子区间,在每个子区间内确定 $f''(x)$的符号,并根据定理 1 得出相应的结论,这一步通常以列表形式表示.

例 1 判定曲线 $f(x)=\cos x$ 在$[0,2\pi]$内的凹凸性.

解 (1)函数 $f(x)=\cos x$ 的考察范围是$[0,2\pi]$;

(2) $f'(x)=-\sin x$,$f''(x)=-\cos x$,令 $f''(x)=0$,得 $x_1=\dfrac{\pi}{2}$,$x_2=\dfrac{3\pi}{2}\in(0,2\pi)$,无 $f''(x)$不存在的点;

(3)列表(表 3-4):

表 3-4

x	$\left(0,\dfrac{\pi}{2}\right)$	$\left(\dfrac{\pi}{2},\dfrac{3\pi}{2}\right)$	$\left(\dfrac{3\pi}{2},2\pi\right)$
$f''(x)$	$-$	$+$	$-$
$f(x)$	⌢	⌣	⌢

(注:符号"⌣"表示曲线是凹的,符号"⌢"表示曲线是凸的)

所以曲线在 $\left(0,\dfrac{\pi}{2}\right)$ 和 $\left(\dfrac{3\pi}{2},2\pi\right)$ 内是凸的,在 $\left(\dfrac{\pi}{2},\dfrac{3\pi}{2}\right)$ 内是凹的.

二、拐点及其求法

定义2 若连续曲线 $y=f(x)$ 上的点 P 是凹的曲线弧与凸的曲线弧的分界点,则称点 P 是曲线 $y=f(x)$ 的**拐点**.

由于拐点是曲线上凹的曲线弧与凸的曲线弧的分界点,所以若曲线对应的函数有二阶导数,则拐点两侧近旁 $f''(x)$ 必然异号. 于是可得拐点的求法:

(1) 确定函数 $y=f(x)$ 的考察范围;

(2) 求出 $f''(x)$ 在考察范围内部的零点及 $f''(x)$ 不存在的点;

(3) 用上述各点由小到大将考察区间分成若干个子区间,在每个子区间内确定 $f''(x)$ 的符号,若 $f''(x)$ 在某分割点 x^* 两侧异号,则 $(x^*,f(x^*))$ 是曲线 $y=f(x)$ 的拐点,否则不是,这一步通常以列表形式表示.

例2 求曲线 $f(x)=3-(x-2)^{\frac{1}{3}}$ 的凹凸区间及拐点.

解 (1) 考察范围是函数的定义域 $(-\infty,+\infty)$;

(2) $f'(x)=-\dfrac{1}{3}(x-2)^{-\frac{2}{3}}$,$f''(x)=\dfrac{2}{9}(x-2)^{-\frac{5}{3}}$,在 $(-\infty,+\infty)$ 内无 $f''(x)$ 的零点,$f''(x)$ 不存在的点为 $x=2$;

(3) 列表(表3-5):

表3-5

x	$(-\infty,2)$	2	$(2,+\infty)$
$f''(x)$	$-$	不存在	$+$
$f(x)$	$\frown$	拐点$(2,3)$	$\smile$

所以曲线的凸区间为 $(-\infty,2)$,凹区间为 $(2,+\infty)$,拐点为 $(2,3)$.

三、函数的渐近线

当函数的考察范围是无限区间或者函数是无界的时候,函数的图象会无限延伸.我们会关心当自变量无限大(或小)时的函数的变化特性.函数图象的渐近线是反映这种特性的方式之一.所谓渐近线,在中学里已经有过接触.例如,双曲线 $\dfrac{x^2}{a^2}-\dfrac{y^2}{b^2}=1(a>0,b>0)$ 有两条渐近线 $y=\pm\dfrac{b}{a}x$,这样就容易看出双曲线在无限延展时的状态.

定义3 若曲线 C 上的动点 P 沿着曲线无限地远离原点时,点 P 与某一固定直线 L 的距离趋近于零,则称直线 L 为曲线 C 的渐近线.

注意 只有当函数的考察范围是无限区间或者函数是无界的时候,函数才有可能有渐近线,即使有渐近线,也有水平、垂直和斜渐近线之分.下面将主要讨论函数的水平渐近线和垂直渐近线.

1. 水平渐近线

定义 4 设曲线对应的函数为 $y=f(x)$,若当 $x \to -\infty$ 或 $x \to +\infty$ 时,有 $f(x) \to b$(b 为常数),则称曲线有水平渐近线 $y=b$.

例 3 求曲线 $y=\dfrac{x^2}{1+x^2}$ 的水平渐近线.

解 因为 $\lim\limits_{x \to \infty}\dfrac{x^2}{1+x^2}=\lim\limits_{x \to \infty}\dfrac{1}{1+\frac{1}{x^2}}=1$,所以当曲线向左右两端无限延伸时,均以 $y=1$ 为水平渐近线.

2. 垂直渐近线

定义 5 设曲线对应的函数为 $y=f(x)$,若当 $x \to a^-$ 或 $x \to a^+$(a 为常数)时,有 $f(x) \to -\infty$ 或 $f(x) \to +\infty$,则称曲线有垂直渐近线 $x=a$.

例 4 求曲线 $y=\dfrac{x+1}{x-1}$ 的渐近线.

解 因为 $\lim\limits_{x \to 1^-}\dfrac{x+1}{x-1}=-\infty$,$\lim\limits_{x \to 1^+}\dfrac{x+1}{x-1}=+\infty$,所以当 x 从左右两侧趋向于 1 时,曲线分别向下、上无限延伸,且以 $x=1$ 为其垂直渐近线.

又 $\lim\limits_{x \to \infty}\dfrac{x+1}{x-1}=1$,所以当曲线向左右两端无限延伸时,均以 $y=1$ 为其水平渐近线.

四、函数的分析作图法

作函数图象的基本方法就是描点法,但对于一些不常见的函数,因为对函数的整体性质不甚了解,容易盲目取点,描点也带有盲目性,大大影响了作图的准确性.现在我们已经能利用导数来确定函数的单调区间与极值、曲线的凹凸性和拐点,还会求曲线的渐近线.这样一方面可以取极值点、拐点等关键点作为描点的基础,减少取点的盲目性;另一方面因为对函数的变化有了整体的了解,可以结合单调性、凹凸性等,描绘较为准确的图象.这就为以分析函数为基础的描点法创造了条件.

函数的分析作图法的步骤如下:

(1) 确定函数的考察范围(一般就是函数的定义域),判断函数有无奇偶性、周期性,确定作图范围;

(2) 求函数的一阶导数,确定函数的单调区间与极值点;

(3) 求函数的二阶导数,确定函数的凹凸区间与拐点;

(4) 若考察范围是无限区间或者函数是无界的,考察函数有无渐近线;

(5) 根据上述分析,最后以描点法作出函数图象.

其中第(2)(3)两步常常以列表方式给出.若关键点太少,可以再适当计算一些特殊点的函数值,如曲线与坐标轴的交点等.

例 4 描绘函数 $y=\mathrm{e}^{-x^2}$ 的图象.

解 (1) 函数的定义域是 $(-\infty,+\infty)$,函数是偶函数,所以图象关于 y 轴对称,只要作出函数在 $x \in [0,+\infty)$ 内的图象,再关于 y 轴作对称图象,即得全部图象;

(2) $y'=-2x\mathrm{e}^{-x^2}$,令 $y'=0$,得驻点 $x=0$,无不可导点;

(3) $y''=2(2x^2-1)\mathrm{e}^{-x^2}$，令 $y''=0$，得 $x=\dfrac{\sqrt{2}}{2}\in[0,+\infty)$，列表（表 3-6）：

表 3-6

x	$\left(-\dfrac{\sqrt{2}}{2},0\right)$	0	$\left(0,\dfrac{\sqrt{2}}{2}\right)$	$\dfrac{\sqrt{2}}{2}$	$\left(\dfrac{\sqrt{2}}{2},+\infty\right)$
y'	+	0	−	−	−
y''	−	−	−	0	+
y	↗	极大值1	↘	拐点$\left(\dfrac{\sqrt{2}}{2},\dfrac{\sqrt{e}}{e}\right)$	↘

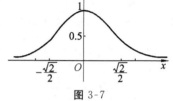

图 3-7

（注：符号"↗"表示曲线弧上升且是凸的，"↘"表示曲线弧下降且是凸的，"↘"表示曲线弧下降且是凹的，"↗"表示曲线弧上升且是凹的）

(4) 当 $x\to+\infty$ 时，有 $y\to0$，所以图象有水平渐近线 $y=0$；

(5) 根据上述讨论结果，作出函数在 $[0,+\infty)$ 上的图形，并利用对称性，画出全部图形（图 3-7），所得图象称为概率曲线.

例 5 描绘函数 $y=\dfrac{x^2}{x^2-1}$ 的图象.

解 (1) 函数的定义域是 $(-\infty,-1)\cup(-1,1)\cup(1,+\infty)$，它是偶函数，所以只要作出函数在 $[0,1)\cup(1,+\infty)$ 范围内的图象；

(2) $y'=\dfrac{-2x}{(x^2-1)^2}$，令 $y'=0$，得驻点 $x=0$，无不可导点；

(3) $y''=\dfrac{2+6x^2}{(x^2-1)^3}$，$y''$ 无零点，也无二阶导数不存在的点，列表（表 3-7）：

表 3-7

x	$(-1,0)$	0	$(0,1)$	$(1,+\infty)$
y'	+	0	−	−
y''	−	−	−	+
y	↗	极大值0	↘	↘

(4) $\lim\limits_{x\to+\infty}\dfrac{x^2}{x^2-1}=1$，所以 $y=1$ 是水平渐近线；

$\lim\limits_{x\to1^-}\dfrac{x^2}{x^2-1}=-\infty$，$\lim\limits_{x\to1^+}\dfrac{x^2}{x^2-1}=+\infty$，图象有垂直渐近线 $x=1$，且在 $x=1$ 的左右两侧分别向下、上无限延伸；

(5) 因为关键点太少，故加取特殊点 $x=0.5,0.75,$ $1.75,2\in[0,1)\cup(1,+\infty)$，$y(0.5)\approx-0.33$，$y(0.75)\approx$ -1.29，$y(1.75)\approx1.48$，$y(2)\approx1.33$.

再根据上述讨论的结果，描绘出函数的图形（图 3-8）.

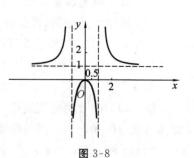

图 3-8

习题 3-4(A)

1. 判断下列说法是否正确:

(1) 如果曲线 $y=f(x)$ 在 $x>x_0$ 时是凸的, 在 $x<x_0$ 时是凹的, 那么点 $(x_0, f(x_0))$ 必定是曲线的拐点;

(2) 如果 $f''(x_0)$ 不存在, 那么曲线 $y=f(x)$ 有拐点 $(x_0, f(x_0))$.

2. 确定下列函数的凹凸区间与拐点:

(1) $y=x^3-5x^2+3x+5$;   (2) $y=x\mathrm{e}^{-x}$.

3. 描绘函数 $y=2x^3-3x^2$ 的图象.

习题 3-4(B)

1. 确定下列函数的凹凸区间与拐点:

(1) $y=x^4-2x^3$;   (2) $y=\mathrm{e}^{\arctan x}$;

(3) $y=\ln(x^2+1)$;   (4) $y=a-\sqrt[3]{x-b}$.

2. 描绘下列函数的图象:

(1) $y=\dfrac{1}{x}+9x^2$;   (2) $y=\dfrac{2x-1}{(x-1)^2}$.

3. 问 a, b 为何值时, 点 $(1, 3)$ 为曲线 $y=ax^3+bx^2$ 的拐点?

4. 试确定曲线 $y=ax^3+bx^2+cx+d$ 中的 a, b, c, d, 使得曲线在 $x=-2$ 处有水平切线, 点 $(1, -10)$ 为拐点, 且点 $(-2, 44)$ 在曲线上.

*§3-5 导数在经济中的应用

导数是函数关于自变量的变化率, 在经济学中, 也存在变化率的问题, 因此导数在经济学中也有着广泛的应用.

一、边际与边际分析

在经济学中, 习惯上用平均和边际这两个概念来描述一个经济变量 y 对于另外一个变量 x 的变化. 平均概念表示 y 在自变量 x 的某一个范围内的平均值, 平均值随 x 的范围不同而不同. 边际概念表示当 x 的改变量 Δx 趋于 0 时 y 的相应改变量 Δy 与 Δx 的比值 $\dfrac{\Delta y}{\Delta x}$ 的变化, 即当 x 在某一给定值附近有微小变化时 y 的瞬时变化.

若设某经济指标 y 与影响指标值的因素 x 之间成立函数关系式 $y=f(x)$, 则称导数 $f'(x)$ 为 $f(x)$ 的 **边际函数**, 记作 My. 随着 y, x 含义不同, 边际函数的含义也不一样.

设生产某产品 q 单位时所需要的总成本函数为 $C=C(q)$, 则称 $MC=C'(q)$ 为 **边际成本**. 边际成本的经济含义是: 当产量为 q 时, 再生产一个单位产品所增加的总成本为 $C'(q)$.

类似可定义其他概念,如:

设销售某产品 q 单位时的总收入函数为 $R=R(q)$,则称 $MR=R'(q)$ 为**边际收入**.

设销售某产品 q 单位时的利润函数为 $L=L(q)$,则称 $ML=L'(q)$ 为**边际利润**.

设生产某产品投入资源 q 单位时的产量函数为 $P=P(q)$,则称 $MP=P'(q)$ 为**边际产量**.

设销售某产品单价为 p 单位时的总销售量函数为 $Q=Q(p)$,则称 $MQ=Q'(p)$ 为**边际销量**.

根据导数反映变化率的特征,在因素值 $x=x_0$ 时的边际函数值 $My|_{x=x_0}$,表示因素值在 x_0 处每变化一个单位时,指标 y 的变化量.经济工作者就根据这个变化量来控制因素,决定在经济运营中是增加还是减少因素.

例 1 某种产品的总成本 C(万元)与产量 q(万件)之间的函数关系式(即总成本函数)为

$$C=C(q)=100+6q-0.4q^2+0.02q^3,$$

求生产水平为 $q=10$(万件)时的平均成本和边际成本.从降低成本角度看,继续提高产量是否合适?

解 当 $q=10$ 时的总成本为

$$C(10)=100+6\times10-0.4\times10^2+0.02\times10^3=140(万元),$$

所以平均成本(单位成本)为 $C(10)\div10=140\div10=14$(元/件),

边际成本 $MC=C'(q)=6-0.8q+0.06q^2,$

$$MC|_{q=10}=6-0.8\times10+0.06\times10^2=4(元/件).$$

因此,在生产水平为 10 万件时,每增加 1 个产品总成本增加 4 元,远低于当前的单位成本,从降低成本角度看,应该继续提高产量.

例 2 某公司总利润 L(元)与日产量 q(吨)之间的函数关系式(即利润函数)为 $L(q)=250q-5q^2$,试分别求每天生产 20 吨、25 吨、35 吨时的边际利润,并说明经济含义.

解 边际利润 $ML=L'(q)=250-10q,$

$$ML|_{q=20}=250-10\times20=50,$$
$$ML|_{q=25}=250-10\times25=0,$$
$$ML|_{q=35}=250-10\times35=-100.$$

上面的结果表明,当日产量为 20 吨时,每天增加 1 吨产量,总利润可增加 50 元;当日产量为 25 吨时,再增加产量,总利润已经不会增加;而当日产量为 35 吨时,每天产量再增加 1 吨反而使总利润减少 100 元.由此可见,该公司应该把日产量定为 25 吨,此时的总利润最大,为 $L(25)=250\times25-5\times25^2=3125$(元).

二、相对变化率——弹性

若设某经济指标 y 与影响指标值的因素 x 之间成立函数关系式 $y=f(x)$,当因素由 x 改变成 $x+\Delta x$ 时,指标改变量为 $\Delta y=f(x+\Delta x)-f(x)$.值 $\frac{\Delta x}{x}\times100\%$ 表示因素以百分率表示的相对变化,即因素变化了 x 的百分之几;$\frac{\Delta y}{y}\times100\%$ 表示指标以百分率表示的相对变化,即指标变化了 y 的百分之几.称这两个相对变化之比 $\dfrac{\Delta y}{y} : \dfrac{\Delta x}{x}$ 为指标 y 在 $x,x+\Delta x$ 之间的平均弹性,它表示相对变化的平均变化率(简称平均相对变化率),即因素每变化 x 的百分之一,对应的指标平均变化了 y 的百分之几.

例 3 求函数 $y=x^2$ 在 $6,8$ 之间的平均弹性.

解 $\Delta x=8-6=2,\Delta y=8^2-6^2=28$,

所以平均弹性为 $\dfrac{\Delta y}{y} : \dfrac{\Delta x}{x}=\dfrac{28}{36} : \dfrac{2}{6}\approx 2.33$.结果表示 x 在 $6,8$ 之间,x 每增加 6 的 1%,y 约平均增加 36 的 2.33%.

现设 $f(x)$ 可导,对平均弹性取 $\Delta x \to 0$ 的极限,得

$$\lim_{\Delta x \to 0}\dfrac{\dfrac{\Delta y}{y}}{\dfrac{\Delta x}{x}}=f'(x)\cdot\dfrac{x}{y}.$$

称这个极限为指标 y 对因素 x 的**弹性函数**(简称**弹性**),记作 $\dfrac{Ey}{Ex}$,即

$$\dfrac{Ey}{Ex}=\lim_{\Delta x \to 0}\dfrac{\dfrac{\Delta y}{y}}{\dfrac{\Delta x}{x}}=y'\cdot\dfrac{x}{y}.$$

$y=f(x)$ 在 $x=x_0$ 时的弹性表示 y 在 $x=x_0$ 时的相对变化的变化率(简称相对变化率),即此时因素 x 每变化 x_0 的百分之一,指标 y 变化了 $f(x_0)$ 的百分之几.

在经济工作中,指标的弹性函数有广泛的应用,它通常用以衡量投入比所产生的效益比是否合算.例如,前述成本函数 $C=C(q)$ 的弹性函数 $\dfrac{EC}{Eq}$ 表示产量 q 每提高一个百分点时成本 C 提高的百分比,产量函数 $P=P(q)$ 的弹性函数 $\dfrac{EP}{Eq}$ 表示投入资源 q 每提高一个百分点时产量 P 增加的百分比,收入函数为 $R=R(q)$ 的弹性函数 $\dfrac{ER}{Eq}$ 表示产量 q 每改变一个百分点时收入 R 改变的百分比,如此等等,这些都是经济工作者在运营中经常要掌握的资讯.

例 4 某种商品的需求量 Q(百件)与价格 p(千元)的关系式为

$$Q(p)=15\mathrm{e}^{-\frac{p}{3}},\qquad p\in[0,10],$$

求当价格为 9 千元时的需求弹性,并解释其实际意义.

解 $\dfrac{EQ}{Ep}=Q'(p)\cdot\dfrac{p}{Q(p)}=-5\mathrm{e}^{-\frac{p}{3}}\cdot\dfrac{p}{15\mathrm{e}^{-\frac{p}{3}}}=-\dfrac{p}{3}.$

当 $p=9$ 时,$\dfrac{EQ}{Ep}\bigg|_{p=9}=-\dfrac{9}{3}=-3.$

上述结果表明当价格为 9 千元时,价格上涨 1%,商品的需求量将减少 3%;反之,价格下降 1%,商品的需求量将增加 3%.

在市场经济中,企业经营者关心的是商品涨价或降价对总收入的影响程度,利用需求弹性概念可以知道涨价未必增收,降价未必减收.

例 5 设某商品的需求量 Q(万件)与销售单价 p(元/件)之间有函数关系式:

$$Q = Q(p) = 60 - 3p \quad (0 < p < 20),$$

求 $p = 10, 15$ 时,需求量 Q 对单价 p 的弹性,并解释其实际含义.

解 $Q(10) = 60 - 3 \times 10 = 30$(万件),$Q(15) = 60 - 3 \times 15 = 15$(万件),

$$\frac{EQ}{Ep} = Q'(p) \cdot \frac{p}{Q(p)} = \frac{-3p}{60 - 3p} = \frac{p}{p - 20},$$

$$\left.\frac{EQ}{Ep}\right|_{p=10} = \frac{10}{10 - 20} = -1, \quad \left.\frac{EQ}{Ep}\right|_{p=15} = \frac{15}{15 - 20} = -3.$$

其实际含义表示,单价在 10(元/件)时,若再提价(或降价)1%,则销售量将减少(增加) $Q(10)$ 的 1%;单价在 15(元/件)时,若再提价(降价)1%,则销售量将减少(增加) $Q(15)$ 的 3%.

 习题 3-5(A)

1. 判断下列说法是否正确:生产某种产品 q(万件)的成本为 $C = C(q) = 200 + 0.05q^2$(万元),则生产 90 万件该产品时,再多生产 1 万件产品,成本将增加 9 万元.

2. 某产品的销售量 Q 与单价 p 之间有关系式 $Q = \frac{1 - p}{p}$,求 $p = \frac{1}{2}$ 时销量 Q 关于单价 p 的弹性.

3. 某种产品的收入 R(元)是产量 q(kg)的函数 $R(q) = 800q - \frac{1}{4}q^2 \ (q \geqslant 0)$. 求:

(1) 生产 200 kg 时该产品的总收入;

(2) 生产 200 kg 时该产品的边际收入;

(3) 生产 200 kg 到 300 kg 该产品时总收入的平均相对变化率.

 习题 3-5(B)

1. 生产 q 件某产品时的总成本 C 为 q 的函数 $C = C(q) = 1000 + 0.012q^2$(元),求生产 1000 件该产品时的边际成本,并说明其经济含义.

2. 某公司产品的成本函数和收入函数依次为 $C(q) = 3000 + 200q + \frac{1}{5}q^2$,$R(q) = 350q + \frac{1}{20}q^2$,其中 q 为产品的产量,求边际成本、边际收入和边际利润. (提示:利润=收入-成本)

3. 设某商品的需求量 Q 对单价 p 的函数关系式为 $Q = f(p) = 1600\left(\frac{1}{4}\right)^p$,试求需求量 Q 关于单价 p 的弹性.

4. 生产某商品 q kg 的利润为 $L(q) = -\frac{1}{3}q^3 + 6q^2 - 11q - 40$(万元),问生产多少千克该商品时能使得利润最大?

*§3-6　曲线的曲率

两条曲线,即使它们的增减性、凹凸性相同,形状还是有很大差别的. 如图 3-9,曲线 C_1,C_2 都是上升的、凸的,但它们的差别是明显的——它们的弯曲程度不同. 弯曲程度在实际中也会被人们关注,如杆件受力发生弯曲变形,弯到什么程度会断裂? 高速公路弯道弯到什么程度,会影响车辆高速行驶? 工件内腔弯曲到什么程度才能避免铣削时发生过量? 家用电器的弯曲外形如何设计才能耐用美观? 在数学上对弯曲程度如何度量? 这就是本节学习的曲线曲率的概念.

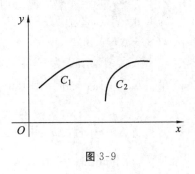

图 3-9

一、曲率概念

如何来衡量曲线的弯曲程度呢? 俗话说"转弯抹角",可见"转"过的"弯"可以用所"抹"过的角来度量. 例如,如图 3-10,直线 L 上一段 AB,点 A 到点 B 切线(就是直线本身)的方向没有改变,即切线的倾斜角没有改变,或者说,切线抹过的角度是零. 在直观上,我们觉得直线段是没有

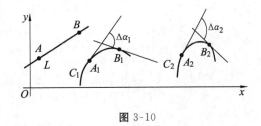

图 3-10

弯曲的. 但曲线 C_1 上的曲线弧 $\overparen{A_1B_1}$ 便不一样,从点 A_1 处到点 B_1 处,切线的倾斜角 α "抹"过了(转过了)一个角度 $\Delta\alpha_1$,直观上,我们觉得曲线弧 $\overparen{A_1B_1}$ 是弯曲的. 再看曲线 C_2,在其上取与曲线弧 $\overparen{A_1B_1}$ 等长的曲线弧 $\overparen{A_2B_2}$,切线从 A_2 处到 B_2 处"抹"过的角度 $\Delta\alpha_2$ 显然比 $\Delta\alpha_1$ 大,我们觉得曲线弧 $\overparen{A_2B_2}$ 的弯曲程度比曲线弧 $\overparen{A_1B_1}$ 大. 因此,曲线的弯曲程度与一段曲线上切线转过的角度有关. 为了避免曲线段长度对转角的干扰,进一步可以以单位曲线长度上切线转过的角度 $\dfrac{\Delta\alpha_1}{\overparen{A_1B_1}}$,$\dfrac{\Delta\alpha_2}{\overparen{A_2B_2}}$ 来衡量它们的平均弯曲程度.

在曲线 C_1 上,固定 A_1,让 B_1 在 C_1 上移动,$\dfrac{\Delta\alpha_1}{\overparen{A_1B_1}}$ 也将随之不断改变,这说明曲线段 $\overparen{A_1B_1}$ 的平均弯曲程度不是固定的. 真正要能准确地反映曲线的弯曲程度,必须逐点考虑,即曲线在点 A_1 处的弯曲程度如何.

定义　设曲线 C 在每点都有切线,$A,B\in C$,记 $\Delta\alpha$ 为 C 在 A,B 处切线的夹角,Δs 为曲线弧 $\overparen{AB}$ 的长度(图 3-11). 若极限 $K=\lim\limits_{\Delta s\to 0}\left|\dfrac{\Delta\alpha}{\Delta s}\right|$ 存在,则称 K 为曲线 C 在点 A 处的**曲率**. 曲率 K 越大,说明曲线 C 在点 A 处的弯曲程度越大;反之,则越小.

二、曲率的计算公式

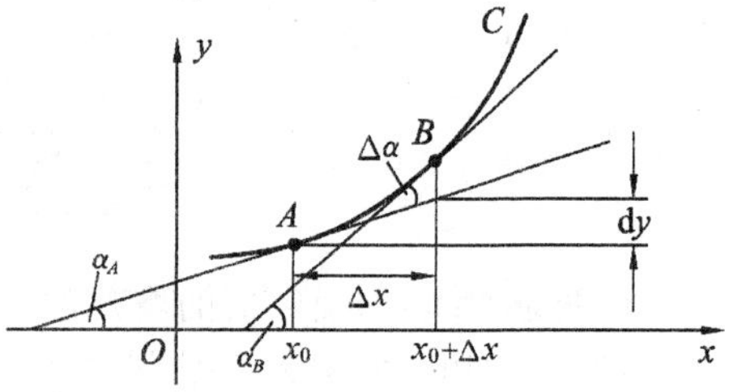

图 3-11

如图 3-11，设曲线 C 的方程为 $y=f(x)$，$f(x)$在 x_0 的某邻域内有二阶导数，$A(x_0,f(x_0))$为 C 上一点，C 上另一点 B 的坐标为$(x_0+\Delta x,f(x_0+\Delta x))$.

依次记 α_A,α_B 为 C 在 A,B 处的切线的倾斜角，$|\Delta\alpha|=|\alpha_A-\alpha_B|$，则 $\tan\alpha_A=f'(x_0)$，$\tan\alpha_B=f'(x_0+\Delta x)$. 记 Δs 为曲线弧$\overset{\frown}{AB}$的长度，则

$$\Delta s\approx\sqrt{(\Delta x)^2+(\Delta y)^2}=\sqrt{(\mathrm{d}x)^2+(\mathrm{d}y)^2}.$$

当 $\Delta x\to 0$ 时，$\Delta\alpha\to 0$，$|\Delta\alpha|$等价于$|\tan\Delta\alpha|$，而

$$\begin{aligned}|\tan\Delta\alpha|&=|\tan(\alpha_A-\alpha_B)|=\left|\frac{\tan\alpha_A-\tan\alpha_B}{1+\tan\alpha_A\tan\alpha_B}\right|=\left|\frac{f'(x_0)-f'(x_0+\Delta x)}{1+f'(x_0)f'(x_0+\Delta x)}\right|\\&=\left|\frac{f'(x_0)-[f'(x_0)+f''(x_0)\Delta x+o(\Delta x)]}{1+f'(x_0)f'(x_0+\Delta x)}\right|\\&=\left|\frac{-f''(x_0)\Delta x-o(\Delta x)}{1+f'(x_0)f'(x_0+\Delta x)}\right|,\end{aligned}$$

所以

$$\begin{aligned}\lim_{\Delta s\to 0}\frac{|\Delta\alpha|}{|\Delta s|}&=\lim_{\Delta x\to 0}\frac{|\Delta\alpha|}{|\Delta s|}=\lim_{\Delta x\to 0}\frac{|\tan\Delta\alpha|}{|\Delta s|}\\&=\lim_{\Delta x\to 0}\frac{|f''(x_0)\Delta x+o(\Delta x)|}{|1+f'(x_0)f'(x_0+\Delta x)|\sqrt{(\mathrm{d}x)^2+(\mathrm{d}y)^2}}\\&=\lim_{\Delta x\to 0}\frac{\left|f''(x_0)+\dfrac{o(\Delta x)}{\Delta x}\right|}{|1+f'(x_0)f'(x_0+\Delta x)|\sqrt{1+\left(\dfrac{\mathrm{d}y}{\mathrm{d}x}\right)^2}}\\&=\frac{|f''(x_0)|}{\{1+[f'(x_0)]^2\}^{\frac{3}{2}}}.\end{aligned}$$

这样就得到了方程为 $y=f(x)$的曲线 C 在点 $A(x_0,f(x_0))$处的曲率的计算公式：

$$K=\frac{|f''(x_0)|}{\{1+[f'(x_0)]^2\}^{\frac{3}{2}}}\left(\text{或 } K=\left.\frac{|y''|}{[1+(y)'^2]^{\frac{3}{2}}}\right|_{x=x_0}\right).\qquad(1)$$

例 1 求直线上各点的曲率.

解 设直线方程为 $y=ax+b$，则 $y''\equiv 0$，所以曲率 $K\equiv 0$，即直线上各点的曲率都是零. 这与直线不弯曲的直观表现是相符合的.

例 2 求半径为 R 的圆上各点的曲率.

解 先考虑上半圆 $y=\sqrt{R^2-x^2}$上各点.

$y'=\dfrac{-x}{\sqrt{R^2-x^2}}$，$y''=\dfrac{-R^2}{\sqrt{(R^2-x^2)^3}}$，代入曲率计算公式得 $K=\dfrac{1}{R}$.

对下半圆上各点可得同样结果. 所以圆上各点曲率相同，为半径的倒数，即圆上各点的弯曲程度相同，且半径越小(大)，弯曲程度越大(小). 这与我们对圆的直观认识也是一致的.

例 3 求抛物线 $y^2=4x$ 在点 $M(1,2)$处的曲率.

解 点 $M(1,2)$ 在抛物线的上半支,故取 $y = 2\sqrt{x}$. 于是

$$y' = \frac{1}{\sqrt{x}}, y'' = -\frac{1}{2\sqrt{x^3}}, y'|_{x=1} = 1, y''|_{x=1} = -\frac{1}{2}.$$

故抛物线 $y^2 = 4x$ 在点 $M(1,2)$ 处的曲率是

$$K\Big|_{(1,2)} = \frac{|y''|}{[1+(y)'^2]^{\frac{3}{2}}}\Big|_{(1,2)} = \frac{1}{4\sqrt{2}} = \frac{\sqrt{2}}{8}.$$

例 4 求曲线 $y = \sin x$ 在点 $M(\pi,0)$ 处的曲率.

解 因为

$$y' = \cos x, y'' = -\sin x, y'|_{x=\pi} = -1, y''|_{x=\pi} = 0,$$

所以曲线 $y = \sin x$ 在点 $M(\pi,0)$ 处的曲率为

$$K\Big|_{(\pi,0)} = \frac{|y''|}{[1+(y)'^2]^{\frac{3}{2}}}\Big|_{(\pi,0)} = 0.$$

例 5 求曲线 $y = \frac{1}{x}$ 的右半支上曲率最大的点及曲率.

解 因为考虑曲线的右半支,所以 $x \in (0, +\infty)$.

$$y' = -\frac{1}{x^2}, y'' = \frac{2}{x^3}, K = \frac{|y''|}{[1+(y)'^2]^{\frac{3}{2}}} = \frac{2x^3}{\sqrt{(1+x^4)^3}}.$$

令 $K' = \frac{6x^2(1-x^4)}{\sqrt{(1+x^4)^5}} = 0$,得 $x = 1 \in (0, +\infty)$,$K|_{x=1} = \frac{1}{\sqrt{2}} = \frac{\sqrt{2}}{2}$.

所给曲线分别以 x 轴、y 轴为水平、垂直渐进线,故最大曲率的点必定存在,而驻点又唯一,所以 K 的最大值必定在 $x = 1$ 时达到.所以曲线在点 $(1,1)$ 处达到最大曲率,$K_{\max} = \frac{\sqrt{2}}{2}$.

三、曲率中心与曲率圆

如果方程为 $y = f(x)$ 的曲线 C 在 M 点处的曲率 K 不为零,那么我们把它的倒数称为曲线在 M 点的**曲率半径**,一般以 ρ 表示,即

$$\rho = \frac{1}{K} = \frac{[1+(y')^2]^{\frac{3}{2}}}{|y''|}. \tag{2}$$

如图 3-12,作曲线 C 在点 M 处的法线,在曲线凹向一侧的法线上取点 D 使得 MD 的长等于曲率半径 ρ,即线段 $|MD| = \rho$,点 D 称为曲线 C 在 M 点的**曲率中心**.以 D 为中心、ρ 为半径的圆,称为曲线 C 在 M 点的**曲率圆**.

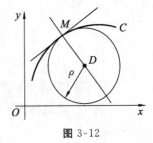

图 3-12

以曲率的倒数作为曲率半径的定义源于圆.在例 2 中已经知道圆上各点的曲率相等,为半径的倒数,按曲率半径的定义,又可得圆上各点的曲率半径处处相等,为圆的半径,这与我们对圆的直观认识一致.

曲线 C 和曲率圆在点 M 处有公共切线,因此是相切的;又因为圆的曲率是半径的倒数,所以 C 与曲率圆 D 在 M 处的弯曲程度,即曲率也相同,都等于 $\frac{1}{\rho}$.由此可见,曲率圆不但给

出了曲率的几何直观形象,而且在实际应用中,在局部小范围里,可以用曲率圆弧近似地代替曲线弧.这虽然不像"以直代曲"那样简单,但得到了保持凹凸性、曲率的好处.

例 6 如图 3-13,用圆柱形铣刀加工一弧长不大的椭圆形工件,问应选用直径多大的铣刀,可得较好的近似结果?(图上尺寸单位:mm)

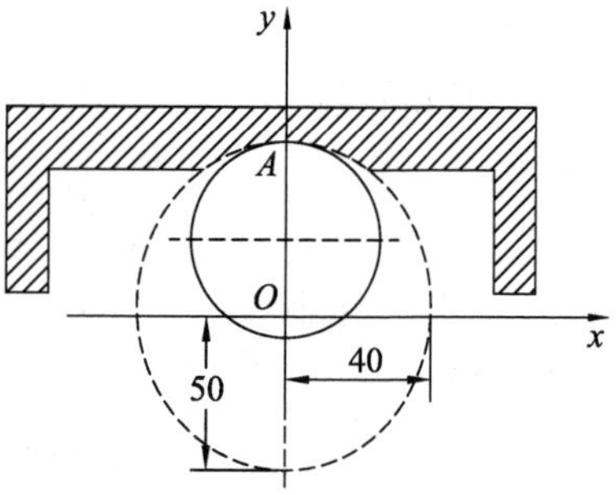

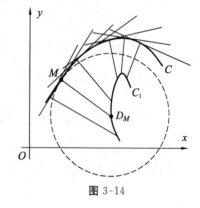

图 3-13

解 铣刀的半径应等于要加工的椭圆弧段在点 A 处的曲率半径.

建立如图 3-13 所示的坐标系,则加工段在椭圆

$$\frac{x^2}{40^2} + \frac{y^2}{50^2} = 1$$

上,且点 A 的坐标为 $(0, 50)$. 问题化为求上述椭圆在点 A 处的曲率半径. 改写椭圆方程为 $y = \frac{50}{40}\sqrt{40^2 - x^2} = \frac{5}{4}\sqrt{1600 - x^2}$,则

$$y' = \frac{-5x}{4\sqrt{1600 - x^2}}, \quad y'' = \frac{-2000}{\sqrt{(1600 - x^2)^3}}, \quad y'|_{x=0} = 0, \quad y''|_{x=0} = -\frac{1}{32},$$

所以

$$\rho = \frac{1}{K} = \frac{\left[1 + (y')^2\right]^{\frac{3}{2}}}{|y''|} = 32.$$

所以应该用直径为 $2 \times 32 = 64 \text{(mm)}$ 的圆柱形铣刀加工这一弧段可得较好的近似结果.

与曲率中心、曲率半径等相关联的,还有渐开线、渐屈线等概念,这些特殊的曲线在机械的齿轮、蜗杆等传动件上广泛应用,在此略作介绍.

曲线上每一点对应一个曲率中心,当点 M 在曲线 C 上移动时,对应的曲率中心会描出一条曲线 C_1,称曲线 C_1 为 C 的**渐屈线**;反过来,称曲线 C 为 C_1 的**渐开线**(图 3-14).

设曲线 C 的方程 $y = f(x)$ 处处有非零二阶导数,C 在 $M(x, f(x))$ 处的曲率中心为 $D_M(X, Y)$. 根据曲率中心的定义及曲率半径公式,可以得到

图 3-14

$$\begin{cases} X = x - \dfrac{y'(1 + y'^2)}{y''}, \\ Y = y + \dfrac{1 + y'^2}{y''}. \end{cases} \tag{3}$$

上式即为曲线 C 的渐屈线 C_1 以 x 为参数的参数式方程.

例 7 求抛物线 $y = x^2$ 在 $M(1, 1)$ 处的曲率半径、曲率中心和曲率圆,并求其渐屈线方程.

解 $y' = 2x, y'' = 2; y'|_{x=1} = 2, y''|_{x=1} = 2.$

代入公式(2)和(3),得抛物线在 $M(1, 1)$ 点处的曲率半径、曲率中心分别为

$$\rho = \frac{5\sqrt{5}}{2}, \quad \begin{cases} X = -4, \\ Y = \dfrac{7}{2}. \end{cases}$$

从而可得在 $M(1,1)$ 点处的曲率圆方程为 $(x+4)^2+\left(y-\dfrac{7}{2}\right)^2=\dfrac{125}{4}$.

以 $y'=2x,y''=2$ 代入(3)式,即得抛物线的渐屈线方程为

$$\begin{cases} X=x-\dfrac{2x(1+4x^2)}{2}=-4x^3, \\ Y=x^2+\dfrac{1+4x^2}{2}=3x^2+\dfrac{1}{2}. \end{cases}$$

如果消去参数 x,可以得到 $Y=\dfrac{3}{2\sqrt[3]{2}}\sqrt[3]{X^2}+\dfrac{1}{2}$,即 $y=\dfrac{3}{2\sqrt[3]{2}}\sqrt[3]{x^2}+\dfrac{1}{2}$.

 习题 3-6(A)

1. 求下列曲线在指定点处的曲率和曲率半径:

(1) $y=\ln x,A(1,0)$;

(2) $\begin{cases} x=\cos t, \\ y=2\sin t, \end{cases} B:t=\dfrac{\pi}{2}$.

2. 求抛物线 $y=4x^2$ 上曲率最大的点和最大曲率.

3. 如果曲线 C 由参数方程 $\begin{cases} x=\varphi(t), \\ y=\psi(t) \end{cases}$ 的形式给出,导出其曲率公式.

 习题 3-6(B)

1. 求下列曲线在指定点处的曲率和曲率半径:

(1) $y=x^2+x$ 在 $(0,0)$ 处;   (2) $y^2+\dfrac{x^2}{4}=1$ 在 $(0,1)$ 处;

(3) $y=\cos x$ 在 $(0,1)$ 处;   (4) $\begin{cases} x=a(t-\sin t), \\ y=a(1-\cos t) \end{cases}$ 在 $t=\dfrac{\pi}{3}$ 处,$a>0$.

2. 求曲线 $y=a\ln\left(1-\dfrac{x^2}{a^2}\right)(a>0)$ 上曲率半径最小的点.

3. 求曲线 $r=a\sin^3\dfrac{\theta}{3}$ 在 $M(r,\theta)$ 处的曲率半径.

4. 求曲线 $y=\tan x$ 在 $M\left(\dfrac{\pi}{4},1\right)$ 处的曲率圆.

5. 求曲线 $y=\sqrt{x}$ 的渐屈线方程.

本章内容小结

本章由微分中值定理、洛必达法则求未定式极限、函数单调性和极值的判定、函数最值的求法和应用、函数凹凸性和拐点的判定、描绘函数图象、边际弹性及曲线的曲率等内容组成.

1. 微分中值定理.

微分中值定理是讨论函数单调性、极值、凹凸性等的基础,应明确罗尔定理、拉格朗日中值定理的条件、结论及几何意义.

2. 用洛必达法则求未定式极限.

洛必达法则是导数应用的体现,是求极限的重要方法.在使用时应注意以下几个问题:

(1) 使用之前要先检查是否是 $\frac{0}{0}$ 型或 $\frac{\infty}{\infty}$ 型未定式;

(2) 只要是这两种不定式,可以连续使用法则;

(3) 如果含有某些非零因子,可以单独对它们求极限,不必参与洛必达法则求导运算,以简化运算;

(4) 使用时结合等价无穷小的代换,以简化运算;

(5) 对其他类型的未定式,以适当方式将其转化为 $\frac{0}{0}$ 型或 $\frac{\infty}{\infty}$ 型未定式;

(6) 有些 $\frac{0}{0}$ 型或 $\frac{\infty}{\infty}$ 型未定式,用洛必达法则求不出极限,此时应使用其他方法.

3. 函数的单调性与极值,曲线的凹凸性与拐点.

判定函数 $y = f(x)$ 的单调区间和图象的凹凸区间的基本思想和步骤是类似的,只是判断的依据不同,前者依据一阶导数 y' 的符号,后者则依据二阶导数 y'' 的符号.y' 与单调性、y'' 与凹凸性的关系,最好结合几何直观记忆.在具体使用中,要注意不要漏掉不可导点.

4. 函数的最值及应用.

函数的最值与极值在概念上有本质的区别,但在具体求最值时通常与求驻点(或不可导点)相联系.求函数在考察范围 I 内的最值,是通过比较驻点、不可导点及 I 的端点处的函数值的大小而得到的,并不需要判定驻点是否是极值点.对于实际应用题,应首先以数学模型思想建立优化目标与优化对象之间的函数关系,确定其考察范围.在实际问题中,经常使用最值存在且驻点唯一,则驻点即为最值点的判定方法.

5. 描绘函数图象.

函数的分析作图法是本章学习内容的综合应用,通过这方面的练习,可以发现掌握本章知识的薄弱环节和存在的问题,以便再进行有针对性的演练,达到掌握本章内容的目的.

*6. 导数在经济中的应用.

函数 $y = f(x)$ 反映某种经济现象,则边际函数 My 是经济量 y 关于 x 的绝对变化率,即 x 变化一个单位时引起的 y 的改变量;弹性函数 $\frac{Ey}{Ex} = y' \cdot \frac{x}{y}$ 是经济量 y 关于 x 的相对变化的变化率,即 x 变化 1% 时引起的 y 改变的百分比.

*7. 曲率.

曲率是曲线弯曲程度的定量表示.曲率计算公式的推导虽不要求掌握,但在推导过程中较多地使用了前面章节的知识,是一个复习的机会.对今后需要用到曲率概念的读者来说,曲率、曲率半径公式是需要熟记的,同时要了解在局部范围内可以以曲率圆近似代替曲线本身.

自测题三

一、填空题

1. 在拉格朗日中值定理中，$f(x)$ 满足 _____ 时，即为罗尔定理.

2. 若函数 $f(x)=x^3$ 在 $[0,1]$ 上满足拉格朗日中值定理的条件，则 $\xi=$ _____.

3. 函数 $f(x)=2x^3+3x^2-12x+1$ 在区间 _____ 上为单调减少函数.

4. $\lim\limits_{x\to 0}\dfrac{\ln(1+\sin^2 x)}{x^2}=$ _____.

5. 设 $x_1=1$，$x_2=2$ 均为函数 $y=a\ln x+bx^2+3x$ 的极值点，则 $a=$ _____，$b=$ _____.

6. 函数 $y=x+\sqrt{1-x}$ 在 $[-5,1]$ 上的最大值是 _____.

7. 函数 $f(x)=x-\sin x$ 在 $\left[-\dfrac{\pi}{2},\dfrac{\pi}{2}\right]$ 上的拐点为 _____.

8. 曲线 $f(x)=\dfrac{x}{x^2-1}$ 的水平渐近线为 _____，垂直渐近线为 _____.

二、选择题

1. 罗尔定理中条件是结论成立的 （　　）
   A. 必要非充分条件　　　　　B. 充分非必要条件
   C. 充分必要条件　　　　　　D. 既非充分，也非必要条件

2. 设函数 $f(x)=(x+1)^{\frac{2}{3}}$，则点 $x=-1$ 是 $f(x)$ 的 （　　）
   A. 间断点　　B. 驻点　　C. 可微点　　D. 极值点

3. 曲线 $y=e^{-x^2}$ （　　）
   A. 没有拐点　　B. 有一个拐点　　C. 有两个拐点　　D. 有三个拐点

4. 下列函数对应的曲线在定义域上是凹的的是 （　　）
   A. $y=e^{-x}$　　B. $y=\ln(1+x^2)$　　C. $y=x^2-x^3$　　D. $y=\sin x$

5. 下列结论正确的是 （　　）
   A. 若 x_0 是函数的极值点，则必有 $f'(x_0)=0$
   B. 若 $f'(x_0)=0$，则 x_0 一定是函数的极值点
   C. 可导函数的极值点必定是函数的驻点
   D. 可导函数的驻点必定是函数的极值点

6. 函数 $y=2x^3-6x^2-18x-7$，$x\in[1,4]$ 的最大值为 （　　）
   A. -61　　B. -29　　C. -47　　D. -9

7. 函数 $y=x-\ln(1+x^2)$ 的极值为 （　　）
   A. 0　　B. $1-\ln 2$　　C. $-1-\ln 2$　　D. 不存在

8. 计算 $\lim\limits_{x\to a}\dfrac{\sin x-\sin a}{x-a}$ 的结果为 （　　）
   A. $\cos a$　　B. $-\cos a$　　C. -1　　D. 1

三、综合题

1. 求极限:

(1) $\lim\limits_{x\to 0}\dfrac{x-\sin x}{x^3}$;

(2) $\lim\limits_{x\to +\infty} x\ln\left(1+\dfrac{1}{x}\right)$;

(3) $\lim\limits_{x\to 0^+}\sqrt[x]{1-2x}$;

(4) $\lim\limits_{x\to 0}\dfrac{e^{\sin^3 x}-1}{x(1-\cos x)}$;

(5) $\lim\limits_{x\to 0^+}\left[\dfrac{1}{x}-\dfrac{1}{\ln(1+x)}\right]$;

(6) $\lim\limits_{x\to 0^+}\dfrac{\ln\cos 3x}{\ln\cos x}$.

2. 研究下列函数的单调性并求极值:

(1) $y=x-\dfrac{3}{2}x^{\frac{2}{3}}$;

(2) $y=\dfrac{\ln x^2}{x}$;

(3) $y=x-2\sin x, x\in[0,2\pi]$;

(4) $y=2\sin x+\cos 2x, x\in(0,\pi)$.

3. 确定下列函数的凹凸性并求拐点:

(1) $y=e^x\cos x, x\in(0,2\pi)$;

(2) $y=x^3(1+x)$.

4. 证明下列不等式:

(1) $e^x > ex\ (x>1)$;

(2) $x^2 > \ln(1+x^2)\ (x\neq 0)$.

5. 确定 a,b,c 的值,使曲线 $y=ax^3+bx^2+cx$ 有拐点$(1,2)$,且在该点处切线的斜率为-1.

6. 在函数 $y=xe^{-x}$ 的定义域内求一个区间,使函数在该区间内单调递增,且其图象在该区间内是凸的.

7. 一租赁公司有 40 套设备要出租,当租金定为每月 200 元/套时,设备可以全部租出;当每套每月租金提价 10 元时,出租的数量就会减少 1 套,对已出租的设备的维护费用为每月 20 元/套.问租金定为多少时,公司的利润最大?最大利润是多少?

8. 某企业每月生产 q(百件)产品的总成本为 $C=C(q)=q^2+2q+100$(千元),每月的销量为 q(百件),若每百件的销售价格为 4 万元,试写出利润函数 $L(q)$,并求出利润最大时的月产量.

9. 作函数 $y=\dfrac{x}{x+1}$ 的图象.

第4章

不定积分

前面讨论的导数与微分、导数的应用,是已知两个变量之间的变化规律,求一个变量关于另一个变量的变化率.也有很多实际问题,不是要寻找某一个已知函数的导数,而是反过来,要寻找一个函数,使得它的导数恰好等于某一个已知函数,即求原函数,由此产生了积分学.在积分学中,有两个基本概念:不定积分和定积分.本章研究不定积分的概念、性质和基本积分方法.

▶ §4-1 不定积分的概念与性质

一、原函数

引入两个问题:

问题 1 设曲线 $y=f(x)$ 经过原点,曲线上任一点处存在切线,且切线斜率都等于切点处横坐标的两倍,求该曲线的方程.

解 由导数的几何意义得

$$y'=2x, \tag{1}$$

不难验证 $y=x^2+C$(C 为任意常数)满足(1)式.又因为原点在曲线上,故 $x=0$ 时 $y=0$,代入(1)式得 $C=0$.因此,所求曲线的方程为 $y=x^2$.

问题 2 设生产某产品的边际成本函数为 $2q+3$(q 是产量),固定成本为 5,试求成本函数.

解 根据导数的经济意义得

$$C'(q)=2q+3, \tag{2}$$

容易验证 $C(q)=q^2+3q+5$(即固定成本为 5)满足(2)式.

以上讨论的问题,虽然研究的对象不同,但就其本质而言是相同的,都是已知某函数的导数 $F'(x)=f(x)$,求函数 $F(x)$.

定义 1 设函数 $f(x)$,如果有函数 $F(x)$,使得

$$F'(x)=f(x) \text{或} d[F(x)]=f(x)dx,$$

那么称 $F(x)$ 为 $f(x)$ 的一个**原函数**.

例如,$F(x)=\sin x$ 是 $f(x)=\cos x$ 的原函数,因为 $(\sin x)'=\cos x$ 或 $d(\sin x)=\cos x dx$.又如,在上面两个问题中,因为 $(x^2)'=2x$,所以 x^2 是 $2x$ 的一个原函数;因为 $(q^2+3q+5)'=2q+3$,所以 q^2+3q+5 是 $2q+3$ 的一个原函数.

二、不定积分

一个函数的原函数并不是唯一的. 如果 $F(x)$ 是 $f(x)$ 的一个原函数，即 $F'(x)=f(x)$，那么对与 $F(x)$ 相差一个常数的函数 $G(x)=F(x)+C$，仍有 $G'(x)=f(x)$，所以 $G(x)$ 也是 $f(x)$ 的原函数. 反过来，设 $G(x)$ 是 $f(x)$ 的任意一个原函数，那么

$$F'(x)=G'(x)=f(x), F'(x)-G'(x)=0, F(x)-G(x)=C(C \text{ 为常数}),$$

即 $G(x)=F(x)+C$，也即 $G(x)$ 与 $F(x)$ 仅相差一个常数.

总结正反两个方面可得以下两个结论：

(1) 若 $f(x)$ 存在原函数，则有无限个原函数；

(2) 若 $F(x)$ 是 $f(x)$ 的一个原函数，则 $f(x)$ 的全部原函数为 $F(x)+C(C$ 为常数).

1. 不定积分的定义

如果函数 $f(x)$ 有一个原函数 $F(x)$，那么它就有无穷多个原函数，并且所有的原函数刚好组成函数族 $F(x)+C(C$ 为常数).

定义 2 函数 $f(x)$ 的所有原函数的全体叫作函数 $f(x)$ 的**不定积分**，记作 $\int f(x)\mathrm{d}x$，即

$$\int f(x)\mathrm{d}x = F(x)+C \ (C \text{ 为常数}).$$

其中 $f(x)$ 称为**被积函数**，$f(x)\mathrm{d}x$ 称为**被积表达式**，x 称为**积分变量**，符号"$\int$"称为**积分号**，C 为**积分常数(量)**.

应当注意，积分号"$\int$"是一种运算符号，它表示对已知函数求其全部原函数，所以在求不定积分的结果中不能漏写 C. 由不定积分的定义可见，求不定积分是求导运算的逆运算.

例 1 由导数的基本公式，写出下列函数的不定积分：

(1) $\int \sin x\mathrm{d}x$；　　　　　　　　　　(2) $\int \dfrac{\mathrm{d}x}{1+x^2}$.

解 (1) 因为 $(-\cos x)'=\sin x$，所以 $-\cos x$ 是 $\sin x$ 的一个原函数，所以

$$\int \sin x\mathrm{d}x = -\cos x + C.$$

(2) 因为 $(\arctan x)'=\dfrac{1}{1+x^2}$ 或 $(-\operatorname{arccot} x)'=\dfrac{1}{1+x^2}$，所以得

$$\int \frac{\mathrm{d}x}{1+x^2} = \arctan x + C_1 = -\operatorname{arccot} x + C_2.$$

例 2 根据不定积分的定义验证：

$$\int \frac{2x}{1+x^2}\mathrm{d}x = \ln(1+x^2)+C.$$

证明 由于 $[\ln(1+x^2)]'=\dfrac{2x}{1+x^2}$，所以 $\int \dfrac{2x}{1+x^2}\mathrm{d}x = \ln(1+x^2)+C$.

为了叙述简便，以后在不混淆的情况下，不定积分简称**积分**，求不定积分的方法和运算简称**积分法**和**积分运算**.

由于积分和求导互为逆运算，所以它们有如下关系(式中的 $F(x)$ 是被积函数 $f(x)$ 的一

个原函数)：

(1) $\left[\int f(x)\mathrm{d}x\right]' = [F(x)+C]' = f(x)$ 或 $\mathrm{d}\left[\int f(x)\mathrm{d}x\right] = \mathrm{d}[F(x)+C] = f(x)\mathrm{d}x$；

(2) $\int F'(x)\mathrm{d}x = \int f(x)\mathrm{d}x = F(x)+C$ 或 $\int \mathrm{d}[F(x)] = \int f(x)\mathrm{d}x = F(x)+C$.

例3 写出下列各式的结果：

(1) $\left[\int \mathrm{e}^{ax}\cos(\ln x)\mathrm{d}x\right]'$；　　　　　(2) $\mathrm{d}\left[\int (\arcsin x)^2\mathrm{d}x\right]$；

(3) $\int \left(\sqrt{a^2+x^2}\right)'\mathrm{d}x$；　　　　　(4) $\int \mathrm{d}\left(\dfrac{1}{2}\sin 2x\right)$.

解 (1) 由积分和求导是互为逆运算的关系，可知 $\left[\int \mathrm{e}^{ax}\cos(\ln x)\mathrm{d}x\right]' = \mathrm{e}^{ax}\cos(\ln x)$；

(2) 根据上面的关系，可知 $\mathrm{d}\left[\int (\arcsin x)^2\mathrm{d}x\right] = (\arcsin x)^2\mathrm{d}x$；

(3) 根据上面的关系，可知 $\int \left(\sqrt{a^2+x^2}\right)'\mathrm{d}x = \sqrt{a^2+x^2}+C$；

(4) 根据上面的关系，可知 $\int \mathrm{d}\left(\dfrac{1}{2}\sin 2x\right) = \dfrac{1}{2}\sin 2x+C$.

2. 不定积分的几何意义

$f(x)$ 的一个原函数 $F(x)$ 的图形叫作函数 $f(x)$ 的积分曲线，它的方程为 $y=F(x)$. 因 $F'(x)=f(x)$，故积分曲线上任意一点 $(x,F(x))$ 处的切线的斜率恰好等于函数 $f(x)$ 在 x 处的函数值. 把这条积分曲线沿 y 轴的方向平移一段距离 C 时，我们就得到另一条积分曲线 $y=F(x)+C$. 函数 $f(x)$ 的每一条积分曲线都可因此获得，所以不定积分的图形就是这样获得的全部积分曲线所构成的曲线族. 又因无论常数 C 取什么值，都有 $[F(x)+C]'=f(x)$，

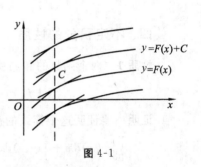

图 4-1

所以如果在每一条积分曲线上横坐标相同的点处作切线，这些切线是彼此平行的.

三、不定积分的基本公式

根据积分和求导的互逆关系，可以由基本初等函数的求导公式推得积分的基本公式.

(1) $\int \mathrm{d}x = x+C$；　　　　　(2) $\int x^a\mathrm{d}x = \dfrac{1}{a+1}x^{a+1}+C\,(a\neq -1)$；

(3) $\int \dfrac{1}{x}\mathrm{d}x = \ln|x|+C$；　　　　　(4) $\int \mathrm{e}^x\mathrm{d}x = \mathrm{e}^x+C$；

(5) $\int a^x\mathrm{d}x = \dfrac{a^x}{\ln a}+C$；　　　　　(6) $\int \cos x\mathrm{d}x = \sin x+C$；

(7) $\int \sin x\mathrm{d}x = -\cos x+C$；　　　　(8) $\int \dfrac{1}{\sin^2 x}\mathrm{d}x = \int \csc^2 x\mathrm{d}x = -\cot x+C$；

(9) $\int \dfrac{1}{\cos^2 x}\mathrm{d}x = \int \sec^2 x\mathrm{d}x = \tan x+C$；　(10) $\int \sec x\tan x\mathrm{d}x = \sec x+C$；

(11) $\int \csc x \cot x \, dx = -\csc x + C$；   (12) $\int \dfrac{1}{1+x^2} \, dx = \arctan x + C$；

(13) $\int \dfrac{1}{\sqrt{1-x^2}} \, dx = \arcsin x + C$.

以上各不定积分是基本积分公式，它是求不定积分的基础，必须熟记、会用.

例 4　求下列不定积分：

(1) $\int \dfrac{1}{x^3} \, dx$；   (2) $\int \dfrac{1}{\sqrt{x}} \, dx$.

解　先把被积函数化为幂函数的形式，再利用基本积分公式(2)，得

(1) $\int \dfrac{1}{x^3} \, dx = \int x^{-3} \, dx = \dfrac{1}{-3+1} x^{-3+1} + C = -\dfrac{1}{2} x^{-2} + C = -\dfrac{1}{2x^2} + C$；

(2) $\int \dfrac{1}{\sqrt{x}} \, dx = \int x^{-\frac{1}{2}} \, dx = \dfrac{1}{-\frac{1}{2}+1} x^{-\frac{1}{2}+1} + C = 2x^{\frac{1}{2}} + C$.

例 5　求不定积分 $\int 2^x e^x \, dx$.

解　这个积分虽然在基本积分公式中查不到，但对被积函数稍加变形，将其化为指数形式，就可利用基本积分公式(5)，求出其积分.

$$\int 2^x e^x \, dx = \int (2e)^x \, dx = \dfrac{(2e)^x}{\ln(2e)} + C = \dfrac{2^x e^x}{1+\ln 2} + C.$$

四、不定积分的性质

性质 1　两个函数的和的积分等于各个函数的积分的和，即

$$\int [f(x) + g(x)] \, dx = \int f(x) \, dx + \int g(x) \, dx.$$

证明　要证明这个等式的正确性，只要证明右边的导数等于左边的被积函数就行了.

$$\left[\int f(x) \, dx + \int g(x) \, dx \right]' = \left[\int f(x) \, dx \right]' + \left[\int g(x) \, dx \right]' = f(x) + g(x).$$

性质 1 可推广到有限多个函数代数和的情况，即

$$\int [f_1(x) \pm f_2(x) \pm \cdots \pm f_n(x)] \, dx = \int f_1(x) \, dx \pm \int f_2(x) \, dx \pm \cdots \pm \int f_n(x) \, dx.$$

性质 2　被积函数中非零的常数因子可以提到积分号外，即

$$\int k f(x) \, dx = k \int f(x) \, dx \quad (k \text{ 为不等于零的常数}).$$

证明　类似性质 1 的证法，有

$$\left[k \int f(x) \, dx \right]' = k \left[\int f(x) \, dx \right]' = k f(x).$$

利用不定积分的性质和基本积分表，我们可以求一些简单函数的不定积分.

例 6　求 $\int (3x + 5\cos x) \, dx$.

解　$\displaystyle \int (3x + 5\cos x) \, dx = \int 3x \, dx + \int 5\cos x \, dx = 3 \int x \, dx + 5 \int \cos x \, dx$

$$= \dfrac{3}{2} x^2 + C_1 + 5\sin x + C_2$$

$$= \frac{3}{2}x^2 + 5\sin x + (C_1 + C_2)$$

$$= \frac{3}{2}x^2 + 5\sin x + C.$$

其中 $C = C_1 + C_2$，即各积分常数可以合并. 因此，求代数和的不定积分时，只需在最后写出一个积分常数 C 即可.

例 7 求 $\displaystyle\int \frac{(1-x)^3}{x^2}\mathrm{d}x$.

解 把被积函数变形，化为代数和的形式，再分别积分.

$$\int \frac{(1-x)^3}{x^2}\mathrm{d}x = \int \frac{1 - 3x + 3x^2 - x^3}{x^2}\mathrm{d}x = \int \left(\frac{1}{x^2} - \frac{3}{x} + 3 - x\right)\mathrm{d}x$$

$$= \int \frac{\mathrm{d}x}{x^2} - 3\int \frac{1}{x}\mathrm{d}x + 3\int \mathrm{d}x - \int x\mathrm{d}x$$

$$= -\frac{1}{x} - 3\ln|x| + 3x - \frac{1}{2}x^2 + C.$$

例 8 求不定积分 $\displaystyle\int \mathrm{e}^x\left(2^x + \frac{\mathrm{e}^{-x}}{\sqrt{1-x^2}}\right)\mathrm{d}x$.

解
$$\int \mathrm{e}^x\left(2^x + \frac{\mathrm{e}^{-x}}{\sqrt{1-x^2}}\right)\mathrm{d}x = \int \mathrm{e}^x 2^x\mathrm{d}x + \int \frac{1}{\sqrt{1-x^2}}\mathrm{d}x$$

$$= \int (2\mathrm{e})^x\mathrm{d}x + \int \frac{1}{\sqrt{1-x^2}}\mathrm{d}x$$

$$= \frac{(2\mathrm{e})^x}{\ln 2\mathrm{e}} + \arcsin x + C$$

$$= \frac{(2\mathrm{e})^x}{1 + \ln 2} + \arcsin x + C.$$

例 9 求不定积分 $\displaystyle\int \frac{x^4}{1+x^2}\mathrm{d}x$.

解
$$\int \frac{x^4}{1+x^2}\mathrm{d}x = \int \frac{(x^4 - 1) + 1}{1+x^2}\mathrm{d}x = \int \left(x^2 - 1 + \frac{1}{1+x^2}\right)\mathrm{d}x$$

$$= \int x^2\mathrm{d}x - \int \mathrm{d}x + \int \frac{1}{1+x^2}\mathrm{d}x$$

$$= \frac{1}{3}x^3 - x + \arctan x + C.$$

例 10 求不定积分 $\displaystyle\int \frac{\cos 2x}{\sin^2 x \cos^2 x}\mathrm{d}x$.

解
$$\int \frac{\cos 2x}{\sin^2 x \cos^2 x}\mathrm{d}x = \int \frac{\cos^2 x - \sin^2 x}{\sin^2 x \cos^2 x}\mathrm{d}x = \int \left(\frac{1}{\sin^2 x} - \frac{1}{\cos^2 x}\right)\mathrm{d}x$$

$$= \int \csc^2 x\,\mathrm{d}x - \int \sec^2 x\,\mathrm{d}x = -\cot x - \tan x + C.$$

例 11 某商场销售某商品的边际收入是 $32q - q^2$（万元/千件），其中 q 是销售量（千件），求收入函数及收入最大时的销售量.

解 设收入函数为 $R(q)$，由题设 $R'(q) = 32q - q^2$，得

$$R(q) = \int R'(q) \mathrm{d}q = \int (32q - q^2) \mathrm{d}q = \int 32q \mathrm{d}q - \int q^2 \mathrm{d}q$$

$$= 16q^2 - \frac{1}{3}q^3 + C.$$

由销售量为 0 时收入为 0，即 $q = 0$，可知 $C = 0$，故所求收入函数为

$$R(q) = 16q^2 - \frac{1}{3}q^3 (万元).$$

又收入最大时的销售量是使 $R'(q) = 32q - q^2 = 0$ 的 q 值，由此解得

$$q = 32 (q = 0 舍去),$$

即获得最大收入时的销售量为 32 千件.

从本例可以看到，在实际问题中需要的常常不是不定积分，而是某一个原函数，但为了确定这个原函数，必须先求出不定积分，然后根据条件确定积分常数.

 习题 4-1(A)

1. 什么叫 $f(x)$ 的原函数？什么叫 $f(x)$ 的不定积分？$f(x)$ 的不定积分的几何意义是什么？请举例说明.

2. 判断下列函数 $F(x)$ 是否是 $f(x)$ 的原函数，为什么？

(1) $F(x) = -\dfrac{1}{x}, f(x) = -\dfrac{1}{x^2}$；

(2) $F(x) = 2x^2, f(x) = \dfrac{2x^3}{3}$；

(3) $F(x) = \dfrac{1}{3}\mathrm{e}^{3x} + \pi, f(x) = \mathrm{e}^{3x}$；

(4) $F(x) = -\dfrac{1}{3}\cos 3x, f(x) = \sin 3x$.

3. 问 $\int \sin x \cos x \mathrm{d}x = \dfrac{1}{2}\sin^2 x + C$ 与 $\int \sin x \cos x \mathrm{d}x = -\dfrac{1}{2}\cos^2 x + C$ 是否矛盾，为什么？

 习题 4-1(B)

1. 求下列不定积分：

(1) $\displaystyle\int (2 - \sqrt{x})x \mathrm{d}x$；

(2) $\displaystyle\int \sqrt{x \sqrt{x\sqrt{x}}} \mathrm{d}x$；

(3) $\displaystyle\int \dfrac{x+1}{\sqrt{x}} \mathrm{d}x$；

(4) $\displaystyle\int \dfrac{x-9}{\sqrt{x}+3} \mathrm{d}x$

(5) $\displaystyle\int \mathrm{e}^x \left(5 - \dfrac{2\mathrm{e}^{-x}}{\sqrt{1-x^2}}\right) \mathrm{d}x$；

(6) $\displaystyle\int \dfrac{3 \cdot 2^x + 4 \cdot 3^x}{2^x} \mathrm{d}x$；

(7) $\displaystyle\int \sec x(\sec x - \tan x) \mathrm{d}x$；

(8) $\displaystyle\int \dfrac{1}{\sin^2 x \cos^2 x} \mathrm{d}x$；

 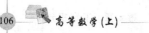

(9) $\displaystyle\int \frac{3x^4+3x^2+1}{x^2+1}dx$;　　　　　　(10) $\displaystyle\int \frac{\cos 2x}{\sin x - \cos x}dx$.

2. 已知一条曲线在任一点的切线斜率等于该点横坐标的倒数,且曲线过点$(e^3,5)$,求此曲线方程.

3. 某商品的边际成本是$C'(q)=1000-20q+q^2$,其中q是产品的单位数,固定成本是7000元,且单位售价固定在3400元.试求:

(1) 成本函数、收入函数、利润函数;

(2) 销售量是多少时可得最大利润,最大利润是多少.

▶ §4-2 换元积分法

利用基本积分表与积分的基本性质,我们所能解决的不定积分问题是非常有限的.因此,有必要进一步来研究求不定积分的方法.本节要讲一种基本的积分法,即换元积分法,简称换元法.换元法的目的是要通过适当的变量代换,使所求积分简化为基本积分表中的积分.根据换元方式的不同,换元积分法可分为第一类换元积分法和第二类换元积分法.

一、第一类换元积分法

我们首先看一个例子,求$\displaystyle\int \cos 3x dx$,因为被积函数是复合函数,在基本积分表中查不到,我们把积分式作如下变换:

$$\int \cos 3x dx = \frac{1}{3}\int \cos 3x d(3x) \xrightarrow{\text{令}\,3x=u} \frac{1}{3}\int \cos u du$$

$$= \frac{1}{3}\sin u + C \xrightarrow{u=3x\,\text{回代}} \frac{1}{3}\sin 3x + C.$$

从计算结果来分析,容易证明$\dfrac{1}{3}\sin 3x$是$\cos 3x$的一个原函数,也就是说,上述计算是正确的.对于一般情况,有如下定理:

定理 1　设$f(u)$具有原函数$F(u)$,$u=\varphi(x)$可导,则$F[\varphi(x)]$是$f[\varphi(x)]\varphi'(x)$的原函数,即有换元公式

$$\int f[\varphi(x)]\varphi'(x)dx = F[\varphi(x)]+C.$$

证明　因为$F(u)$是$f(u)$的一个原函数,所以$F'(u)=f(u)$.

由复合函数的微分法得

$$d\{F[\varphi(x)]\}=F'(u)\cdot\varphi'(x)dx=f[\varphi(x)]\varphi'(x)dx,$$

所以　　　　　　　　　　$\displaystyle\int f[\varphi(x)]\varphi'(x)dx = F[\varphi(x)]+C.$

从定理 1 我们看到:在积分表达式中作变量代换$u=\varphi(x)$($d[\varphi(x)]=\varphi'(x)dx$),变原积分为$\displaystyle\int f(u)du$,利用已知$f(u)$的原函数是$F(u)$得到积分,这种积分方法通常称为**第一类换元积分法**.

运用定理 1 的关键是将积分式中 $\varphi'(x)\mathrm{d}x$ 凑成某一个函数 $\varphi(x)$ 的微分,即 $\varphi'(x)\mathrm{d}x=\mathrm{d}[\varphi(x)]$. 因此,第一类换元积分法也叫凑微分法.

例 1 求 $\int(ax+b)^{99}\mathrm{d}x(a\neq 0)$.

解 因为 $\mathrm{d}x=\dfrac{1}{a}\mathrm{d}(ax+b)$,所以

$$\int(ax+b)^{99}\mathrm{d}x=\frac{1}{a}\int(ax+b)^{99}\mathrm{d}(ax+b)\xrightarrow{\text{令}\ ax+b=u}\frac{1}{a}\int u^{99}\mathrm{d}u$$

$$=\frac{1}{100a}u^{100}+C\xrightarrow{u=ax+b\ \text{回代}}\frac{1}{100a}(ax+b)^{100}+C.$$

例 2 求 $\int\sin(3x+1)\mathrm{d}x$.

解 因为 $\mathrm{d}x=\dfrac{1}{3}\mathrm{d}(3x+1)$,所以

$$\int\sin(3x+1)\mathrm{d}x=\frac{1}{3}\int\sin(3x+1)\mathrm{d}(3x+1)\xrightarrow{\text{令}\ 3x+1=u}\frac{1}{3}\int\sin u\mathrm{d}u$$

$$=-\frac{1}{3}\cos u+C\xrightarrow{3x+1=u\ \text{回代}}-\frac{1}{3}\cos(3x+1)+C.$$

例 3 $\int\dfrac{\mathrm{d}x}{2x+1}$.

解 因为 $\mathrm{d}x=\dfrac{1}{2}\mathrm{d}(2x+1)$,所以

$$\int\frac{\mathrm{d}x}{2x+1}=\frac{1}{2}\int\frac{\mathrm{d}(2x+1)}{2x+1}\xrightarrow{\text{令}\ 2x+1=u}\frac{1}{2}\int\frac{\mathrm{d}u}{u}$$

$$=\frac{1}{2}\ln|u|+C\xrightarrow{u=2x+1\ \text{回代}}\frac{1}{2}\ln|2x+1|+C.$$

由以上例子可以看出,凑微分法是积分计算中应用广泛且十分有效的一种方法. 我们若能记住以下一些常用的微分式子,对使用凑微分法是十分有益的.

$$\mathrm{d}x=\frac{1}{a}\mathrm{d}(ax)(a\neq 0); \qquad\qquad x\mathrm{d}x=\frac{1}{2}\mathrm{d}(x^2);$$

$$\frac{1}{x}\mathrm{d}x=\mathrm{d}(\ln|x|); \qquad\qquad \frac{1}{\sqrt{x}}\mathrm{d}x=2\mathrm{d}(\sqrt{x});$$

$$\frac{1}{x^2}\mathrm{d}x=-\mathrm{d}\Big(\frac{1}{x}\Big); \qquad\qquad \frac{1}{1+x^2}\mathrm{d}x=\mathrm{d}(\arctan x);$$

$$\frac{1}{\sqrt{1-x^2}}\mathrm{d}x=\mathrm{d}(\arcsin x); \qquad\qquad \mathrm{e}^x\mathrm{d}x=\mathrm{d}(\mathrm{e}^x);$$

$$\sin x\mathrm{d}x=-\mathrm{d}(\cos x); \qquad\qquad \cos x\mathrm{d}x=\mathrm{d}(\sin x);$$

$$\sec^2 x\mathrm{d}x=\mathrm{d}(\tan x); \qquad\qquad \csc^2 x\mathrm{d}x=-\mathrm{d}(\cot x);$$

$$\sec x\tan x\mathrm{d}x=\mathrm{d}(\sec x); \qquad\qquad \csc x\cot x\mathrm{d}x=-\mathrm{d}(\csc x).$$

在熟练应用凑微分法之后,可以省略 $\varphi(x)=u$ 这一步,直接写出结果.

例 4 求 $\int\dfrac{\ln x}{x}\mathrm{d}x$.

解 $\int\dfrac{\ln x}{x}\mathrm{d}x=\int\ln x\mathrm{d}(\ln x)=\dfrac{1}{2}(\ln x)^2+C.$

例5 求 $\displaystyle\int \frac{x}{\sqrt{a^2-x^2}}\mathrm{d}x$.

解 $\displaystyle\int \frac{x}{\sqrt{a^2-x^2}}\mathrm{d}x = -\frac{1}{2}\int \frac{1}{\sqrt{a^2-x^2}}\mathrm{d}(a^2-x^2) = -\sqrt{a^2-x^2}+C.$

例6 求 $\displaystyle\int x\mathrm{e}^{x^2}\mathrm{d}x$.

解 $\displaystyle\int x\mathrm{e}^{x^2}\mathrm{d}x = \frac{1}{2}\int \mathrm{e}^{x^2}\mathrm{d}(x^2) = \frac{1}{2}\mathrm{e}^{x^2}+C.$

例7 求 $\displaystyle\int \frac{1}{x^2}\sin\frac{1}{x}\mathrm{d}x$.

解 $\displaystyle\int \frac{1}{x^2}\sin\frac{1}{x}\mathrm{d}x = -\int \sin\frac{1}{x}\mathrm{d}\left(\frac{1}{x}\right) = \cos\frac{1}{x}+C.$

例8 求 $\displaystyle\int \frac{1}{\sqrt{a^2-x^2}}\mathrm{d}x\,(a>0)$.

解 $\displaystyle\int \frac{1}{\sqrt{a^2-x^2}}\mathrm{d}x = \int \frac{1}{a\sqrt{1-\left(\frac{x}{a}\right)^2}}\mathrm{d}x = \int \frac{1}{\sqrt{1-\left(\frac{x}{a}\right)^2}}\mathrm{d}\left(\frac{x}{a}\right) = \arcsin\frac{x}{a}+C.$

例9 求 $\displaystyle\int \frac{1}{a^2+x^2}\mathrm{d}x\,(a\neq 0)$.

解 $\displaystyle\int \frac{1}{a^2+x^2}\mathrm{d}x = \frac{1}{a^2}\int \frac{1}{1+\left(\frac{x}{a}\right)^2}\mathrm{d}x = \frac{1}{a}\int \frac{1}{1+\left(\frac{x}{a}\right)^2}\mathrm{d}\left(\frac{x}{a}\right) = \frac{1}{a}\arctan\frac{x}{a}+C.$

例10 求 $\displaystyle\int \frac{1}{a^2-x^2}\mathrm{d}x\,(a\neq 0)$.

解 $\displaystyle\int \frac{1}{a^2-x^2}\mathrm{d}x = \frac{1}{2a}\int \left(\frac{1}{a+x}+\frac{1}{a-x}\right)\mathrm{d}x$

$\displaystyle\qquad = \frac{1}{2a}\left[\int \frac{1}{a+x}\mathrm{d}(a+x) - \int \frac{1}{a-x}\mathrm{d}(a-x)\right] = \frac{1}{2a}\ln\left|\frac{a+x}{a-x}\right|+C.$

例11 求 $\displaystyle\int \tan x\,\mathrm{d}x$.

解 $\displaystyle\int \tan x\,\mathrm{d}x = \int \frac{\sin x}{\cos x}\mathrm{d}x = -\int \frac{1}{\cos x}\mathrm{d}(\cos x) = -\ln|\cos x|+C.$

类似可得 $\displaystyle\int \cot x\,\mathrm{d}x = \ln|\sin x|+C.$

例12 求 $\displaystyle\int \sec x\,\mathrm{d}x$.

解 $\displaystyle\int \sec x\,\mathrm{d}x = \int \frac{1}{\cos x}\mathrm{d}x = \int \frac{\cos x}{\cos^2 x}\mathrm{d}x = \int \frac{\mathrm{d}(\sin x)}{1-\sin^2 x},$

利用例 10 的结论得

$\displaystyle\int \sec x\,\mathrm{d}x = \frac{1}{2}\ln\left|\frac{1+\sin x}{1-\sin x}\right|+C = \frac{1}{2}\ln\left(\frac{1+\sin x}{\cos x}\right)^2+C = \ln|\sec x+\tan x|+C.$

类似可得 $\displaystyle\int \csc x\,\mathrm{d}x = \ln|\csc x-\cot x|+C.$

例13 求 $\displaystyle\int \sin^2 x\cos x\,\mathrm{d}x$.

解 $\displaystyle\int \sin^2 x \cos x \mathrm{d}x = \int \sin^2 x \mathrm{d}(\sin x) = \frac{1}{3}\sin^3 x + C.$

例 14 求 $\displaystyle\int \sin^4 x \mathrm{d}x.$

解 $\displaystyle\int \sin^4 x \mathrm{d}x = \int \left(\frac{1-\cos 2x}{2}\right)^2 \mathrm{d}x = \frac{1}{4}\int \left(1 - 2\cos 2x + \frac{1+\cos 4x}{2}\right)\mathrm{d}x$

$$= \frac{1}{8}\int (3 - 4\cos 2x + \cos 4x)\mathrm{d}x = \frac{3}{8}x - \frac{1}{4}\sin 2x + \frac{1}{32}\sin 4x + C.$$

例 15 求 $\displaystyle\int \sin 5x \cos 2x \mathrm{d}x.$

解 容易验证,对任意 A,B 成立 $\sin A \cos B = \frac{1}{2}\left[\sin(A+B) + \sin(A-B)\right]$,所以

$$\int \sin 5x \cos 2x \mathrm{d}x = \frac{1}{2}\int (\sin 7x + \sin 3x)\mathrm{d}x$$

$$= \frac{1}{2}\cdot\frac{1}{7}\int \sin 7x \mathrm{d}(7x) + \frac{1}{2}\cdot\frac{1}{3}\int \sin 3x \mathrm{d}(3x)$$

$$= -\frac{1}{14}\cos 7x - \frac{1}{6}\cos 3x + C.$$

例 16 求 $\displaystyle\int \frac{x}{1+x}\mathrm{d}x.$

解 $\displaystyle\int \frac{x}{1+x}\mathrm{d}x = \int \frac{1+x-1}{1+x}\mathrm{d}x = \int \left(1 - \frac{1}{1+x}\right)\mathrm{d}x = x - \ln|1+x| + C.$

例 17 求 $\displaystyle\int \frac{\arctan\sqrt{x}}{\sqrt{x}(1+x)}\mathrm{d}x.$

解 $\displaystyle\int \frac{\arctan\sqrt{x}}{\sqrt{x}(1+x)}\mathrm{d}x = 2\int \frac{\arctan\sqrt{x}}{1+(\sqrt{x})^2}\mathrm{d}(\sqrt{x})$

$$= 2\int \arctan\sqrt{x}\,\mathrm{d}(\arctan\sqrt{x}) = \arctan^2\sqrt{x} + C.$$

例 18 求 $\displaystyle\int \frac{2x+5}{x^2+4x+5}\mathrm{d}x.$

解 $\displaystyle\int \frac{2x+5}{x^2+4x+5}\mathrm{d}x = \int \frac{(2x+4)+1}{x^2+4x+5}\mathrm{d}x = \int \frac{\mathrm{d}(x^2+4x+5)}{x^2+4x+5} + \int \frac{1}{x^2+4x+5}\mathrm{d}x$

$$= \ln(x^2+4x+5) + \int \frac{1}{(x+2)^2+1}\mathrm{d}(x+2)$$

$$= \ln(x^2+4x+5) + \arctan(x+2) + C.$$

二、第二类换元积分法

运用第一类换元积分法是先凑微分,但是有些积分不容易凑出微分.下面要学习的第二类换元积分法是令 $x = \varphi(t)(\mathrm{d}x = \varphi'(t)\mathrm{d}t)$,把对 x 的积分 $\displaystyle\int f(x)\mathrm{d}x$ 变成对 t 的积分 $\displaystyle\int f[\varphi(t)]\varphi'(t)\mathrm{d}t.$

定理 2 设 $x = \varphi(t)$ 是单调、可导的函数,并且 $\varphi'(t) \neq 0$,又设 $f[\varphi(t)]\varphi'(t)$ 具有原函数

$\Phi(t)$, 则 $\displaystyle\int f(x)\mathrm{d}x\xrightarrow{\ \text{令}\ x=\varphi(t)\ }\int f[\varphi(t)]\varphi'(t)\mathrm{d}t=\Phi(t)+C\xrightarrow{\ t=\varphi^{-1}(x)\ \text{回代}\ }\Phi[\varphi^{-1}(x)]+C.$

例 19 求 $\displaystyle\int\frac{1}{1+\sqrt{x}}\mathrm{d}x.$

解 令 $\sqrt{x}=t$, 则 $x=t^2$（即代换掉难处理的项 $\sqrt{x}$）, $\mathrm{d}x=2t\mathrm{d}t$. 于是有

$$\int\frac{1}{1+\sqrt{x}}\mathrm{d}x=2\int\frac{t\mathrm{d}t}{1+t}=2\int\left(1-\frac{1}{1+t}\right)\mathrm{d}t$$

$$=2[t-\ln(1+t)]+C\xrightarrow{\ t=\sqrt{x}\,\text{回代}\ }2\sqrt{x}-2\ln(1+\sqrt{x})+C.$$

例 20 求 $\displaystyle\int\frac{1}{\sqrt{x}(1+\sqrt[4]{x})^3}\mathrm{d}x.$

解 令 $\sqrt[4]{x}=t$, 则 $x=t^4$（即代换掉难处理的项 $\sqrt{x}$ 和 $\sqrt[4]{x}$）, $\mathrm{d}x=4t^3\mathrm{d}t$. 于是有

$$\int\frac{1}{\sqrt{x}(1+\sqrt[4]{x})^3}\mathrm{d}x=4\int\frac{t\mathrm{d}t}{(1+t)^3}=4\int\left[\frac{1}{(1+t)^2}-\frac{1}{(1+t)^3}\right]\mathrm{d}t$$

$$=-\frac{4}{1+t}+\frac{2}{(1+t)^2}+C\xrightarrow{\ t=\sqrt[4]{x}\,\text{回代}\ }\frac{2}{(1+\sqrt[4]{x})^2}-\frac{4}{1+\sqrt[4]{x}}+C.$$

例 21 求 $\displaystyle\int\frac{1}{x}\sqrt{\frac{1+x}{x}}\mathrm{d}x.$

解 令 $\sqrt{\dfrac{1+x}{x}}=t$, 则 $x=\dfrac{1}{t^2-1}$（即代换掉难处理的项 $\sqrt{\dfrac{1+x}{x}}$）, $\mathrm{d}x=-\dfrac{2t}{(t^2-1)^2}\mathrm{d}t$. 于是有

$$\int\frac{1}{x}\sqrt{\frac{1+x}{x}}\mathrm{d}x=-2\int\frac{t^2}{t^2-1}\mathrm{d}t=-2\int\frac{(t^2-1)+1}{t^2-1}\mathrm{d}t=-2\int\left(1+\frac{1}{t^2-1}\right)\mathrm{d}t$$

$$=-2t-2\int\frac{1}{t^2-1}\mathrm{d}t=-2t-\ln\left|\frac{t-1}{t+1}\right|+C$$

$$=-2\sqrt{\frac{1+x}{x}}-\ln\left|\frac{\sqrt{\dfrac{1+x}{x}}-1}{\sqrt{\dfrac{1+x}{x}}+1}\right|+C.$$

例 22 求 $\displaystyle\int\sqrt{a^2-x^2}\mathrm{d}x\,(a>0).$

解 令 $x=a\sin t\left(-\dfrac{\pi}{2}<t<\dfrac{\pi}{2}\right)$, 则 $\mathrm{d}x=a\cos t\mathrm{d}t$, $\sqrt{a^2-x^2}=a\cos t$. 于是有

$$\int\sqrt{a^2-x^2}\mathrm{d}x=a^2\int\cos^2 t\mathrm{d}t=\frac{a^2}{2}\int(1+\cos 2t)\mathrm{d}t=a^2\left(\frac{t}{2}+\frac{\sin 2t}{4}\right)+C.$$

为了能方便地进行变量的回代, 根据 $\sin t=\dfrac{x}{a}$ 作一个直角三角形, 称为辅助三角形, 利用边角关系来实现替换. 如图 4-2 所示, 得

$$t=\arcsin\frac{x}{a}, \cos t=\frac{\sqrt{a^2-x^2}}{a},$$

$$\sin 2t=2\sin t\cos t=\frac{2x\sqrt{a^2-x^2}}{a^2}.$$

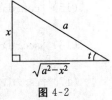

图 4-2

于是有 $\displaystyle \int \sqrt{a^2-x^2}\,\mathrm{d}x = \frac{a^2}{2}\arcsin\frac{x}{a} + \frac{x\sqrt{a^2-x^2}}{2} + C.$

例 23   求 $\displaystyle \int \frac{\mathrm{d}x}{\sqrt{x^2+a^2}}.$

解   令 $x=a\tan t$，则 $\mathrm{d}x=a\sec^2 t\,\mathrm{d}t$，$\sqrt{a^2+x^2}=a\sec t$. 于是有

$$\int \frac{\mathrm{d}x}{\sqrt{x^2+a^2}} = \int \frac{a\sec^2 t\,\mathrm{d}t}{a\sec t} = \int \sec t\,\mathrm{d}t = \ln|\sec t + \tan t| + C.$$

类似于上例，根据 $\tan t=\dfrac{x}{a}$ 作辅助三角形，如图 4-3 所示，得

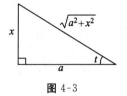

图 4-3

$$\int \frac{\mathrm{d}x}{\sqrt{x^2+a^2}} = \ln\left|\frac{x+\sqrt{x^2+a^2}}{a}\right| + C$$

$$= \ln|x+\sqrt{x^2+a^2}| + C_1 \quad (C_1 = C - \ln a).$$

例 24   求 $\displaystyle \int \frac{\mathrm{d}x}{\sqrt{x^2-a^2}}.$

解   令 $x=a\sec t$，则 $\mathrm{d}x=a\sec t\tan t\,\mathrm{d}t$，$\sqrt{x^2-a^2}=a\tan t$. 于是有

$$\int \frac{\mathrm{d}x}{\sqrt{x^2-a^2}} = \int \frac{a\sec t\tan t\,\mathrm{d}t}{a\tan t} = \int \sec t\,\mathrm{d}t$$

$$= \ln|\sec t + \tan t| + C.$$

仍然应用辅助三角形，如图 4-4 所示，得

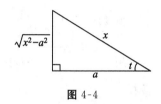

图 4-4

$$\int \frac{\mathrm{d}x}{\sqrt{x^2-a^2}} = \ln|x+\sqrt{x^2-a^2}| + C_1 \quad (C_1 = C - \ln a).$$

上面例 22 至例 24 中，都以三角式代换来消去二次根式，称这种方法为三角代换法，它也是积分中常用的代换方法之一. 一般地，根据被积函数的根式类型，常用的变形如下：

(1) 被积函数中含有 $\sqrt{a^2-x^2}$，令 $x=a\sin t$ 或 $x=a\cos t$；

(2) 被积函数中含有 $\sqrt{a^2+x^2}$，令 $x=a\tan t$ 或 $x=a\cot t$；

(3) 被积函数中含有 $\sqrt{x^2-a^2}$，令 $x=a\sec t$ 或 $x=a\csc t$.

但要说明的是不可拘泥于上述规定，应视被积函数的具体情况，尽可能选取简单的代换. 例如，对 $\displaystyle \int \frac{\mathrm{d}x}{\sqrt{a^2-x^2}}$，$\displaystyle \int x\sqrt{x^2+a^2}\,\mathrm{d}x$ 用凑微分法显然比用三角代换更简捷.

上述例题的部分结果，在求其他积分时经常遇到. 因此，通常将它们作为公式直接应用. 除了前面已经列出的 13 个基本积分公式外，下面 8 个结果也作为基本积分公式使用：

(14) $\displaystyle \int \tan x\,\mathrm{d}x = -\ln|\cos x| + C$；

(15) $\displaystyle \int \cot x\,\mathrm{d}x = \ln|\sin x| + C$；

(16) $\displaystyle \int \sec x\,\mathrm{d}x = \ln|\sec x + \tan x| + C$；

(17) $\displaystyle \int \csc x\,\mathrm{d}x = \ln|\csc x - \cot x| + C$；

(18) $\int \dfrac{1}{a^2 + x^2}dx = \dfrac{1}{a}\arctan \dfrac{x}{a} + C(a \neq 0)$;

(19) $\int \dfrac{1}{a^2 - x^2}dx = \dfrac{1}{2a}\ln \left| \dfrac{a+x}{a-x} \right| + C(a \neq 0)$;

(20) $\int \dfrac{1}{\sqrt{a^2 - x^2}}dx = \arcsin \dfrac{x}{a} + C(a > 0)$;

(21) $\int \dfrac{1}{\sqrt{x^2 \pm a^2}}dx = \ln|x + \sqrt{x^2 \pm a^2}| + C$.

 习题 4-2(A)

1. 填空：

(1) $d(3x) = ($　$)dx$;　　　　　　(2) $dx = ($　$)d(5x+1)$;

(3) $d(x^3) = ($　$)dx$;　　　　　　(4) $xdx = ($　$)d(ax^2+b)(a \neq 0)$;

(5) $\dfrac{1}{\sqrt{x}}dx = ($　$)d(\sqrt{x})$;　　　(6) $x^2 dx = ($　$)d(x^3)$;

(7) $e^x dx = ($　$)d(e^x)$;　　　　　(8) $\sin x dx = ($　$)d(\cos x)$;

(9) $\dfrac{1}{x}dx = ($　$)d(2\ln|x|)$;　　　(10) $\dfrac{1}{x^2}dx = ($　$)d\left(\dfrac{1}{x}+1\right)$;

(11) $d(\arcsin x) = ($　$)dx$;　　　(12) $\dfrac{1}{1+x^2}dx = d($　$)$.

2. 下列做法错在何处？请改正之：

(1) $\int e^{3x}dx = e^{3x} + C$;

(2) $\int (x+1)^6 dx = \dfrac{1}{7}(x+1)^7$;

(3) $\int \sin\sqrt{x}d(\sqrt{x}) = \cos\sqrt{x} + C$;

(4) $\int e^{-x}dx = e^{-x} + C$;

(5) $\int x^2 \sin(x^3+1)dx = \dfrac{1}{3}\int (x^3+1)d(x^3+1)$;

(6) $\int \sin x \cos x dx = \int \sin x d(\sin x) = -\cos x + C$;

(7) $\int \dfrac{1}{1+\sqrt{x}}dx = \int \dfrac{1}{1+u}du = \ln|1+u| + C = \ln(1+\sqrt{x})$（其中令 $\sqrt{x} = u$）;

(8) $\int \sqrt{1-x^2}dx = \int \cos u du = \sin u + C = \sin x + C$（其中令 $x = \sin u$）.

3. 求下列不定积分：

(1) $\int (2x+1)^6 d(2x+1)$;　　　　(2) $\int \sqrt{2x+1}d(2x+1)$;

(3) $\int \dfrac{1}{3x+5}d(3x+5)$;　　　　(4) $\int \dfrac{1}{1+9x^2}d(3x)$;

(5) $\int \dfrac{1}{\sqrt{\cos x}} \mathrm{d}(\cos x)$;

(6) $\int \dfrac{1}{\cos^2 2x} \mathrm{d}(2x)$;

(7) $\int \dfrac{1}{\sqrt{1-9x^2}} \mathrm{d}(3x)$;

(8) $\int \mathrm{e}^{-3x} \mathrm{d}(3x)$;

(9) $\int \cos 2x \mathrm{d}(2x)$;

(10) $\int \sin 5x \mathrm{d}(5x)$.

 习题 4-2(B)

1. 求下列不定积分：

(1) $\int (2x+1)^3 \mathrm{d}x$;

(2) $\int \sqrt[3]{3-5x}\, \mathrm{d}x$;

(3) $\int \dfrac{\sqrt[3]{\ln x}}{x} \mathrm{d}x$;

(4) $\int \dfrac{1}{x^2} \mathrm{e}^{\frac{1}{x}} \mathrm{d}x$;

(5) $\int \mathrm{e}^{\sin x} \cos x \mathrm{d}x$;

(6) $\int \dfrac{\cos \sqrt{x}}{\sqrt{x}} \mathrm{d}x$;

(7) $\int \dfrac{1}{\sqrt{9-x^2}} \mathrm{d}x$;

(8) $\int \dfrac{1}{\sqrt{3+2x-x^2}} \mathrm{d}x$;

(9) $\int \dfrac{1}{9+25x^2} \mathrm{d}x$;

(10) $\int \dfrac{1}{5+4x+4x^2} \mathrm{d}x$;

(11) $\int \dfrac{2x+2}{x^2+2x+2} \mathrm{d}x$;

(12) $\int \dfrac{\sin x \cos x}{1+\sin^4 x} \mathrm{d}x$;

(13) $\int \dfrac{\sin(\ln x)}{x} \mathrm{d}x$;

(14) $\int \dfrac{1}{x \ln x \ln(\ln x)} \mathrm{d}x$;

(15) $\int \dfrac{2x-1}{\sqrt{1-x^2}} \mathrm{d}x$;

(16) $\int \dfrac{x-a}{\sqrt{a^2-x^2}} \mathrm{d}x (a \neq 0)$;

(17) $\int \sin^4 x \cos^5 x \mathrm{d}x$;

(18) $\int \cos 3x \cos x \mathrm{d}x$;

(19) $\int \sin 5x \sin 3x \mathrm{d}x$

(20) $\int \tan^3 x \sec^4 x \mathrm{d}x$;

(21) $\int \dfrac{\sin^4 x}{\cos^2 x} \mathrm{d}x$;

(22) $\int \dfrac{1}{x^2-4} \mathrm{d}x$;

(23) $\int \dfrac{1}{\cos^2 x \ \sqrt{1+\tan x}} \mathrm{d}x$;

(24) $\int \dfrac{\ln \tan x}{\sin x \cos x} \mathrm{d}x$;

(25) $\int \dfrac{\sec^2 x}{2+\tan^2 x} \mathrm{d}x$;

(26) $\int \dfrac{1}{4x^2+4x-3} \mathrm{d}x$.

2. 求下列不定积分：

(1) $\int \dfrac{1}{1+\sqrt[3]{1+x}} \mathrm{d}x$;

(2) $\int \dfrac{\sqrt{1+x}}{1+\sqrt{1+x}} \mathrm{d}x$;

(3) $\int \dfrac{1}{\sqrt{x}(1+\sqrt[3]{x})} \mathrm{d}x$;

(4) $\int \dfrac{1}{\sqrt{2x+1}-\sqrt[4]{2x+1}} \mathrm{d}x$;

(5) $\int \sqrt{9-x^2}\,\mathrm{d}x$;

(6) $\int t\sqrt{25-t^2}\,\mathrm{d}t$;

(7) $\int \dfrac{1}{x\sqrt{x^2-1}}\,\mathrm{d}x$;

(8) $\int \dfrac{1}{x^2\sqrt{x^2-9}}\,\mathrm{d}x$;

(9) $\int \dfrac{\sqrt{x^2-2x}}{x-1}\,\mathrm{d}x$;

(10) $\int \dfrac{x^2}{\sqrt{9-x^2}}\,\mathrm{d}x$;

(11) $\int \dfrac{1}{\sqrt{1+\mathrm{e}^x}}\,\mathrm{d}x$;

(12) $\int \dfrac{\mathrm{e}^x-1}{\mathrm{e}^x+1}\,\mathrm{d}x$.

▶ §4-3 分部积分法

分部积分法是另一种基本的积分方法,它常用于被积分函数是两种不同类型函数乘积的积分.例如,类似于 $\int x\ln^2 x\,\mathrm{d}x$,$\int \mathrm{e}^x\sin x\,\mathrm{d}x$,$\int a^x x^n\,\mathrm{d}x$ 的积分.分部积分法是在乘积微分法则基础上推导出来的.

设函数 $u=u(x)$,$v=v(x)$ 均具有连续导数,则由两个函数乘积的微分法则可得
$$\mathrm{d}(uv)=u\mathrm{d}v+v\mathrm{d}u \text{ 或 } u\mathrm{d}v=\mathrm{d}(uv)-v\mathrm{d}u,$$

两边积分得
$$\int u\mathrm{d}v=\int \mathrm{d}(uv)-\int v\mathrm{d}u=uv-\int v\mathrm{d}u,$$

称这个公式为**分部积分公式**.

分部积分公式把计算积分 $\int u\mathrm{d}v$ 化为计算积分 $\int v\mathrm{d}u$,适用于前者不易计算,而后者容易计算的情形,从而起到化难为易的作用.

例 1 求 $\int x\cos x\,\mathrm{d}x$.

解 令 $u=x$,$\cos x\,\mathrm{d}x=\mathrm{d}(\sin x)=\mathrm{d}v$,根据分部积分公式得到
$$\int x\cos x\,\mathrm{d}x=\int x\mathrm{d}(\sin x)=x\sin x-\int \sin x\,\mathrm{d}x=x\sin x+\cos x+C.$$

该例如果令 $u=\cos x$,$x\mathrm{d}x=\mathrm{d}\left(\dfrac{x^2}{2}\right)=\mathrm{d}v$,则
$$\int x\cos x\,\mathrm{d}x=\int \cos x\mathrm{d}\left(\dfrac{x^2}{2}\right)=\dfrac{x^2}{2}\cos x+\int \dfrac{x^2}{2}\sin x\,\mathrm{d}x.$$

上式右端的新积分 $\int \dfrac{x^2}{2}\sin x\,\mathrm{d}x$ 比左端的原积分 $\int x\cos x\,\mathrm{d}x$ 更难积出.因此,这样选取 u,v 是不合适的.由此可见,应用分部积分法是否有效,关键是正确选择 u,v.一般来说,选择 u,v 可依据以下两个原则:

(1) 由 $\varphi(x)\mathrm{d}x=\mathrm{d}v$,使 v 容易求出;

(2) 等式右端积分 $\int v\mathrm{d}u$ 比原积分 $\int u\mathrm{d}v$ 更容易计算.

例 2 $\int x \ln x \, dx$.

解 令 $u = \ln x, x \, dx = d\left(\dfrac{x^2}{2}\right) = dv$，则

$$\int x \ln x \, dx = \int \ln x \, d\left(\frac{x^2}{2}\right) = \frac{x^2}{2} \ln x - \frac{1}{2} \int x \, dx = \frac{x^2}{2} \ln x - \frac{x^2}{4} + C.$$

例 3 $\int x e^x \, dx$.

解 令 $u = x, e^x \, dx = d(e^x) = dv$，则

$$\int x e^x \, dx = \int x \, d(e^x) = x e^x - \int e^x \, dx = x e^x - e^x + C = e^x(x-1) + C.$$

例 4 $\int x^2 e^x \, dx$.

解 令 $u = x^2, e^x \, dx = d(e^x) = dv$，则

$$\int x^2 e^x \, dx = \int x^2 \, d(e^x) = x^2 e^x - 2 \int x e^x \, dx.$$

对于 $\int x e^x \, dx$，上题已有结论 $\int x e^x \, dx = e^x(x-1) + C$，所以

$$\int x^2 e^x \, dx = x^2 e^x - 2 \int x e^x \, dx = x^2 e^x - 2x e^x + 2e^x + C = e^x(x^2 - 2x + 2) + C.$$

例 5 $\int \arctan x \, dx$.

解 令 $u = \arctan x, dx = dv$，则

$$\int \arctan x \, dx = x \arctan x - \int \frac{x \, dx}{1 + x^2} = x \arctan x - \frac{1}{2} \int \frac{1}{1 + x^2} d(1 + x^2)$$

$$= x \arctan x - \frac{1}{2} \ln(1 + x^2) + C.$$

例 6 $\int \arccos x \, dx$.

解 令 $u = \arccos x, dx = dv$，则

$$\int \arccos x \, dx = x \arccos x + \int \frac{x \, dx}{\sqrt{1 - x^2}} = x \arccos x - \frac{1}{2} \int \frac{1}{\sqrt{1 - x^2}} d(1 - x^2)$$

$$= x \arccos x - \sqrt{1 - x^2} + C.$$

例 7 $\int e^x \sin x \, dx$.

解 令 $u = e^x, \sin x \, dx = d(-\cos x) = dv$，则

$$\int e^x \sin x \, dx = -\int e^x \, d(\cos x) = -e^x \cos x + \int e^x \cos x \, dx.$$

对于 $\int e^x \cos x \, dx$，再次使用分部积分法，仍然将 e^x 视为 u，$\cos x \, dx = d(\sin x)$ 视为 dv，则

$$\int e^x \sin x \, dx = -e^x \cos x + \int e^x \, d(\sin x) = -e^x \cos x + e^x \sin x - \int e^x \sin x \, dx,$$

所以 $$2 \int e^x \sin x \, dx = -e^x \cos x + e^x \sin x + C_1,$$

即
$$\int e^x \sin x dx = \frac{e^x}{2}(\sin x - \cos x) + C\left(C = \frac{C_1}{2}\right).$$

注 此例亦可将 $\sin x$ 选作 u，$e^x dx = d(e^x) = dv$，读者可自行验证.

从上述这些例题可以看出，当被积函数具有表 4-1 所列形式时，使用分部积分法一般都能奏效，而且 u,v 的选择是有规律可循的.

表 4-1

被积表达式($P_n(x)$为多项式)	$u(x)$	dv
$P_n(x)\cdot\sin ax dx$，$P_n(x)\cdot\cos ax dx$，$P_n(x)\cdot e^{ax}dx$	$P_n(x)$	$\sin ax dx$，$\cos ax dx$，$e^{ax}dx$
$P_n(x)\cdot\ln x dx$，$P_n(x)\cdot\arcsin x dx$，$P_n(x)\cdot\arctan x dx$	$\ln x$，$\arcsin x$，$\arctan x$	$P_n(x)dx$
$e^{ax}\cdot\sin bx dx$，$e^{ax}\cdot\cos bx dx$	e^{ax}，$\sin bx$，$\cos bx$ 均可选作 $u(x)$，余下作为 dv	

 习题 4-3(A)

1. 对 $\int x\cos x dx$ (例 1)使用分部积分法时，若选择 $u = \cos x$，$dv = x dx$ 来计算合适吗？为什么？

2. 下面的做法在计算时虽然正确，但出现循环而得不到结果，你能发现问题所在吗？

$$\int e^x \cos x dx = \int \cos x d(e^x) = e^x \cos x - \int e^x d(\cos x)$$

$$= e^x \cos x - \left[e^x \cos x - \int \cos x d(e^x)\right]$$

$$= \int e^x \cos x dx.$$

 习题 4-3(B)

求下列不定积分:

(1) $\int x\cos 2x dx$;

(2) $\int \dfrac{x}{e^x}dx$;

(3) $\int (x^2 + 1)\ln x dx$;

(4) $\int x^2 \arctan x dx$;

(5) $\int \ln(x + \sqrt{1+x^2})dx$;

(6) $\int \arcsin x dx$;

(7) $\int x\cot^2 x dx$;

(8) $\int e^x \sin 2x dx$;

(9) $\int x^3 e^{x^2} dx$;

(10) $\int \dfrac{x\arcsin x}{\sqrt{1-x^2}}dx$.

§4-4 积分表的使用

在实际问题中所遇到的初等函数的积分,如果都一一进行计算,那将是一件很艰苦、繁杂的工作.为了应用方便,把常用的一些函数的积分汇集成表,这种表称为积分表.本书附录列出了一份简易积分表,以供查阅.该表是按被积函数的类型加以分类编排的.求积分时,可根据被积函数的类型,在积分表内查得积分结果.如果所求积分与表中公式不完全相同,就需要先将所求的积分经过简单变形,然后再使用公式.下面举例说明积分表的使用方法.

例 1 查表求 $\int \dfrac{x^2 \mathrm{d}x}{(2+3x)^2}$.

解 被积函数含有 $a+bx$ 形式的因式,属于简易积分表第(一)类公式(8),将 $a=2,b=3$ 代入公式得

$$\int \frac{x^2 \mathrm{d}x}{(2+3x)^2} = \frac{1}{27}\left(2+3x-4\ln|2+3x|-\frac{4}{2+3x}\right)+C.$$

例 2 查表求 $\int \dfrac{x\mathrm{d}x}{\sqrt{3+2x+x^2}}\mathrm{d}x$.

解 被积函数含有因式 $\sqrt{3+2x+x^2}$,属于简易积分表第(九)类公式(75),将 $a=3,b=2,c=1$ 代入公式得

$$\int \frac{x\mathrm{d}x}{\sqrt{3+2x+x^2}}\mathrm{d}x = \sqrt{3+2x+x^2}-\ln|2x+2+2\sqrt{3+2x+x^2}|+C.$$

例 3 查表求 $\int \dfrac{\mathrm{d}x}{x^2\sqrt{9x^2+4}}$.

解 这个积分在简易积分表中不能直接查到,要进行变量代换,令 $3x=t$,则 $x=\dfrac{1}{3}t$, $\mathrm{d}x=\dfrac{1}{3}\mathrm{d}t$,于是有

$$\int \frac{\mathrm{d}x}{x^2\sqrt{9x^2+4}} = \int \frac{1}{\dfrac{t^2}{9}\sqrt{t^2+4}} \cdot \frac{1}{3}\mathrm{d}t = 3\int \frac{\mathrm{d}t}{t^2\sqrt{t^2+2^2}}.$$

上式右端积分的被积函数中含有 $\sqrt{t^2+2^2}$,在积分表第(五)类中,查到公式(39),当 $a=2$(x 相当于 t)时,得

$$\int \frac{\mathrm{d}t}{t^2\sqrt{t^2+2^2}} = -\frac{\sqrt{t^2+4}}{4t}+C = -\frac{\sqrt{9x^2+4}}{12x}+C.$$

代入原积分中,得

$$\int \frac{\mathrm{d}x}{x^2\sqrt{9x^2+4}} = 3\int \frac{\mathrm{d}t}{t^2\sqrt{t^2+2^2}} = -\frac{\sqrt{9x^2+4}}{4x}+C.$$

例 4 查表求 $\int \dfrac{1}{\sqrt{4x^2-4x-8}}\mathrm{d}x$.

解　这个积分在简易积分表中不能直接查到,但经过配方后它与积分表中第(六)类公式(42) $\int \dfrac{1}{\sqrt{x^2-a^2}}\mathrm{d}x = \ln|x+\sqrt{x^2-a^2}|+C$ 类似,将所求积分变形:

$$\int \frac{1}{\sqrt{4x^2-4x-8}}\mathrm{d}x = \int \frac{\mathrm{d}x}{\sqrt{(2x-1)^2-9}}$$

$$= \frac{1}{2}\int \frac{\mathrm{d}(2x-1)}{\sqrt{(2x-1)^2-9}} \xlongequal{2x-1=u} \frac{1}{2}\int \frac{\mathrm{d}u}{\sqrt{u^2-9}},$$

现在应用公式(42),并以 $u=2x-1$ 回代,得

$$\int \frac{1}{\sqrt{4x^2-4x-8}}\mathrm{d}x = \frac{1}{2}\ln|2x-1+\sqrt{4x^2-4x-8}|+C.$$

　　一般地,查简易积分表可以方便地求出函数的积分,但是在学习高等数学阶段,最好不要依赖它,以利于学习和掌握积分的基本公式与方法.

　　虽然我们已经掌握了不少积分方法,而且可以证明初等函数在其定义域内一定存在不定积分,但在浩瀚的初等函数大海中,不定积分能以有限形式表示出来的,只是这大海里的一滴水.绝大部分初等函数的原函数不能以有限形式表示.例如,

$$\int \mathrm{e}^{-x^2}\mathrm{d}x,\ \int \frac{\sin x}{x}\mathrm{d}x,\ \int \frac{\mathrm{d}x}{\ln x},\ \int \sqrt{1-k^2\cos^2 t}\,\mathrm{d}t\,(0<k<1)$$

等都属于这种类型.在目前阶段,我们只能称这些积分是"积不出"的.通过进一步的学习可以看到,这些所谓"积不出"的不定积分,在数学发展史上曾起过重大作用,在现实中也有着广泛应用.

 **习题 4-4**

利用简易积分表求下列不定积分:

(1) $\displaystyle\int \frac{\mathrm{d}x}{x(5+2x)}$;

(2) $\displaystyle\int \frac{\mathrm{d}x}{2x^2+5x+3}$;

(3) $\displaystyle\int \frac{x^2}{\sqrt{2+3x}}\mathrm{d}x$;

(4) $\displaystyle\int x^2\arccos\frac{3x}{2}\mathrm{d}x$;

(5) $\displaystyle\int \sqrt{4x^2+5}\,\mathrm{d}x$;

(6) $\displaystyle\int \mathrm{e}^{-x}\sin 5x\mathrm{d}x$;

(7) $\displaystyle\int \frac{\mathrm{d}x}{25-4x^2}$;

(8) $\displaystyle\int \sqrt{x^2-4x+8}\,\mathrm{d}x$;

(9) $\displaystyle\int x^2\ln^3 x\mathrm{d}x$;

(10) $\displaystyle\int \frac{\mathrm{d}x}{5-2\cos x}$.

本章主要介绍了原函数与不定积分的概念,推出了不定积分的基本公式和运算性质,讨论和研究了计算不定积分的有关方法.

一、原函数与不定积分的概念

原函数与不定积分的概念是积分学中一个最基本的概念,也是学习本章的理论基础.从计算上讲,求不定积分和求导数恰好相反,两者互为逆运算.本节重点讨论原函数和不定积分的定义及有关的基本性质,同时也为下一章定积分的学习做好了准备.

1. 原函数的有关概念.

(1) 若 $F'(x) = f(x)$ 或 $\mathrm{d}[F(x)] = f(x)\mathrm{d}x$,则称 $F(x)$ 是 $f(x)$ 的一个原函数;

(2) 若 $f(x)$ 有一个原函数 $F(x)$,则 $f(x)$ 一定有无限多个原函数,其中的每一个都可表示为 $F(x) + C$ 的形式;

(3) $f(x)$ 在其连续区间上一定存在原函数.

2. 不定积分的概念.

(1) $f(x)$ 的原函数的全体 $F(x) + C$,称为 $f(x)$ 的不定积分,记作

$$\int f(x)\mathrm{d}x = F(x) + C.$$

(2) 不定积分与求导是互逆运算,它们有如下关系:

$$\left[\int f(x)\mathrm{d}x\right]' = f(x) \ \text{或} \ \mathrm{d}\left[\int f(x)\mathrm{d}x\right] = f(x)\mathrm{d}x \quad\text{——先积后导(微),不积不导;}$$

$$\int F'(x)\mathrm{d}x = F(x) + C \ \text{或} \ \int \mathrm{d}[F(x)] = F(x) + C \quad\text{——先导(微)后积,加上常数.}$$

二、积分的基本公式和性质

积分的基本公式和基本性质是求不定积分的主要依据.求每一个积分,基本都要运用积分的基本性质,并最终归结为积分基本公式的形式.由此可见,熟练掌握积分的基本公式和基本性质是掌握本节内容的关键.

三、求积分的基本方法

积分方法有直接积分法、换元积分法和分部积分法.

1. 直接积分法是求积分的最基本方法,它是其他积分法的基础.

$$\int f(x)\mathrm{d}x \xrightarrow{\text{代数或三角变形}} \int [f_1(x) \pm f_2(x) \pm \cdots \pm f_n(x)]\mathrm{d}x$$

$$\xrightarrow{\text{运算法则}} \int f_1(x)\mathrm{d}x \pm \int f_2(x)\mathrm{d}x \pm \cdots \pm \int f_n(x)\mathrm{d}x$$

$$\xrightarrow{\text{基本积分公式}} F_1(x) \pm F_2(x) \pm \cdots \pm F_n(x) + C.$$

2. 换元积分法包括第一类换元积分法(凑微分法)和第二类换元积分法,它们的区别是

换元的方式.

(1) 第一类换元积分法(凑微分法):

$$\int f[\varphi(x)]\varphi'(x)\mathrm{d}x = \int f[\varphi(x)]\mathrm{d}[\varphi(x)] \xrightarrow{\text{令}\ \varphi(x)=u} \int f(u)\mathrm{d}u = F(u) + C$$

$$\xrightarrow{u=\varphi(x)\ \text{回代}} F[\varphi(x)] + C.$$

凑微分的关键是把被积表达式凑成两部分:一部分为 $\mathrm{d}[\varphi(x)]$,另一部分为 $\varphi(x)$ 的函数 $f[\varphi(x)]$.

(2) 第二类换元积分法:

$$\int f(x)\mathrm{d}x \xrightarrow{\text{令}\ x=\varphi(t)} \int f[\varphi(t)]\varphi'(t)\mathrm{d}t = \Phi(t) + C \xrightarrow{t=\varphi^{-1}(x)\ \text{回代}} \Phi[\varphi^{-1}(x)] + C.$$

第二类换元积分法一般适用于被积函数中含有根式的情形,常用的代换有三角代换和有理代换.

比较两类换元法可以看出,在使用凑微分法时,新变量 u 可以不引入,而作第二类换元时,新变量 t 必须引入,且对应的回代过程也不能省,所以凑微分法相对更简捷,使用也更广泛些.

3. 分部积分法.

$$\int u(x)\mathrm{d}[v(x)] = \int \mathrm{d}[u(x)v(x)] - \int v(x)\mathrm{d}[u(x)]$$
$$= u(x)v(x) - \int v(x)\mathrm{d}[u(x)].$$

使用分部积分法的关键是恰当地选择 u,v,把不易计算的积分 $\int u(x)\mathrm{d}[v(x)]$,通过公式转化为比较容易计算的积分 $\int v(x)\mathrm{d}[u(x)]$,达到化难为易的目的. 当被积函数含有对数函数、指数函数、三角函数以及反三角函数时,都可以考虑应用分部积分法.

4. 简易积分表及其应用.

分析积分表的结构,使学生熟悉表中所列的各种被积函数的类型. 如果所求积分与积分表中的公式不完全相同,则需要进行适当的变换将其化为表中公式的形式,然后进行计算.

自测题四

一、填空题

1. $\mathrm{d}\left(\int \mathrm{e}^{-x^2}\mathrm{d}x\right) = $ _____ ; $\int \mathrm{d}\left(\ln\left|\dfrac{a+\sqrt{a^2-x^2}}{x}\right|\right) = $ _____ .

2. $\displaystyle\int \frac{2\cdot 3^x - 3\cdot 2^x}{3^x}\mathrm{d}x = $ _____ .

3. $\displaystyle\int \frac{x+\sqrt{x}+1}{x^2}\mathrm{d}x = $ _____ .

4. $\displaystyle\int \frac{x}{1+x^4}\mathrm{d}x = $ _____ .

5. $\displaystyle\int \frac{x^4}{1+x^2}dx =$ _____.

6. $\displaystyle\int \sec x(\sec x - \tan x)dx =$ _____.

7. 已知 $\displaystyle\int f(x)dx = x^2 + C$，则 $\displaystyle\int \frac{1}{x^2}f\left(\frac{1}{x}\right)dx =$ _____.

8. 已知 $f(x) = \mathrm{e}^{-x}$，则 $\displaystyle\int \frac{f'(\ln x)}{x}dx =$ _____.

9. 已知 $\displaystyle\int f(x)dx = x + \csc^2 x + C$，则 $f(x) =$ _____.

10. 已知函数 $f(x)$ 的二阶导数 $f''(x)$ 连续，则 $\displaystyle\int xf''(x)dx =$ _____.

二、选择题

1. 已知 $f(x) = \dfrac{1}{x}$，则 $\displaystyle\int f'(x)dx =$ ( )

A. $\dfrac{1}{x}$ B. $\dfrac{1}{x}+C$ C. $\ln x$ D. $\ln x + C$

2. 设 $\left[\displaystyle\int f(x)dx\right]' = \cos x$，则 $f(x) =$ ( )

A. $\cos x$ B. $\cos x + C$

C. $\sin x$ D. $\sin x + C$

3. 已知 $\displaystyle\int f(x)dx = x\mathrm{e}^{2x} + C$，则 $f(x) =$ ( )

A. $2x\mathrm{e}^{2x}$ B. $2\mathrm{e}^{2x}$

C. $\mathrm{e}^{2x}(1+x)$ D. $\mathrm{e}^{2x}(1+2x)$

4. $\displaystyle\int x^2\sqrt{1+x^3}dx =$ ( )

A. $\dfrac{2}{3}(1+x^3)^{\frac{3}{2}}+C$ B. $\dfrac{2}{9}(1+x^3)^{\frac{3}{2}}+C$

C. $\dfrac{1}{3}(1+x^3)^{\frac{3}{2}}+C$ D. $\dfrac{2}{9}(1+x^3)^{\frac{3}{2}}$

5. $\displaystyle\int \frac{1}{\sqrt{1+9x^2}}dx =$ ( )

A. $\ln|3x+\sqrt{1+9x^2}|+C$ B. $\ln|3x-\sqrt{1+9x^2}|+C$

C. $\dfrac{1}{3}\ln|x+\sqrt{1+9x^2}|+C$ D. $\dfrac{1}{3}\ln|3x+\sqrt{1+9x^2}|+C$

6. 设 $\sec^2 x$ 是 $f(x)$ 的一个原函数，则 $\displaystyle\int xf(x)dx =$ ( )

A. $x\sec^2 x + \tan x + C$ B. $x\sec^2 x - \tan x + C$

C. $x\tan x + \tan x + C$ D. $x\tan x - \tan x + C$

7. 设 $\displaystyle\int f(x)dx = F(x) + C$，则 $\displaystyle\int \mathrm{e}^{-x}f(\mathrm{e}^{-x})dx =$ ( )

A. $F(\mathrm{e}^{-x}) + C$ B. $-F(-\mathrm{e}^{-x}) + C$

C. $-F(\mathrm{e}^{-x})+C$ D. $\dfrac{1}{x}F(\mathrm{e}^{-x})+C$

8. $\displaystyle\int \ln \dfrac{x}{3}\mathrm{d}x=$ (   )

A. $x\ln \dfrac{x}{3}-3x+C$ B. $x\ln \dfrac{x}{3}-6x+C$

C. $x\ln \dfrac{x}{3}-x+C$ D. $x\ln \dfrac{x}{3}+x+C$

三、综合题

1. 求下列函数的积分：

(1) $\displaystyle\int \dfrac{\sin^2 x-1}{\cos x}\mathrm{d}x$；

(2) $\displaystyle\int \dfrac{x}{3+x^2}\mathrm{d}x$；

(3) $\displaystyle\int \dfrac{x-1}{(x+2)^2}\mathrm{d}x$；

(4) $\displaystyle\int \dfrac{\cos(\sqrt{x}-1)}{\sqrt{x}}\mathrm{d}x$；

(5) $\displaystyle\int \dfrac{1}{x\sqrt{1-\ln x}}\mathrm{d}x$；

(6) $\displaystyle\int \dfrac{1}{x\ln \sqrt{x}}\mathrm{d}x$；

(7) $\displaystyle\int \dfrac{\arcsin^2 x}{\sqrt{1-x^2}}\mathrm{d}x$；

(8) $\displaystyle\int x^3\sqrt{1+x^2}\mathrm{d}x$；

(9) $\displaystyle\int \dfrac{\mathrm{d}x}{(2+x)\sqrt{1+x}}$；

(10) $\displaystyle\int \dfrac{\mathrm{d}x}{2+\sqrt{x-1}}$；

(11) $\displaystyle\int \dfrac{\mathrm{d}x}{x^2\sqrt{1-x^2}}$；

(12) $\displaystyle\int \dfrac{\sqrt{1-x^2}}{x}\mathrm{d}x$；

(13) $\displaystyle\int \dfrac{\sqrt{a^2-x^2}\mathrm{d}x}{x^2}(a>0)$；

(14) $\displaystyle\int \dfrac{\mathrm{d}x}{x\sqrt{x^2+4}}$；

(15) $\displaystyle\int x\sin^2 \dfrac{x}{2}\mathrm{d}x$；

(16) $\displaystyle\int \mathrm{e}^{2x}\sin x\mathrm{d}x$；

(17) $\displaystyle\int \mathrm{e}^{\sin x}\sin x\cos x\mathrm{d}x$；

(18) $\displaystyle\int \dfrac{x}{\sin^2 x}\mathrm{d}x$；

(19) $\displaystyle\int \dfrac{\mathrm{d}x}{x^2-5x+6}$；

(20) $\displaystyle\int \dfrac{\mathrm{d}x}{1+\cos^2 x}$；

(21) $\displaystyle\int \dfrac{\mathrm{d}x}{\mathrm{e}^x+\mathrm{e}^{-x}}$；

(22) $\displaystyle\int \dfrac{\ln x}{(x-1)^2}\mathrm{d}x$；

(23) $\displaystyle\int \dfrac{x^2\arctan x}{1+x^2}\mathrm{d}x$；

(24) $\displaystyle\int \dfrac{(x+1)\arcsin x}{\sqrt{1-x^2}}\mathrm{d}x$；

(25) $\displaystyle\int \dfrac{\sin^2 x}{1+\sin^2 x}\mathrm{d}x$；

(26) $\displaystyle\int \dfrac{\mathrm{d}x}{\tan x(1+\sin x)}$.

2. 已知某产品的边际收入 $R'(q)=18-\dfrac{1}{2}q$，且当 $q=0$ 时 $R=0$，求总收入函数.

3. 设某函数当 $x=1$ 时有极小值，当 $x=-1$ 时极大值为 4，又知这个函数的导数具有形式 $y'=3x^2+bx+c$，求此函数并作图.

4. 设某函数的图象上有一拐点 $P(2,4)$，在拐点 P 处曲线的切线斜率为 -3，又知这个函数的二阶导数具有形式 $y''=6x+c$，求此函数并作图.

第5章 定积分及其应用

本章将讨论积分学中另一个重要的概念——定积分.定积分和不定积分既有区别又有联系,通过牛顿-莱布尼兹公式将两者联系在一起.

§5-1 定积分的概念

本节我们先从两个实例出发,抽象出定积分的概念,再介绍定积分的几何意义和性质.

一、两个实例

1. 曲边梯形的面积

设 $f(x)$ 为闭区间 $[a,b]$ 上的连续函数,且 $f(x) \geqslant 0$.由曲线 $y=f(x)$,直线 $x=a,x=b$ 以及 x 轴所围成的平面图形(图 5-1),称为 $f(x)$ 在 $[a,b]$ 上的曲边梯形.

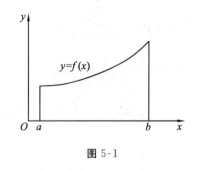

图 5-1

下面讨论怎样计算曲边梯形的面积.

我们设想:先将曲边梯形用平行于 y 轴的直线任意分为 n 个小曲边梯形,对每个小曲边梯形的面积用较相近的小矩形的面积作为其近似值;再用这 n 个小矩形的面积之和作为曲边梯形面积 A 的近似值,显然,分得越细,近似程度越精确;最后我们很自然地以小矩形面积之和的极限作为曲边梯形的面积 A.上述思路分成以下四个步骤:

(1) 化整为微:在区间 $[a,b]$ 中任意插入 $n-1$ 个分点 $a=x_0<x_1<x_2<\cdots<x_{i-1}<x_i<\cdots<x_{n-1}<x_n=b$,将 $[a,b]$ 分割为 n 个小区间 $[x_0,x_1],[x_1,x_2],\cdots,[x_{i-1},x_i],\cdots,[x_{n-1},x_n]$,它们的长度记为 $\Delta x_i=x_i-x_{i-1}(i=1,2,\cdots,n)$.过每一个分点 x_i 作平行于 y 轴的直线,把原曲边梯形分为 n 个小曲边梯形(图 5-2),它们的面积分别记为 $\Delta A_1,\Delta A_2,\cdots,\Delta A_n$.

(2) 近似替代:在每一个小区间 $[x_{i-1},x_i]$ 上任取一点 ξ_i,以 Δx_i 为底、$f(\xi_i)$ 为高的小矩形的面积为 $f(\xi_i)\Delta x_i$,用它作为第 i 个小曲边梯形面积 A_i 的近似值(图 5-3),即 $\Delta A_i \approx f(\xi_i)\Delta x_i(i=1,2,\cdots,n)$.

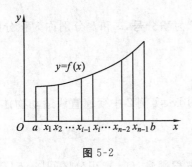
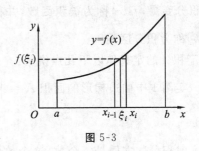

图 5-2   图 5-3

（3）积微为整：将每一个小曲边梯形面积的近似值相加，得 $A = \sum\limits_{i=1}^{n} \Delta A_i \approx$
$\sum\limits_{i=1}^{n} f(\xi_i) \Delta x_i$.

（4）取极限：区间 $[a,b]$ 分得越细，精确度就越高，为保证每个 Δx_i 都无限小，取 $\lambda = \max\{\Delta x_i\}(i=1,2,\cdots,n)$，则当 $\lambda \to 0$ 时其极限就是 A，即曲边梯形的面积可以表示为 $A = \lim\limits_{\lambda \to 0} \sum\limits_{i=1}^{n} f(\xi_i) \Delta x_i$.

2. 变速直线运动的位移

设物体做变速直线运动，已知运动的速度为连续函数 $v = v(t)$，求物体在时间间隔 $[0,T]$ 内的位移 s.

类似于求曲边梯形面积的做法，我们通过如下步骤求位移 s 的表达式.

（1）化整为微：在 $[0,T]$ 中任意插入 $n-1$ 个分点 $0=t_0 < t_1 < t_2 < \cdots < t_{i-1} < t_i < \cdots < t_n = T$，将 $[0,T]$ 分割为 n 个小区间 $[t_{i-1}, t_i]$，其长度记为 $\Delta t_i = t_i - t_{i-1}(i=1,2,\cdots,n)$.

（2）近似替代：在每一个小时间间隔 $[t_{i-1}, t_i]$ 内任取一时刻 ξ_i，由于 Δt_i 很小，所以可以将物体运动看成是速度为 $v(\xi_i)$ 的匀速直线运动，作出物体在 $[t_{i-1}, t_i]$ 内位移的近似值 $\Delta s_i \approx v(\xi_i) \Delta t_i$.

（3）积微为整：将每一个 Δs_i 的近似值相加，得 $s = \sum\limits_{i=1}^{n} \Delta s_i \approx \sum\limits_{i=1}^{n} v(\xi_i) \Delta t_i$.

（4）取极限：$[0,T]$ 分得越细越精确，记 $\lambda = \max\{\Delta t_i\}(i=1,2,\cdots,n)$，则当 $\lambda \to 0$ 时，其极限值就是位移 s，即所求位移的表示式为 $s = \lim\limits_{\lambda \to 0} \sum\limits_{i=1}^{n} v(\xi_i) \Delta t_i$.

二、定积分的定义

定义 设函数 $f(x)$ 在 $[a,b]$ 上有定义并且有界，在 $[a,b]$ 中任意插入 $n-1$ 个分点：
$$a=x_0 < x_1 < x_2 < \cdots < x_{i-1} < x_i < \cdots < x_{n-1} < x_n = b,$$
将 $[a,b]$ 分割为 n 个小区间 $[x_{i-1}, x_i]$，记其长度为 $\Delta x_i = x_i - x_{i-1}(i=1,2,\cdots,n)$，并在每一个小区间 $[x_{i-1}, x_i]$ 上任取一点 ξ_i，作和式 $\sum\limits_{i=1}^{n} f(\xi_i) \Delta x_i$，记 $\lambda = \max\{\Delta x_i\}(i=1,2,\cdots,n)$. 若当 $\lambda \to 0$ 时，$\sum\limits_{i=1}^{n} f(\xi_i) \Delta x_i$ 存在与 $[a,b]$ 的分法及 ξ_i 的取法无关的极限值，则称此极限值为 $f(x)$ 在 $[a,b]$ 上的**定积分**，称 $f(x)$ 在 $[a,b]$ 上**可积**，记为 $\int_a^b f(x) \mathrm{d}x = \lim\limits_{\lambda \to 0} \sum\limits_{i=1}^{n} f(\xi_i) \Delta x_i$，其中，

x 称为积分变量,$f(x)$ 称为**被积函数**,并称"$\int$"为积分号,a 和 b 分别称为积分的**下限**和**上限**,$[a,b]$ 称为**积分区间**.

对定积分的定义作以下几点说明:

(1) 实例 1 中曲边梯形的面积 $A=\int_a^b f(x)\mathrm{d}x$,实例 2 中变速直线运动物体的位移 $s=\int_0^T v(t)\mathrm{d}t$;

(2) 定积分的本质是一个数,这个数仅与被积函数 $f(x)$、积分区间 $[a,b]$ 有关,而与积分变量的选择无关,所以 $\int_a^b f(x)\mathrm{d}x=\int_a^b f(t)\mathrm{d}t=\int_a^b f(u)\mathrm{d}u$.

(3) 定积分的存在性:当 $f(x)$ 在 $[a,b]$ 上连续或只有有限个第一类间断点时,$f(x)$ 在 $[a,b]$ 上的定积分存在(也称可积).

三、定积分的几何意义

在实例 1 中已经知道,当 $[a,b]$ 上的连续函数 $f(x)\geqslant 0$ 时,定积分 $\int_a^b f(x)\mathrm{d}x$ 表示由曲线 $y=f(x)$,直线 $x=a$,$x=b$ 以及 x 轴所围成的曲边梯形的面积 A,即 $\int_a^b f(x)\mathrm{d}x=A$. 若 $f(x)\leqslant 0$,则 $-f(x)\geqslant 0$(图 5-4),此时围成的曲边梯形的面积是

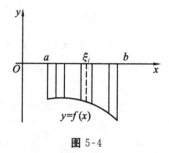

图 5-4

$$A=\lim_{\lambda\to 0}\sum_{i=1}^n[-f(\xi_i)]\Delta x_i=-\lim_{\lambda\to 0}\sum_{i=1}^n f(\xi_i)\Delta x_i$$
$$=-\int_a^b f(x)\mathrm{d}x,$$

从而有 $\int_a^b f(x)\mathrm{d}x=-A$. 若 $[a,b]$ 上的连续函数 $f(x)$ 的符号不定,如图 5-5 所示,则定积分 $\int_a^b f(x)\mathrm{d}x$ 的几何意义表示由曲线 $y=f(x)$,直线 $x=a$,$x=b$ 以及 x 轴所围成的曲边梯形面积的代数和,即 $\int_a^b f(x)\mathrm{d}x=-A_1+A_2$.

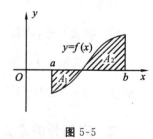

图 5-5

根据定积分的几何意义,有些定积分直接可以从几何中的面积公式得到. 例如:

$\int_a^b \mathrm{d}x=b-a$,表示高为 1、底为 $b-a$ 的矩形的面积为 $b-a$;

$\int_0^1 \sqrt{1-x^2}\,\mathrm{d}x=\dfrac{\pi}{4}$,表示圆 $x^2+y^2=1$ 在 $[0,1]$ 上与 x 轴所围图形的面积为 $\dfrac{\pi}{4}$.

四、定积分的性质

性质 1 若 $f(x)$ 在 $[a,b]$ 上可积,则 $|f(x)|$ 也在 $[a,b]$ 上可积.

性质 2 $\int_a^a f(x)\mathrm{d}x = 0, \int_a^b \mathrm{d}x = b - a.$

性质 3 $\int_a^b f(x)\mathrm{d}x = -\int_b^a f(x)\mathrm{d}x.$

性质 4 $\int_a^b [f(x) \pm g(x)]\mathrm{d}x = \int_a^b f(x)\mathrm{d}x \pm \int_a^b g(x)\mathrm{d}x;$

$$\int_a^b k f(x)\mathrm{d}x = k\int_a^b f(x)\mathrm{d}x(k \text{ 为常数}).$$

综合这两个等式得到定积分的线性性质:

$$\int_a^b [k_1 f(x) \pm k_2 g(x)]\mathrm{d}x = k_1\int_a^b f(x)\mathrm{d}x \pm k_2\int_a^b g(x)\mathrm{d}x(k_1, k_2 \text{ 为常数}).$$

性质 5 $\int_a^b f(x)\mathrm{d}x = \int_a^c f(x)\mathrm{d}x + \int_c^b f(x)\mathrm{d}x \ (a, b, c \text{ 为任意常数}).$

性质 6 如果在 $[a, b]$ 上有 $f(x) \leqslant g(x)$,则 $\int_a^b f(x)\mathrm{d}x \leqslant \int_a^b g(x)\mathrm{d}x.$

例如,因为 $0 \leqslant x \leqslant \dfrac{\pi}{4}$ 时,$\sin x \leqslant \cos x$,所以 $\int_0^{\frac{\pi}{4}} \sin x\mathrm{d}x \leqslant \int_0^{\frac{\pi}{4}} \cos x\mathrm{d}x.$

性质 7 设函数 $m \leqslant f(x) \leqslant M, x \in [a, b]$,则

$$m(b - a) \leqslant \int_a^b f(x)\mathrm{d}x \leqslant M(b - a).$$

性质 8(积分中值定理) 设函数 $f(x)$ 在 $[a, b]$ 上连续,则在 a, b 之间至少存在一个 ξ,使

$$\int_a^b f(x)\mathrm{d}x = f(\xi)(b - a).$$

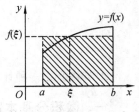

图 5-6

积分中值定理的几何意义:如图 5-6 所示,对于以 $[a, b]$ 为底边,曲线 $y = f(x)(f(x) \geqslant 0)$ 为曲边的曲边梯形,至少存在一个与其同底,以 $f(\xi)$ 为高的矩形,使得它们面积相等.

例 估计定积分 $\int_{-1}^1 \mathrm{e}^{-x^2}\mathrm{d}x$ 的值.

解 因为 $-1 \leqslant x \leqslant 1$,所以 $-1 \leqslant -x^2 \leqslant 0$,从而 $\dfrac{1}{\mathrm{e}} \leqslant \mathrm{e}^{-x^2} \leqslant 1$.由性质 7 知

$$\frac{2}{\mathrm{e}} \leqslant \int_{-1}^1 \mathrm{e}^{-x^2}\mathrm{d}x \leqslant 2.$$

习题 5-1(A)

1. 填空题:

(1) 由曲线 $y = x^2$ 与直线 $x = 1, x = 3$ 及 x 轴所围成的曲边梯形的面积,用定积分表示为_____.

(2) 在定积分 $\int_{-2}^2 (\cos x + \sin x)\mathrm{d}x$ 中,积分上限是_____,积分下限是_____,积分区间是_____.

2. 判断下列定积分的符号：

(1) $\int_0^2 \sin x \mathrm{d}x$；

(2) $\int_{-\frac{\pi}{2}}^0 \sin 2x \mathrm{d}x$.

3. 估计下列定积分的值：

(1) $\int_{\frac{\pi}{4}}^{\frac{\pi}{2}} \frac{1}{1+\cos^2 x} \mathrm{d}x$；

(2) $\int_{-1}^2 \mathrm{e}^{x^2} \mathrm{d}x$.

 习题 5-1(B)

1. 利用定积分的几何意义直接写出下列各式的结果：

(1) $\int_0^1 x \mathrm{d}x$；　　　(2) $\int_{2\pi}^{4\pi} \sin x \mathrm{d}x$；　　　(3) $\int_0^1 \sqrt{1-x^2} \mathrm{d}x$.

2. 比较下列定积分的大小：

(1) $\int_1^2 \ln x \mathrm{d}x$ 与 $\int_1^2 \ln^2 x \mathrm{d}x$；

(2) $\int_3^4 \ln x \mathrm{d}x$ 与 $\int_3^4 \ln^2 x \mathrm{d}x$；

(3) $\int_1^2 f(x) \mathrm{d}x$ 与 $\int_1^2 f(y) \mathrm{d}y$.

3. 证明下列不等式：

(1) $\dfrac{2}{5} \leqslant \int_1^2 \dfrac{x}{x^2+1} \mathrm{d}x \leqslant \dfrac{1}{2}$；

(2) $1 \leqslant \int_0^1 \mathrm{e}^{x^2} \mathrm{d}x \leqslant \mathrm{e}$.

 §5-2　微积分基本公式

本节将介绍一种计算定积分的有效方法——牛顿-莱布尼兹公式.

一、微积分基本定理

1. 积分上限函数

设函数 $f(t)$ 在 $[a,b]$ 上可积，则对每个 $x \in [a,b]$，都有一个确定的值 $\int_a^x f(t)\mathrm{d}t$ 与之对应，因此，它是定义在 $[a,b]$ 上的函数，记作 $\Phi(x)$，即

$$\Phi(x) = \int_a^x f(t)\mathrm{d}t, x \in [a,b].$$

称函数 $\Phi(x)$ 为**积分上限函数**，或称**变上限函数**. 积分上限函数 $\Phi(x)$ 是 x 的函数，与积分变量无关.

2. 微积分基本定理

定理 1（微积分基本定理）　设函数 $f(x)$ 在 $[a,b]$ 上连续，则积分上限函数 $\Phi(x) = \int_a^x f(t)\mathrm{d}t$ 在 $[a,b]$ 上可导，且 $\Phi'(x) = \left[\int_a^x f(t)\mathrm{d}t\right]' = f(x), x \in [a,b]$.

证明　任取 $x \in [a,b]$，改变量 Δx 满足 $x + \Delta x \in [a,b]$，$\Phi(x)$ 对应的改变量

$$\Delta\Phi(x) = \Phi(x+\Delta x) - \Phi(x) = \int_a^{x+\Delta x} f(t)\mathrm{d}t - \int_a^x f(t)\mathrm{d}t$$

$$= \left[\int_a^x f(t)\mathrm{d}t + \int_x^{x+\Delta x} f(t)\mathrm{d}t \right] - \int_a^x f(t)\mathrm{d}t = \int_x^{x+\Delta x} f(t)\mathrm{d}t.$$

由定积分的性质 8 可知，$\Delta \Phi(x) = f(\xi)\Delta x$，即 $\dfrac{\Delta \Phi(x)}{\Delta x} = f(\xi)$（$\xi$ 介于 x 和 $x+\Delta x$ 之间）.

当 $\Delta x \rightarrow 0$ 时，$\xi \rightarrow x$，而 $f(x)$ 在区间 $[a,b]$ 上连续，所以 $\lim\limits_{\Delta x \rightarrow 0} f(\xi) = f(x)$，于是

$$\lim_{\Delta x \rightarrow 0} \frac{\Delta \Phi(x)}{\Delta x} = f(x),$$

即 $\Phi(x)$ 在 x 处可导，且 $\Phi'(x) = f(x)$，$x \in [a,b]$.

由定理 1 可知如下定理.

定理 2（原函数存在定理） 如果 $f(x)$ 在 $[a,b]$ 上连续，则 $f(x)$ 在 $[a,b]$ 上的原函数一定存在，且其中的一个原函数为 $\Phi(x) = \int_a^x f(t)\mathrm{d}t$.

例 1 求下列函数的导数：

(1) $\Phi(x) = \int_0^x \mathrm{e}^{2t}\mathrm{d}t$；   (2) $\Phi(x) = \int_a^{\mathrm{e}^x} \dfrac{\ln t}{t}\mathrm{d}t (a > 0)$；

(3) $\Phi(x) = \int_{x^2}^1 \dfrac{\sin\sqrt{\theta}}{\theta}\mathrm{d}\theta (x > 0)$.

解 (1) $\dfrac{\mathrm{d}}{\mathrm{d}x}\int_0^x \mathrm{e}^{2t}\mathrm{d}t = \mathrm{e}^{2x}$.

(2) 令 $u = \mathrm{e}^x$，记 $\Phi(u) = \int_a^u \dfrac{\ln t}{t}\mathrm{d}t$. 根据复合函数求导法则，有

$$\frac{\mathrm{d}}{\mathrm{d}x}\int_a^{\mathrm{e}^x} \frac{\ln t}{t}\mathrm{d}t = \frac{\mathrm{d}}{\mathrm{d}u}\left(\int_a^u \frac{\ln t}{t}\mathrm{d}t \right)\frac{\mathrm{d}u}{\mathrm{d}x} = \frac{\ln \mathrm{e}^x}{\mathrm{e}^x} \cdot \mathrm{e}^x = x.$$

(3) $\dfrac{\mathrm{d}}{\mathrm{d}x}\int_{x^2}^1 \dfrac{\sin\sqrt{\theta}}{\theta}\mathrm{d}\theta = -\dfrac{\mathrm{d}}{\mathrm{d}x}\int_1^{x^2} \dfrac{\sin\sqrt{\theta}}{\theta}\mathrm{d}\theta = -\dfrac{\sin x}{x^2} \cdot 2x = -\dfrac{2\sin x}{x}$.

例 2 求 $\lim\limits_{x \rightarrow 0} \dfrac{\int_0^x \cos t^2 \mathrm{d}t}{x}$.

解 注意到当 $x \rightarrow 0$ 时，分子和分母都趋近于 0，应用洛必达法则可得

$$\lim_{x \rightarrow 0} \frac{\int_0^x \cos t^2 \mathrm{d}t}{x} = \lim_{x \rightarrow 0} \frac{\cos x^2}{1} = 1.$$

二、牛顿-莱布尼兹公式

定理 3（牛顿-莱布尼兹公式） 设 $f(x)$ 在区间 $[a,b]$ 上连续，$F(x)$ 是 $f(x)$ 在 $[a,b]$ 上的一个原函数，则

$$\int_a^b f(x)\mathrm{d}x = F(x)\mid_a^b = F(b) - F(a).$$

上述公式称为**牛顿-莱布尼兹公式**，也称为**微积分基本公式**. 式中 $F(x)\mid_a^b$ 也可写成 $[F(x)]_a^b$.

证明 由定理 1，$\Phi(x) = \int_a^x f(t)\mathrm{d}t$ 是 $f(x)$ 在 $[a,b]$ 上的一个原函数. 又因为 $F(x)$ 也是 $f(x)$ 在 $[a,b]$ 上的一个原函数，由原函数的性质，得 $\Phi(x) = F(x) + C(x \in [a,b]$，$C$ 为常数).

显然有 $\Phi(b)=F(b)+C,\Phi(a)=F(a)+C,$ 则 $\Phi(b)-\Phi(a)=F(b)-F(a)$. 注意到 $\Phi(a)=0,$ 所以有

$$\int_a^b f(x)\mathrm{d}x = \Phi(b)-\Phi(a) = F(b)-F(a).$$

牛顿-莱布尼兹公式表明:计算定积分只要先用不定积分求出一个原函数,再将上、下限分别代入求差即可.

例 3 求定积分:

(1) $\displaystyle\int_1^2 x^2\mathrm{d}x;$ (2) $\displaystyle\int_{-4}^{-2}\frac{1}{x}\mathrm{d}x;$ (3) $\displaystyle\int_0^\pi |\cos x|\mathrm{d}x.$

解 (1) 因为 $\dfrac{x^3}{3}$ 是 x^2 的一个原函数,由定理 3,得

$$\int_1^2 x^2\mathrm{d}x = \frac{x^3}{3}\Big|_1^2 = \frac{8}{3}-\frac{1}{3} = \frac{7}{3}.$$

(2) 因为 $\ln|x|$ 是 $\dfrac{1}{x}$ 的一个原函数,由定理 3,得

$$\int_{-4}^{-2}\frac{1}{x}\mathrm{d}x = \ln|x|\,\big|_{-4}^{-2} = \ln2-\ln4 = \ln\frac{1}{2}.$$

(3) $\displaystyle\int_0^\pi |\cos x|\mathrm{d}x = \int_0^{\frac{\pi}{2}}|\cos x|\mathrm{d}x + \int_{\frac{\pi}{2}}^{\pi}|\cos x|\mathrm{d}x = \int_0^{\frac{\pi}{2}}\cos x\mathrm{d}x - \int_{\frac{\pi}{2}}^{\pi}\cos x\mathrm{d}x$

$$= \sin x\,\big|_0^{\frac{\pi}{2}} - \sin x\,\big|_{\frac{\pi}{2}}^{\pi} = 1-0-(0-1) = 2.$$

 习题 5-2(A)

1. 计算下列各导数:

(1) $\displaystyle\frac{\mathrm{d}}{\mathrm{d}x}\int_0^a \sqrt{1+t}\,\mathrm{d}t;$ (2) $\displaystyle\frac{\mathrm{d}}{\mathrm{d}x}\int_0^{2x} \sqrt{1+t}\,\mathrm{d}t;$

(3) $\displaystyle\frac{\mathrm{d}}{\mathrm{d}x}\int_x^{x^2} \cos t e^t\,\mathrm{d}t.$

2. 计算下列各定积分:

(1) $\displaystyle\int_1^{\sqrt{3}} \frac{x^2}{x^2+1}\mathrm{d}x;$ (2) $\displaystyle\int_1^3 |2-x|\,\mathrm{d}x.$

 习题 5-2(B)

1. 求下列定积分:

(1) $\displaystyle\int_1^2 x^3\mathrm{d}x;$ (2) $\displaystyle\int_0^{\frac{1}{2}} \frac{1}{\sqrt{1-x^2}}\mathrm{d}x;$

(3) $\displaystyle\int_1^4 \sqrt{x}(\sqrt{x}-1)\mathrm{d}x;$ (4) $\displaystyle\int_0^{2\pi} |\cos x|\mathrm{d}x.$

2. 求下列导数：

(1) $\dfrac{\mathrm{d}}{\mathrm{d}x}\displaystyle\int_a^{x^3}\sqrt{1+t^2}\,\mathrm{d}t$；
(2) $\dfrac{\mathrm{d}}{\mathrm{d}x}\displaystyle\int_{x^2}^{x^3}\dfrac{\cos t}{t}\mathrm{d}t$.

3. 求由方程 $\displaystyle\int_0^y\cos t\,\mathrm{d}t+\int_0^x\mathrm{e}^t\,\mathrm{d}t=0$ 所确定的隐函数 $y=y(x)$ 的导数.

4. 求 $\displaystyle\lim_{x\to0}\dfrac{\left(\displaystyle\int_0^x\mathrm{e}^{t^2}\,\mathrm{d}t\right)^2}{\displaystyle\int_0^x\mathrm{e}^{2t^2}\,\mathrm{d}t}$.

▶ §5-3　定 积 分 的 换 元 积 分 法 与 分 部 积 分 法

牛顿-莱布尼兹公式告诉我们,求定积分的问题可以归结为求原函数的问题,从而可以把求不定积分的方法移植到定积分的计算中来.

一、定积分的换元积分法

定理 1　设
(1) $f(x)$ 在 $[\alpha,\beta]$ 上连续；
(2) $\varphi'(x)$ 在 $[a,b]$ 上连续；
(3) $\varphi(a)=\alpha,\varphi(b)=\beta$.
则

$$\int_a^b f[\varphi(x)]\mathrm{d}[\varphi(x)]=\int_\alpha^\beta f(u)\mathrm{d}u\,(u=\varphi(x)).$$

定理 2　设
(1) $f(x)$ 在 $[a,b]$ 上连续；
(2) $\varphi'(t)$ 在 $[\alpha,\beta]$ 上连续,且 $\varphi(t)$ 单调,$t\in(\alpha,\beta)$；
(3) $\varphi(\alpha)=a,\varphi(\beta)=b$.
则

$$\int_a^b f(x)\mathrm{d}x=\int_\alpha^\beta f[\varphi(t)]\varphi'(t)\mathrm{d}t\,(x=\varphi(t)).$$

例 1　计算下列定积分：

(1) $\displaystyle\int_0^{\frac{\pi}{2}}\sin x\cos x\,\mathrm{d}x$；
(2) $\displaystyle\int_1^{\mathrm{e}}\dfrac{2\ln x}{x}\mathrm{d}x$.

解　(1) 令 $u=\sin x$,则 $\mathrm{d}u=\cos x\,\mathrm{d}x$. 当 $x=0$ 时,$u=0$；当 $x=\dfrac{\pi}{2}$ 时,$u=1$.

应用定理 1,有 $\displaystyle\int_0^{\frac{\pi}{2}}\sin x\cos x\,\mathrm{d}x=\int_0^1 u\,\mathrm{d}u=\dfrac{u^2}{2}\Big|_0^1=\dfrac{1}{2}$.

(2) 令 $u=\ln x$,则 $\mathrm{d}u=\dfrac{1}{x}\mathrm{d}x$. 当 $x=1$ 时,$u=0$；当 $x=\mathrm{e}$ 时,$u=1$.

应用定理 1,有 $\displaystyle\int_0^{\mathrm{e}}\dfrac{2\ln x}{x}\mathrm{d}x=\int_0^1 2u\,\mathrm{d}u=u^2\Big|_0^1=1$.

实际上,在凑微分时,可以直接以原变量、原积分限求解. 做法如下:

(1) $\displaystyle\int_0^{\frac{\pi}{2}} \sin x \cos x \,\mathrm{d}x = \int_0^{\frac{\pi}{2}} \sin x \,\mathrm{d}(\sin x) = \frac{1}{2}\sin^2 x \Big|_0^{\frac{\pi}{2}} = \frac{1}{2}.$

(2) $\displaystyle\int_1^e \frac{2\ln x}{x}\,\mathrm{d}x = \int_1^e 2\ln x \,\mathrm{d}(\ln x) = \ln^2 x \Big|_1^e = 1 - 0 = 1.$

以上两种做法说明了"换元换限,上(下)限对上(下)限,不换元则限不变"的原则.

例 2 计算下列定积分:

(1) $\displaystyle\int_0^4 \frac{\mathrm{d}x}{1+\sqrt{x}};$ (2) $\displaystyle\int_0^1 \sqrt{1-x^2}\,\mathrm{d}x.$

解 (1) 设 $\sqrt{x}=t$,即 $x=t^2\,(t\geqslant 0)$,$\mathrm{d}x=2t\mathrm{d}t$. 当 $x=0$ 时,$t=0$;当 $x=4$ 时,$t=2$. 应用定理 2,有

$$\int_0^4 \frac{\mathrm{d}x}{1+\sqrt{x}} = \int_0^2 \frac{2t\mathrm{d}t}{1+t} = 2\int_0^2 \left(1 - \frac{1}{1+t}\right)\mathrm{d}t = 2(t - \ln|1+t|)\Big|_0^2 = 2(2 - \ln 3).$$

(2) 令 $x=\sin t$,则 $\mathrm{d}x=\cos t\mathrm{d}t$. 当 $x=0$ 时,$t=0$;当 $x=1$ 时,$t=\frac{\pi}{2}$. 应用定理 2,有

$$\int_0^1 \sqrt{1-x^2}\,\mathrm{d}x = \int_0^{\frac{\pi}{2}} \cos^2 t\,\mathrm{d}t = \int_0^{\frac{\pi}{2}} \frac{1+\cos 2t}{2}\,\mathrm{d}t = \frac{1}{2}\left(t + \frac{\sin 2t}{2}\right)\Big|_0^{\frac{\pi}{2}} = \frac{\pi}{4}.$$

例 3 设函数 $f(x)$ 在闭区间 $[-a,a]$ 上连续,证明:

(1) 当 $f(x)$ 为奇函数时,$\displaystyle\int_{-a}^a f(x)\mathrm{d}x = 0$;

(2) 当 $f(x)$ 为偶函数时,$\displaystyle\int_{-a}^a f(x)\mathrm{d}x = 2\int_0^a f(x)\mathrm{d}x.$

证明 $\displaystyle\int_{-a}^a f(x)\mathrm{d}x = \int_{-a}^0 f(x)\mathrm{d}x + \int_0^a f(x)\mathrm{d}x.$

对 $\displaystyle\int_{-a}^0 f(x)\mathrm{d}x$ 换元:令 $x=-t$,则 $\mathrm{d}x=-\mathrm{d}t$. 当 $x=-a$ 时,$t=a$;当 $x=0$ 时,$t=0$. 于是

$$\int_{-a}^0 f(x)\mathrm{d}x = \int_a^0 f(-t)\mathrm{d}(-t) = \int_0^a f(-t)\mathrm{d}t,$$

从而 $\displaystyle\int_{-a}^a f(x)\mathrm{d}x = \int_0^a f(-t)\mathrm{d}t + \int_0^a f(t)\mathrm{d}t = \int_0^a [f(-x)+f(x)]\mathrm{d}x.$

(1) 当 $f(x)$ 为奇函数时,有 $f(-x)+f(x)=0$,所以 $\displaystyle\int_{-a}^a f(x)\mathrm{d}x = 0$;

(2) 当 $f(x)$ 为偶函数时,有 $f(-x)+f(x)=2f(x)$,所以 $\displaystyle\int_{-a}^a f(x)\mathrm{d}x = 2\int_0^a f(x)\mathrm{d}x.$

例 4 计算下列定积分:

(1) $\displaystyle\int_{-\pi}^{\pi} (2x^4+x)\sin x\,\mathrm{d}x;$ (2) $\displaystyle\int_{-1}^1 \frac{x^2\sin^5 x + 3}{1+x^2}\,\mathrm{d}x.$

解 (1) 因为 $2x^4\sin x$ 是 $[-\pi,\pi]$ 上的奇函数,$x\sin x$ 是 $[-\pi,\pi]$ 上的偶函数,所以

$$\int_{-\pi}^{\pi} (2x^4+x)\sin x\,\mathrm{d}x = \int_{-\pi}^{\pi} 2x^4\sin x\,\mathrm{d}x + \int_{-\pi}^{\pi} x\sin x\,\mathrm{d}x$$

$$= 2\int_0^{\pi} x\sin x\,\mathrm{d}x = -2\int_0^{\pi} x\mathrm{d}(\cos x)$$

$$= -2x\cos x\Big|_0^{\pi} + 2\sin x\Big|_0^{\pi} = 2\pi.$$

(2) 因为 $\dfrac{x^2\sin^5 x}{1+x^2}$ 是 $[-1,1]$ 上的奇函数,而 $\dfrac{3}{1+x^2}$ 是 $[-1,1]$ 上的偶函数,所以

$$\int_{-1}^{1}\dfrac{x^2\sin^5 x+3}{1+x^2}\mathrm{d}x=6\int_{0}^{1}\dfrac{1}{1+x^2}\mathrm{d}x=6\arctan x\,|_{0}^{1}=\dfrac{3\pi}{2}.$$

二、定积分的分部积分法

定理 3(定积分的分部积分公式)　设 $u'(x),v'(x)$ 在区间 $[a,b]$ 上连续,则

$$\int_{a}^{b}u(x)v'(x)\mathrm{d}x=[u(x)v(x)]_{a}^{b}-\int_{a}^{b}v(x)u'(x)\mathrm{d}x,$$

或简写为
$$\int_{a}^{b}u\,\mathrm{d}v=[uv]_{a}^{b}-\int_{a}^{b}v\,\mathrm{d}u.$$

例 5　计算下列定积分:

(1) $\displaystyle\int_{1}^{2e}\ln x\,\mathrm{d}x$;

(2) $\displaystyle\int_{0}^{1}x\mathrm{e}^{x}\mathrm{d}x$.

例　(1) $\displaystyle\int_{1}^{2e}\ln x\,\mathrm{d}x=x\ln x\,|_{1}^{2e}-\int_{1}^{2e}x\,\mathrm{d}(\ln x)=2\mathrm{e}\ln(2\mathrm{e})-x\,|_{1}^{2e}=2\mathrm{e}\ln(2\mathrm{e})-2\mathrm{e}+1.$

(2) $\displaystyle\int_{0}^{1}x\mathrm{e}^{x}\mathrm{d}x=\int_{0}^{1}x\,\mathrm{d}(\mathrm{e}^{x})=x\mathrm{e}^{x}\,|_{0}^{1}-\int_{0}^{1}\mathrm{e}^{x}\mathrm{d}x=\mathrm{e}-\mathrm{e}^{x}\,|_{0}^{1}=\mathrm{e}-(\mathrm{e}-1)=1.$

 习题 5-3(A)

1. 计算下列定积分:

(1) $\displaystyle\int_{1}^{2}\dfrac{x}{1+x^2}\mathrm{d}x$;

(2) $\displaystyle\int_{1}^{e}\dfrac{1}{x(1+\ln^2 x)}\mathrm{d}x$;

(3) $\displaystyle\int_{0}^{8}\dfrac{1}{\sqrt{1+x}+1}\mathrm{d}x$;

(4) $\displaystyle\int_{\frac{\sqrt{2}}{2}}^{1}\sqrt{1-x^2}\,\mathrm{d}x$;

(5) $\displaystyle\int_{0}^{\frac{1}{2}}\arccos x\,\mathrm{d}x$;

(6) $\displaystyle\int_{0}^{\pi}x\sin x\,\mathrm{d}x$.

2. 求下列定积分:

(1) $\displaystyle\int_{-\pi}^{\pi}(5x^3+x)\cos x\,\mathrm{d}x$;

(2) $\displaystyle\int_{-1}^{1}\dfrac{x^2\sin^3 x+1}{1+x^2}\mathrm{d}x$.

 习题 5-3(B)

1. 计算下列定积分:

(1) $\displaystyle\int_{0}^{1}\dfrac{x}{1+x^2}\mathrm{d}x$;

(2) $\displaystyle\int_{0}^{2}x\mathrm{e}^{-x^2}\mathrm{d}x$;

(3) $\displaystyle\int_{1}^{\sqrt{e}}\dfrac{1}{x\sqrt{1-\ln^2 x}}\mathrm{d}x$;

(4) $\displaystyle\int_{3}^{8}\dfrac{1}{\sqrt{x+1}-1}\mathrm{d}x$;

(5) $\displaystyle\int_{\sqrt{2}}^{2}\dfrac{1}{\sqrt{x^2-1}}\mathrm{d}x$.

2. 计算下列定积分：

(1) $\displaystyle\int_1^{2e} x\ln x\,dx$；   (2) $\displaystyle\int_0^{\frac{1}{2}} \arcsin x\,dx$；

(3) $\displaystyle\int_0^{\frac{\pi}{3}} x^2\cos x\,dx$.

3. 求下列定积分：

(1) $\displaystyle\int_{-\pi}^{\pi} (3x^3+x+1)\cos x\,dx$；   (2) $\displaystyle\int_{-\frac{1}{2}}^{\frac{1}{2}} \frac{x\sin^2 x-2}{1-x^2}\,dx$.

4. 证明：$\displaystyle\int_0^{\frac{\pi}{2}} (\sin^m x+\cos^n x)\,dx = \int_0^{\frac{\pi}{2}} (\sin^n x+\cos^m x)\,dx\,(m,n\in \mathbf{N}_+)$.

§5-4 广义积分

定积分定义中的被积函数要求在有限闭区间上有界. 在实际问题中，我们经常会遇到无限区间上的积分和无界函数的积分问题.

一、无穷区间上的广义积分

例 1 如图 5-7 所示，求曲线 $y=x^{-2}$，x 轴及直线 $x=1$ 右边所围成的"开口曲边梯形"的面积.

解 因为这个图形不是封闭的曲边梯形，在 x 轴正方向是开口的. 也就是说，这时的积分区间是无限区间 $[1,+\infty)$，所以不能直接用前面所学的定积分来计算它的面积.

为了借助常义积分来求这个图形的面积，我们任取一个大于 1 的数 b，则在区间 $[1,b]$ 上由曲线 $y=x^{-2}$ 和 x 轴所围成的曲边梯形的面积为

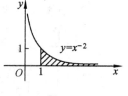

图 5-7

$$\int_1^b x^{-2}\,dx = (-x^{-1})\Big|_1^b = 1-\frac{1}{b}.$$

当 b 改变时，曲边梯形的面积也随之改变，且随着 b 趋于无穷大而趋于一个确定的极限，即

$$\lim_{b\to+\infty}\int_1^b x^{-2}\,dx = \lim_{b\to+\infty}\left(1-\frac{1}{b}\right)=1.$$

这个极限值就表示了所求的"开口曲边梯形"的面积.

一般来说，对于已知在无限区间上的变化率的量，求在无限区间上的累积问题，都可以采用先截取区间为有限区间，求出积分后再求其极限的方法来处理. 下面对这个过程给出明确的定义：

定义 1 设函数 $f(x)$ 在 $[a,+\infty)$ 内有定义，对任意 $A\in[a,+\infty)$，$f(x)$ 在 $[a,A]$ 上可积$\left(\text{即}\displaystyle\int_a^A f(x)\,dx \text{ 存在}\right)$，称 $\displaystyle\lim_{A\to+\infty}\int_a^A f(x)\,dx$ 为函数 $f(x)$ 在无穷区间 $[a,+\infty)$ 上的广义积分（简称**无穷积分**），记为 $\displaystyle\int_a^{+\infty} f(x)\,dx$，即

$$\int_a^{+\infty} f(x)\mathrm{d}x = \lim_{A\to+\infty}\int_a^A f(x)\mathrm{d}x.$$

若等式右边的极限存在,则称无穷积分 $\int_a^{+\infty} f(x)\mathrm{d}x$ 收敛;否则,就称发散.

同样可以定义:

$$\int_{-\infty}^b f(x)\mathrm{d}x = \lim_{B\to-\infty}\int_B^b f(x)\mathrm{d}x(极限号下的积分存在);$$

$$\int_{-\infty}^{+\infty} f(x)\mathrm{d}x = \lim_{B\to-\infty}\int_B^a f(x)\mathrm{d}x + \lim_{A\to+\infty}\int_a^A f(x)\mathrm{d}x \ (两个极限号下的积分都存在,$$
$a\in(-\infty,+\infty)).$

它们也称为无穷积分. 如果等式右边的极限都存在,则称无穷积分收敛;否则,就称发散.

例2 计算下列广义积分:

(1) $\displaystyle\int_1^{+\infty} x\mathrm{e}^{-x^2}\mathrm{d}x;$ \qquad\qquad (2) $\displaystyle\int_{-\infty}^{-1} \frac{1}{x^2}\mathrm{d}x;$

(3) $\displaystyle\int_{-\infty}^{+\infty} \frac{1}{1+x^2}\mathrm{d}x;$ \qquad\qquad (4) $\displaystyle\int_1^{+\infty} \frac{1}{x}\mathrm{d}x.$

解 (1) $\displaystyle\int_1^{+\infty} x\mathrm{e}^{-x^2}\mathrm{d}x = \lim_{A\to+\infty}\int_1^A x\mathrm{e}^{-x^2}\mathrm{d}x = \lim_{A\to+\infty}\left[-\frac{1}{2}\int_1^A \mathrm{e}^{-x^2}\mathrm{d}(-x^2)\right]$

$$= -\frac{1}{2}\lim_{A\to+\infty}\left(\mathrm{e}^{-A^2}-\frac{1}{\mathrm{e}}\right) = \frac{1}{2\mathrm{e}}(收敛).$$

(2) $\displaystyle\int_{-\infty}^{-1} \frac{1}{x^2}\mathrm{d}x = \lim_{B\to-\infty}\int_B^{-1} \frac{1}{x^2}\mathrm{d}x = \lim_{B\to-\infty}\left(\frac{1}{-x}\right)\Big|_B^{-1} = \lim_{B\to-\infty}\left(1+\frac{1}{B}\right) = 1(收敛).$

(3) $\displaystyle\int_{-\infty}^{+\infty} \frac{1}{1+x^2}\mathrm{d}x = \lim_{B\to-\infty}\int_B^0 \frac{1}{1+x^2}\mathrm{d}x + \lim_{A\to+\infty}\int_0^A \frac{1}{1+x^2}\mathrm{d}x$

$$= -\lim_{B\to-\infty}\arctan B + \lim_{A\to+\infty}\arctan A = \frac{\pi}{2}+\frac{\pi}{2} = \pi(收敛).$$

(4) $\displaystyle\int_1^{+\infty} \frac{1}{x}\mathrm{d}x = \lim_{A\to+\infty}\int_1^A \frac{1}{x}\mathrm{d}x = \lim_{A\to+\infty}(\ln x)\Big|_1^A = \lim_{A\to+\infty}\ln A = +\infty(发散).$

例3 证明无穷积分 $\displaystyle\int_1^{+\infty} \frac{1}{x^p}\mathrm{d}x\ (p>0)$ 当 $p>1$ 时收敛,当 $0<p\leqslant 1$ 时发散.

证明 当 $p=1$ 时,$\displaystyle\int_1^{+\infty} \frac{1}{x}\mathrm{d}x = +\infty$,即 $\displaystyle\int_1^{+\infty} \frac{1}{x^p}\mathrm{d}x$ 发散;

当 $0<p<1$ 时,$1-p>0$,所以

$$\int_1^{+\infty} \frac{1}{x^p}\mathrm{d}x = \lim_{A\to+\infty}\int_1^A \frac{1}{x^p}\mathrm{d}x = \lim_{A\to+\infty}\left(\frac{x^{1-p}}{1-p}\right)\Big|_1^A = \frac{1}{1-p}\lim_{A\to+\infty}(A^{1-p}-1) = +\infty,$$

即 $\displaystyle\int_1^{+\infty} \frac{1}{x^p}\mathrm{d}x$ 发散;

当 $p>1$ 时,$1-p<0$,所以

$$\int_1^{+\infty} \frac{1}{x^p}\mathrm{d}x = \lim_{A\to+\infty}\int_1^A \frac{1}{x^p}\mathrm{d}x = \lim_{A\to+\infty}\left(\frac{x^{1-p}}{1-p}\right)\Big|_1^A = \frac{1}{1-p}\lim_{A\to+\infty}(A^{1-p}-1) = \frac{1}{p-1},$$

即 $\displaystyle\int_1^{+\infty} \frac{1}{x^p}\mathrm{d}x$ 收敛.

综上可知，$\displaystyle\int_1^{+\infty}\frac{1}{x^p}\mathrm{d}x(p>0)$ 当 $p>1$ 时收敛，当 $0<p\leqslant 1$ 时发散.

二、无界函数的广义积分

例 4 如图 5-8 所示，若求以 $y=\dfrac{1}{\sqrt{x}}$ 为曲顶、$[\varepsilon,1](\varepsilon>0)$ 为

底的单曲边梯形的面积 $S(\varepsilon)$，则

$$S(\varepsilon)=\int_\varepsilon^1\frac{1}{\sqrt{x}}\mathrm{d}x=2\sqrt{x}\,\Big|_\varepsilon^1=2(1-\sqrt{\varepsilon}).$$

现在若要求由 $x=1,y=\dfrac{1}{\sqrt{x}}$ 和 x 轴、y 轴所"界定"的"区域"的面积 S，因为函数 $y=$

$\dfrac{1}{\sqrt{x}}$ 在 $x=0$ 处没有意义，且在 $(0,1]$ 上无界，与例 1 类似，它已经不是通常意义的积分了（函

数是无界的）．不过，我们可以这样处理：通过 $S(\varepsilon)$，令 $\varepsilon\to 0^+$ 来获取面积，即

$$S=\lim_{\varepsilon\to 0^+}\int_\varepsilon^1\frac{1}{\sqrt{x}}\mathrm{d}x=\lim_{\varepsilon\to 0^+}2\sqrt{x}\,\Big|_\varepsilon^1=\lim_{\varepsilon\to 0^+}2(1-\sqrt{\varepsilon})=2.$$

一般来说，对于已知一个量在区间 (a,b) 上的变化率，且靠近端点 a 时，变化率趋于无穷，求在该区间上的累积量，都可以采用先将区间 (a,b) 改写为 $[a+\varepsilon,b](\varepsilon>0)$，求出积分后再求其极限的方法来处理．下面对这个过程给出明确的定义：

定义 2 设函数 $f(x)$ 在 (a,b) 上有定义，$\displaystyle\lim_{x\to a^+}f(x)=\infty$．对任意 $\varepsilon(\varepsilon>0,a+\varepsilon<b)$，$f(x)$

在 $[a+\varepsilon,b]$ 上可积，即 $\displaystyle\int_{a+\varepsilon}^b f(x)\mathrm{d}x$ 存在，则称 $\displaystyle\lim_{\varepsilon\to 0^+}\int_{a+\varepsilon}^b f(x)\mathrm{d}x$ 为无界函数 $f(x)$ 在 (a,b) 上的

广义积分，记作

$$\int_a^b f(x)\mathrm{d}x=\lim_{\varepsilon\to 0^+}\int_{a+\varepsilon}^b f(x)\mathrm{d}x.$$

若等式右边的极限存在，则称无界函数广义积分 $\displaystyle\int_a^b f(x)\mathrm{d}x$ 收敛；否则，就称发散．无界

函数广义积分也称为**瑕积分**，其中 a 称为**瑕点**．

瑕点也可以是区间的右端点 b 或区间内部的点．类似地，可以有如下定义：

$$\int_a^b f(x)\mathrm{d}x=\lim_{\varepsilon\to 0^+}\int_a^{b-\varepsilon}f(x)\mathrm{d}x(b\text{ 为瑕点}),$$

$$\int_a^b f(x)\mathrm{d}x=\lim_{\varepsilon_1\to 0^+}\int_a^{c-\varepsilon_1}f(x)\mathrm{d}x+\lim_{\varepsilon_2\to 0^+}\int_{c+\varepsilon_2}^b f(x)\mathrm{d}x\ (c\in(a,b)\text{ 为瑕点}).$$

若等式右端的极限都存在，则瑕积分收敛；否则，就是发散．

例 5 计算下列瑕积分：

(1) $\displaystyle\int_0^1\frac{1}{\sqrt{1-x^2}}\mathrm{d}x$；　　　　(2) $\displaystyle\int_1^2\frac{x}{\sqrt{x-1}}\mathrm{d}x$；　　　　(3) $\displaystyle\int_0^2\frac{1}{\sqrt[3]{x-1}}\mathrm{d}x$.

解 (1) $\displaystyle\int_0^1\frac{1}{\sqrt{1-x^2}}\mathrm{d}x=\lim_{\varepsilon\to 0^+}\int_0^{1-\varepsilon}\frac{1}{\sqrt{1-x^2}}\mathrm{d}x=\lim_{\varepsilon\to 0^+}\arcsin(1-\varepsilon)=\arcsin 1=\frac{\pi}{2}$.

(2) $\displaystyle\int_1^2\frac{x}{\sqrt{x-1}}\mathrm{d}x=\lim_{\varepsilon\to 0^+}\int_{1+\varepsilon}^2\frac{x}{\sqrt{x-1}}\mathrm{d}x\underline{\sqrt{x-1}=t,x=1+t^2,\mathrm{d}x=2t\mathrm{d}t}\lim_{\varepsilon\to 0^+}2\int_{\sqrt{\varepsilon}}^1(1+t^2)\mathrm{d}t$

$$= \lim_{\varepsilon \to 0^+} 2\left(t + \frac{t^3}{3}\right)\Big|_{\sqrt{\varepsilon}}^{1} = 2\lim_{\varepsilon \to 0^+}\left(\frac{4}{3} - \sqrt{\varepsilon} - \frac{\sqrt{\varepsilon^3}}{3}\right) = \frac{8}{3}.$$

$$(3)\ \int_0^2 \frac{1}{\sqrt[3]{x-1}}\mathrm{d}x = \lim_{\varepsilon_1 \to 0^+}\int_0^{1-\varepsilon_1} \frac{1}{\sqrt[3]{x-1}}\mathrm{d}x + \lim_{\varepsilon_2 \to 0^+}\int_{1+\varepsilon_2}^2 \frac{1}{\sqrt[3]{x-1}}\mathrm{d}x$$

$$= \lim_{\varepsilon_1 \to 0^+}\frac{3}{2}(x-1)^{\frac{2}{3}}\Big|_0^{1-\varepsilon_1} + \lim_{\varepsilon_2 \to 0^+}\frac{3}{2}(x-1)^{\frac{2}{3}}\Big|_{1+\varepsilon_2}^2$$

$$= \frac{3}{2}\lim_{\varepsilon_1 \to 0^+}(\sqrt[3]{\varepsilon_1^2} - 1) + \frac{3}{2}\lim_{\varepsilon_2 \to 0^+}(1 - \sqrt[3]{\varepsilon_2^2}) = -\frac{3}{2} + \frac{3}{2} = 0.$$

例 6 证明 $\int_0^1 \frac{1}{x^p}\mathrm{d}x$ 当 $0 < p < 1$ 时收敛,当 $p \geqslant 1$ 时发散.

证明 当 $p = 1$ 时, $\int_0^1 \frac{1}{x}\mathrm{d}x = \lim_{\varepsilon \to 0^+}\int_\varepsilon^1 \frac{1}{x}\mathrm{d}x = \lim_{\varepsilon \to 0^+}(-\ln\varepsilon) = +\infty$,即 $\int_0^1 \frac{1}{x^p}\mathrm{d}x$ 发散;

当 $0 < p < 1$ 时, $1 - p > 0$,所以

$$\int_0^1 \frac{1}{x^p}\mathrm{d}x = \lim_{\varepsilon \to 0^+}\int_\varepsilon^1 \frac{1}{x^p}\mathrm{d}x = \lim_{\varepsilon \to 0^+}\left(\frac{x^{1-p}}{1-p}\right)\Big|_\varepsilon^1 = \frac{1}{1-p}\lim_{\varepsilon \to 0^+}(1 - \varepsilon^{1-p}) = \frac{1}{1-p},$$

即 $\int_0^1 \frac{1}{x^p}\mathrm{d}x$ 收敛;

当 $p > 1$ 时, $1 - p < 0$,所以

$$\int_0^1 \frac{1}{x^p}\mathrm{d}x = \lim_{\varepsilon \to 0^+}\int_\varepsilon^1 \frac{1}{x^p}\mathrm{d}x = \lim_{\varepsilon \to 0^+}\left(\frac{x^{1-p}}{1-p}\right)\Big|_\varepsilon^1 = \frac{1}{1-p}\lim_{\varepsilon \to 0^+}(1 - \varepsilon^{1-p}) = +\infty,$$

即 $\int_0^1 \frac{1}{x^p}\mathrm{d}x$ 发散.

综上可知, $\int_0^1 \frac{1}{x^p}\mathrm{d}x$ 当 $0 < p < 1$ 时收敛,当 $p \geqslant 1$ 时发散.

 习题 5-4(A)

计算下列广义积分:

$(1)\ \int_0^{+\infty} x\mathrm{e}^{-x^2}\mathrm{d}x;$

$(2)\ \int_{-\infty}^{-1} \frac{1}{x^3}\mathrm{d}x;$

$(3)\ \int_{-\infty}^{+\infty} \frac{2}{1+x^2}\mathrm{d}x;$

$(4)\ \int_1^{+\infty} \frac{1}{\sqrt{x}}\mathrm{d}x;$

$(5)\ \int_0^2 \frac{1}{\sqrt{4-x^2}}\mathrm{d}x;$

$(6)\ \int_2^4 \frac{x}{\sqrt{x-2}}\mathrm{d}x.$

 习题 5-4(B)

计算下列广义积分:

$(1)\ \int_1^{+\infty} \frac{1}{x^2}\mathrm{d}x;$

$(2)\ \int_{-\infty}^0 \frac{1}{1-x}\mathrm{d}x;$

$(3)\ \int_{-\infty}^{+\infty} x\mathrm{e}^{\frac{x^2}{2}}\mathrm{d}x;$

$(4)\ \int_1^{+\infty} \frac{1}{\sqrt[3]{x}}\mathrm{d}x;$

(5) $\displaystyle\int_1^e \frac{1}{x\sqrt{1-\ln^2 x}}\mathrm{d}x$; (6) $\displaystyle\int_3^9 \frac{x}{\sqrt{x-3}}\mathrm{d}x$;

(7) $\displaystyle\int_0^2 \frac{1}{\sqrt[5]{x-1}}\mathrm{d}x$.

▶ §5-5 定积分在几何中的应用

本节先介绍将待求量表示成定积分的方法,再介绍定积分在几何中的一些应用.

一、定积分应用的微元法

下面介绍定积分在几何中的应用——利用定积分求平面图形的面积.

在用定积分计算某个量时,关键是如何把所求的量表示成定积分的形式,常用的方法就是微元法.

再看曲边梯形的面积:

设函数 $y=f(x)$ 在区间 $[a,b]$ 上连续且 $f(x)\geqslant 0$. 前面我们已讨论过以曲线 $y=f(x)$ 为曲边、$[a,b]$ 为底的曲边梯形面积 A 的计算方法. 它分四个步骤:化整为微,近似替代,积微为整,求极限. 因为区间的分割、ξ_i 的选取都有任意性,故我们可简述过程:用 $[x,x+\mathrm{d}x]$ 表示一个小区间,以这个小区间的左端点 x 处的函数值 $f(x)$ 为高、$\mathrm{d}x$ 为宽的小矩形面积 $f(x)\mathrm{d}x$ 就是区间 $[x,x+\mathrm{d}x]$ 上的小曲边梯形面积 ΔA 的近似值.

如图 5-9 中的阴影部分所示,有 $\Delta A \approx f(x)\mathrm{d}x$,其中 $f(x)\mathrm{d}x$ 称为面积微元,记作 $\mathrm{d}A$,即 $\mathrm{d}A = f(x)\mathrm{d}x$. 因此 $A=\sum\Delta A \approx$ $\sum f(x)\mathrm{d}x$,从而 $A=\displaystyle\int_a^b f(x)\mathrm{d}x$.

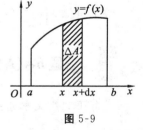

图 5-9

这种求曲边梯形面积的方法可以推广到利用积分计算某个量 U 上,具体步骤如下:

(1) 确定积分变量 x,求出积分区间 $[a,b]$;

(2) 在区间 $[a,b]$ 上任取一小区间 $[x,x+\mathrm{d}x]$,并在该区间上找到所求量 U 的微元 $\mathrm{d}U = f(x)\mathrm{d}x$;

(3) 所求量 U 的积分表达式为 $U=\displaystyle\int_a^b f(x)\mathrm{d}x$,求出它的值.

这种方法称为积分的**微元法**.

二、平面图形的面积

1. 直角坐标系下平面图形的面积

(1) X-型平面图形的面积.

由上下两条曲线 $y=f_1(x)$ 与 $y=f_2(x)$ 及左右两条直线 $x=a$ 与 $x=b$ 所围成的平面图形称为 X-**型图形**(图 5-10(a)). 注意构成图形的两条直线,有时也可能蜕化为点.

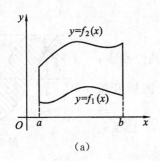
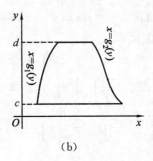

$$(a) \qquad\qquad (b)$$

图 5-10

下面用微元法分析 X-型图形的面积.

取横坐标 x 为积分变量,$x \in [a,b]$.在区间 $[a,b]$ 上任取一微段 $[x,x+\mathrm{d}x]$,该微段上的图形的面积 ΔA 可以用高为 $f_2(x) - f_1(x)$,底为 $\mathrm{d}x$ 的矩形的面积近似代替.因此

$$\mathrm{d}A = [f_2(x) - f_1(x)]\mathrm{d}x,$$

从而
$$A = \int_a^b [f_2(x) - f_1(x)]\mathrm{d}x. \qquad (1)$$

(2) Y-型平面图形的面积.

由左右两条曲线 $x = g_1(y)$ 与 $x = g_2(y)$ 及上下两条直线 $y = c$ 与 $y = d$ 所围成的平面图形称为 Y-**型图形**(图 5-10(b)).注意构成图形的两条直线,有时也可能蜕化为点.

类似 X-型图形,用微元法分析 Y-型图形,可以得到它的面积为

$$A = \int_c^d [g_2(y) - g_1(y)]\mathrm{d}y. \qquad (2)$$

对于非 X-型、Y-型平面图形,我们可以将图形进行适当的分割,划分成若干个 X-型和 Y-型平面图形,然后求面积.

例1 计算由曲线 $y = \sqrt{x}$,$y = x$ 所围成的图形的面积 A.

解 解方程组 $\begin{cases} y = \sqrt{x}, \\ y = x, \end{cases}$ 得交点为 $(0,0)$,$(1,1)$.如图 5-11,将该平面图形视为 X-型图形,确定积分变量为 x,积分区间为 $[0,1]$.

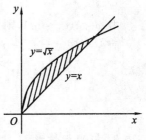

由公式(1)得,所求图形的面积为

$$A = \int_0^1 (\sqrt{x} - x)\mathrm{d}x = \left(\frac{2}{3}x^{\frac{3}{2}} - \frac{1}{2}x^2 \right) \bigg|_0^1 = \frac{1}{6}.$$

图 5-11

例2 计算由抛物线 $y^2 = 2x$ 与直线 $y = x - 4$ 所围成的图形的面积 A.

解 解方程组 $\begin{cases} y^2 = 2x, \\ y = x - 4, \end{cases}$ 得交点为 $(2,-2)$,$(8,4)$.

如图 5-12,将该平面图形视为 Y-型图形,确定积分变量为 y,积分区间为 $[-2,4]$.

由公式(2),得所求图形的面积为

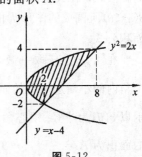

$$A = \int_{-2}^4 \left(y + 4 - \frac{1}{2}y^2 \right)\mathrm{d}y = \left(\frac{1}{2}y^2 + 4y - \frac{1}{6}y^3 \right) \bigg|_{-2}^4 = 18.$$

图 5-12

例 3 求由曲线 $y=\sin x, y=\cos x$ 和直线 $x=2\pi$ 及 y 轴所围成图形的面积 A.

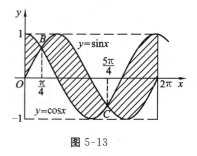

图 5-13

解 在 $x=0$ 和 $x=2\pi$ 之间,两条曲线有两个交点: $B\left(\dfrac{\pi}{4},\dfrac{\sqrt{2}}{2}\right),C\left(\dfrac{5\pi}{4},-\dfrac{\sqrt{2}}{2}\right)$. 由图 5-13 易知,整个图形可划分为 $\left[0,\dfrac{\pi}{4}\right],\left[\dfrac{\pi}{4},\dfrac{5\pi}{4}\right],\left[\dfrac{5\pi}{4},2\pi\right]$ 三段,在每一段上都是 X-型图形.

应用公式(1),得所求面积为

$$A=\int_0^{\frac{\pi}{4}}(\cos x-\sin x)\mathrm{d}x+\int_{\frac{\pi}{4}}^{\frac{5\pi}{4}}(\sin x-\cos x)\mathrm{d}x+\int_{\frac{5\pi}{4}}^{2\pi}(\cos x-\sin x)\mathrm{d}x$$
$$=4\sqrt{2}.$$

2. 曲边以参数方程给出的平面图形的面积

如果 X-型或 Y-型的平面图形的曲线边界是由参数方程 $\begin{cases} x=\varphi(t), \\ y=\psi(t) \end{cases}$ 给出的,仍可以使用上述公式来计算平面图形的面积,只是在计算过程中要以曲边方程作换元.

例 4 求摆线一拱 $\begin{cases} x=a(t-\sin t), \\ y=a(1-\cos t), \end{cases}$ $(a>0,t\in[0,2\pi])$ 与 x 轴所围图形的面积 A.

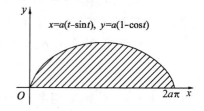

图 5-14

解 所围图形为 X-型图形,曲边方程为 $y=f(x)$, $x\in[0,2\pi a]$,由公式(1)得

$$A=\int_0^{2\pi a}f(x)\mathrm{d}x.$$

由 $x=a(t-\sin t)$,则 $\mathrm{d}x=a(1-\cos t)\mathrm{d}t$. 当 $x=0$ 时,$t=0$;当 $x=2\pi a$ 时,$t=2\pi$. 而 $y=f(x)=a(1-\cos t)$,所以

$$A=\int_0^{2\pi}a^2(1-\cos t)^2\mathrm{d}t=a^2\int_0^{2\pi}(1-2\cos t+\cos^2 t)\mathrm{d}t$$
$$=a^2\int_0^{2\pi}\left[1-2\cos t+\frac{1}{2}(1+\cos 2t)\right]\mathrm{d}t=3\pi a^2.$$

3. 极坐标情形

对极坐标系中的图形,将从极角 θ 的变化特点来考虑求面积问题. 在极坐标系中,称由曲线 $r=r(\theta)$ 及射线 $\theta=\alpha,\theta=\beta(\alpha<\beta)$ 所围成的图形为曲边扇形. 下面利用微元法求它的面积公式.

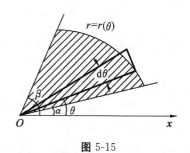

图 5-15

在 $[\alpha,\beta]$ 上任取一微段 $[\theta,\theta+\mathrm{d}\theta]$,面积微元 $\mathrm{d}A$ 表示这个角内的小曲边扇形的面积,$\mathrm{d}A=\dfrac{1}{2}[r(\theta)]^2\mathrm{d}\theta$(等式右边表示以 $r(\theta)$ 为半径、中心角为 $\mathrm{d}\theta$ 的扇形面积),所以曲边扇形的面积为 $A=\dfrac{1}{2}\int_\alpha^\beta[r(\theta)]^2\mathrm{d}\theta$.

例5 计算双纽线 $r^2 = a^2 \sin 2\theta$ $(a > 0)$ 所围成的图形的面积.

解 如图 5-16, 双纽线即 $r = a\sqrt{\sin 2\theta}$, $\theta \in \left[0, \dfrac{\pi}{2}\right] \cup$ $\left[\pi, \dfrac{3\pi}{2}\right]$. 因为图形关于极点对称, 所以所求面积 A 是 $\theta \in$ $\left[0, \dfrac{\pi}{2}\right]$ 部分面积的两倍, 即

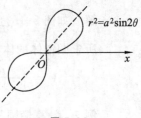

图 5-16

$$A = 2 \int_0^{\frac{\pi}{2}} \frac{1}{2} a^2 \sin 2\theta \, d\theta = \frac{a^2}{2} \left[-\cos 2\theta \right]_0^{\frac{\pi}{2}} = a^2.$$

三、空间立体的体积

这里我们主要介绍旋转体的体积.

旋转体就是由一个平面图形绕该平面内一条直线旋转一周而成的空间立体, 其中直线叫作旋转轴. 旋转体在日常生活中随处可见, 如我们在中学学过的圆柱、圆锥、圆台、球体都是旋转体.

下面用微元法求将 X-型单曲边梯形绕 x 轴旋转一周得到的旋转体的体积 V_x.

如图 5-17(a), 设曲边梯形的曲边为连续曲线 $y = f(x)$, $x \in [a, b]$ $(a < b)$, 则过任意 x 点, $x \in [a, b]$ 作垂直于 x 轴的截面, 所得截面是半径为 $|f(x)|$ 的圆. 取横坐标 x 为积分变量, $x \in [a, b]$. 在区间 $[a, b]$ 上任取一微段 $[x, x + dx]$, 该微段上的旋转体的体积 ΔV_x, 可以用底为半径是 $|f(x)|$ 的圆、高为 dx 的圆柱体的体积近似代替. 因此

$$dV_x = \pi |f(x)|^2 dx,$$

从而

$$V_x = \pi \int_a^b [f(x)]^2 dx. \tag{3}$$

类似可得, 将 Y-型单曲边梯形绕 y 轴旋转一周所得旋转体的体积 V_y 的计算公式 (图 5-17(b)):

$$V_y = \pi \int_c^d [g(y)]^2 dy. \tag{4}$$

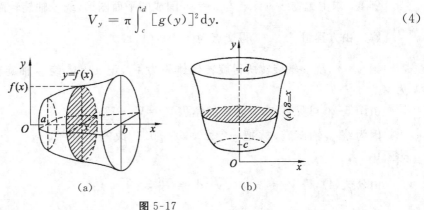

(a)   (b)

图 5-17

例6 连结坐标原点 O 及点 $P(h, r)$ 的直线、直线 $x = h$ 及 x 轴围成一个直角三角形. 将它绕 x 轴旋转构成一个底半径为 r、高为 h 的圆锥体, 计算这个圆锥体的体积.

解 如图 5-18，直角三角形斜边所在直线的方程为 $y = \dfrac{r}{h}x$.

所求圆锥体的体积为

$$V = \int_0^h \pi \left(\frac{r}{h}x\right)^2 \mathrm{d}x = \pi \frac{r^2}{h^2}\left[\frac{1}{3}x^3\right]_0^h = \frac{1}{3}\pi r^2 h.$$

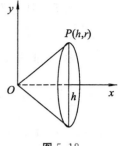

例7 计算椭圆 $\dfrac{x^2}{a^2} + \dfrac{y^2}{b^2} = 1$ 分别绕 x 轴和 y 轴旋转而成的椭球体的体积.

图 5-18

解 （1）绕 x 轴旋转所得的椭球体，可以看作是由上半个椭圆 $y = \dfrac{b}{a}\sqrt{a^2 - x^2}$ 及 x 轴围成的图形绕 x 轴旋转而成的立体（图 5-19(a)），由公式（3）得

$$V_x = \int_{-a}^a \pi \frac{b^2}{a^2}(a^2 - x^2)\mathrm{d}x = \pi \frac{b^2}{a^2}\left[a^2 x - \frac{1}{3}x^3\right]_{-a}^a = \frac{4}{3}\pi ab^2.$$

（2）绕 y 轴旋转所得的椭球体，可以看作是由右半个椭圆 $x = \dfrac{b}{a}\sqrt{b^2 - y^2}$ 及 y 轴围成的图形绕 y 轴旋转而成的立体（图 5-19(b)），由公式（4）得

$$V_y = \int_{-b}^b \pi \frac{b^2}{a^2}(b^2 - y^2)\mathrm{d}y = \pi \frac{b^2}{a^2}\left[b^2 y - \frac{1}{3}y^3\right]_{-b}^b = \frac{4}{3}\pi a^2 b.$$

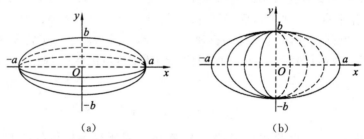

(a)   (b)

图 5-19

例8 求由抛物线 $y = x^2$ 与 $x = y^2$ 围成的平面图形，绕 y 轴旋转而成的旋转体的体积.

解 由方程组 $\begin{cases} y = x^2, \\ x = y^2, \end{cases}$ 得交点为 $(0,0)$，$(1,1)$.

记 $y = x^2$ 绕 y 轴旋转所得旋转体体积为 V_1，记 $x = y^2$ 绕 y 轴旋转所得旋转体的体积为 V_2.

由图 5-20 可见，所求旋转体的体积 $V_y = V_1 - V_2$.

因为绕 y 轴旋转，故把 $y = x^2$，$x \in [0,1]$ 改写为 $x = \sqrt{y}$，$y \in [0,1]$.

由公式（4），得 $V_1 = \pi \displaystyle\int_0^1 (\sqrt{y})^2 \mathrm{d}y = \dfrac{\pi}{2}$，

$$V_2 = \pi \int_0^1 (y^2)^2 \mathrm{d}y = \frac{\pi}{5}.$$

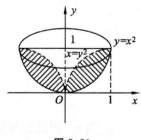

图 5-20

从而，$V_y = V_1 - V_2 = \dfrac{\pi}{2} - \dfrac{\pi}{5} = \dfrac{3\pi}{10}$.

四、平面曲线的弧长

称切线连续变化的曲线为光滑曲线. 对于光滑曲线, 我们可以利用积分求其长.

1. 直角坐标情形

设光滑曲线由直角坐标方程

$$y = f(x)(a \leqslant x \leqslant b)$$

给出, 则 $f(x)$ 在区间 $[a,b]$ 上具有一阶连续导数. 现在来计算这段曲线弧的长度.

如图 5-21, 取横坐标 x 为积分变量, 它的变化区间为 $[a,b]$. 在 $[a,b]$ 上任取一微段 $[x, x+\mathrm{d}x]$, 它所对应的曲线 $y = f(x)$ 上相应的一段弧的长度, 可以用该曲线在点 $(x, f(x))$ 处的切线上相应的一小段的长度来近似代替, 得曲线长度微元 $\mathrm{d}s$ 的计算公式

$$\mathrm{d}s = \sqrt{(\mathrm{d}x)^2 + (\mathrm{d}y)^2},$$

该公式称为**弧微分公式**. 以曲线方程 $y = f(x)$ 代入, 得

$$\mathrm{d}s = \sqrt{1 + [f'(x)]^2}\,\mathrm{d}x.$$

据微元法得所求的弧长为

$$s = \int_a^b \sqrt{1 + [f'(x)]^2}\,\mathrm{d}x. \tag{5}$$

若光滑曲线由直角坐标方程 $x = g(y)(c \leqslant y \leqslant d)$ 给出, 则 $g'(y)$ 在区间 $[c,d]$ 上连续. 由弧微分公式和微元法, 得所求的弧长为

$$s = \int_c^d \sqrt{1 + [g'(y)]^2}\,\mathrm{d}y. \tag{6}$$

例 9 计算曲线 $y = \dfrac{2}{3}x^{\frac{3}{2}}(a \leqslant x \leqslant b)$ 的弧长.

解 因为 $y' = x^{\frac{1}{2}}$, 所以由公式 (5) 得所求弧长为

$$s = \int_a^b \sqrt{1+x}\,\mathrm{d}x = \left[\frac{2}{3}(1+x)^{\frac{3}{2}}\right]_a^b = \frac{2}{3}\left[(1+b)^{\frac{3}{2}} - (1+a)^{\frac{3}{2}}\right].$$

2. 参数方程情形

设曲线由参数方程 $\begin{cases} x = \varphi(t), \\ y = \psi(t), \end{cases} t \in [\alpha, \beta]$ 给出, 其中 $\varphi'(t), \psi'(t)$ 在 $[\alpha, \beta]$ 上连续且不同时为 0, 代入弧微分公式得对应于参数微段 $[t, t+\mathrm{d}t]$ 的弧长微元为

$$\mathrm{d}s = \sqrt{[\varphi'(t)]^2 + [\psi'(t)]^2}\,\mathrm{d}t.$$

由微元法得所求弧长为

$$s = \int_\alpha^\beta \sqrt{[\varphi'(t)]^2 + [\psi'(t)]^2}\,\mathrm{d}t. \tag{7}$$

例 10 计算星形线 $\begin{cases} x = a\cos^3 t, \\ y = a\sin^3 t \end{cases}(a>0, t \in [0, 2\pi])$ 的长度.

解 如图 5-22, 由图形的对称性, 星形线的长度是其在第一象限部分长度的 4 倍.

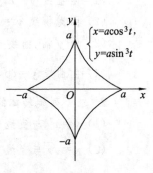

图 5-22

弧长微元为

$$ds = \sqrt{[(a\cos^3 t)']^2 + [(a\sin^3 t)']^2}\,dt$$
$$= 3a\sqrt{\sin^2 t\cos^2 t}\,dt = 3a\,|\sin t\cos t|\,dt.$$

所求弧长为

$$s = 4\int_0^{\frac{\pi}{2}} 3a\,|\sin t\cos t|\,dt = 12a\int_0^{\frac{\pi}{2}} \sin t\cos t\,dt = 12a\left[\frac{\sin^2 t}{2}\right]_0^{\frac{\pi}{2}} = 6a.$$

3. 极坐标情形

设曲线由极坐标方程

$$r = r(\theta)\ (\alpha \leqslant \theta \leqslant \beta)$$

给出,其中 $r(\theta)$ 在 $[\alpha, \beta]$ 上具有连续导数. 由直角坐标与极坐标的关系,曲线相当于以参数式

$$\begin{cases} x = \varphi(\theta) = r(\theta)\cos\theta, \\ y = \psi(\theta) = r(\theta)\sin\theta, \end{cases} \theta \in [\alpha, \beta]$$

给出. 于是得对应于参数微段 $[\theta, \theta + d\theta]$ 的弧长微元为

$$ds = \sqrt{[\varphi'(\theta)]^2 + [\psi'(\theta)]^2}\,d\theta = \sqrt{r^2(\theta) + [r'(\theta)]^2}\,d\theta.$$

由微元法得所求弧长为

$$s = \int_\alpha^\beta \sqrt{r^2(\theta) + [r'(\theta)]^2}\,d\theta. \tag{8}$$

例 11 求心形线 $r = a(1 + \cos\theta)$ $(a > 0)$ 的全长.

解 如图 5-23,心形线关于极轴对称,全长是其半长的两倍.
弧长微元为

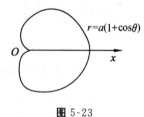

$$ds = \sqrt{r^2(\theta) + [r'(\theta)]^2}\,d\theta = a\sqrt{2(1 + \cos\theta)}\,d\theta = 2a\left|\cos\frac{\theta}{2}\right|d\theta.$$

于是所求弧长为 $\quad s = 2\int_0^\pi 2a\left|\cos\frac{\theta}{2}\right|d\theta = 4a\int_0^\pi \cos\frac{\theta}{2}\,d\theta = 8a.$

图 5-23

 习题 5-5(A)

1. 求下列平面图形的面积:

(1) 由直线 $y = x$, $y = 4x$, $y = 2$ 所围成的平面图形;

(2) 由抛物线 $y^2 = 2x$ 与直线 $y = -2x + 2$ 所围成的平面图形;

(3) 由 y 轴、曲线 $y = e^x$ 与直线 $y = e$ 所围成的平面图形;

(4) 由曲线 $y = \cos x$,直线 $y = \frac{3\pi}{2} - x$ 与 y 轴所围成的平面图形的面积.

2. 求下列旋转体的体积:

(1) $y = x^3$ 与直线 $x = 2$, $y = 0$ 所围成的平面图形,分别绕 x 轴和 y 轴旋转;

(2) $y = \sqrt{x}$ 与直线 $y = 1$ 和 y 轴所围成的平面图形,分别绕 x 轴和 y 轴旋转.

3. 求曲线 $y = 1 - \ln\cos x$ 在 $x = 0$ 到 $x = \frac{\pi}{4}$ 一段的弧长;

4. 以直角坐标方程、参数方程和极坐标方程表示圆,并证明半径为 R 的圆的周长为 $2\pi R$.

 习题 5-5(B)

1. 求下列平面图形的面积:

(1) 曲线 $x = y^2 - a(a>0)$ 与 y 轴所围成的图形;

(2) 曲线 $y = x^3$ 与直线 $y = x$ 所围成的图形;

(3) 曲线 $y = x^2$ 与 $y = 2 - x^2$ 所围成的图形;

(4) 曲线 $y = e^x$, $y = e^{-x}$ 与直线 $x = 1$ 所围成的图形;

(5) 曲线 $y = \ln x$ 与 y 轴及直线 $y = \ln 2$, $y = \ln 7$ 所围成的图形;

(6) 曲线 $y = \dfrac{1}{x}$ 与直线 $y = x$, $x = 2$ 所围成的图形;

(7) 抛物线 $y = 3 - x^2$ 与直线 $y = 2x$ 所围成的图形;

(8) 介于抛物线 $y^2 = 2x$ 与圆 $y^2 = 4x - x^2$ 之间的三个图形.

2. 求星形线 $\begin{cases} x = a\cos^3 t, \\ y = a\sin^3 t \end{cases}$ $(a>0)$ 所围成的图形的面积.

3. 求心形线 $r = a(1 + \cos\theta)$ $(a>0)$ 所围成的图形的面积.

4. 求阿基米德螺线 $r = a\theta$, θ 从 0 变到 2π 的一段弧与极轴所围图形的面积.

5. 求下列平面图形绕指定坐标轴旋转所围成的立体的体积:

(1) 曲线段 $y = \cos x$ $\left(x \in \left[0, \dfrac{\pi}{2}\right]\right)$ 与直线 $x = 0$, $y = 0$ 所围成的图形绕 x 轴旋转;

(2) 曲线 $y = x^{\frac{3}{2}}$ 与直线 $x = 4$, $y = 0$ 所围成的图形绕 y 轴旋转;

(3) 抛物线 $y = x^2$ 与圆 $x^2 + y^2 = 2$ 所围成的图形绕 x 轴旋转;

(4) 圆 $x^2 + y^2 = 4$ 被 $y^2 = 3x$ 割成的两部分中较小的一块,分别绕 x 轴旋转和绕 y 轴旋转.

6. 求下列已知曲线上指定两点间一段曲线的弧长:

(1) $y = \dfrac{1}{4}x^2 - \dfrac{1}{2}\ln x$ 上相应于 $x = 1$ 到 $x = e$ 的一段;

(2) $y = \dfrac{\sqrt{x}}{3}(3 - x)$ 上相应于 $x = 1$ 到 $x = 3$ 的一段;

(3) $y = \ln x$ 上相应于 $x = \sqrt{3}$ 到 $x = \sqrt{8}$ 的一段.

7. 求摆线一拱 $\begin{cases} x = a(t - \sin t), \\ y = a(1 - \cos t) \end{cases}$ $(a>0, t \in [0, 2\pi])$ 的长度.

8. 求阿基米德螺线 $\rho = a\theta$ 一圈(即 $\theta \in [0, 2\pi]$)的长.

▸ *§5-6 定积分的其他应用

在物理和经济问题中,我们也会遇到大量已知变化率,求总量的问题.这里,我们仅介绍比较常见的两个问题.

一、定积分在物理中的应用

1. 变力做功

在中学物理中我们已经知道,物体在常力作用下沿力的方向做直线运动,所做的功为力和位移的乘积.但在实际问题中,我们遇到得更多的是物体在变力作用下做功的问题.我们仍用微元法来解决这个问题.

如图 5-24,取物体的运动路径为 x 轴,位移量为 x,则力为 $F=F(x)$.现将物体从点 $x=a$ 移动到点 $x=b$,求力 F 对物体所做功 W 的方法如下:

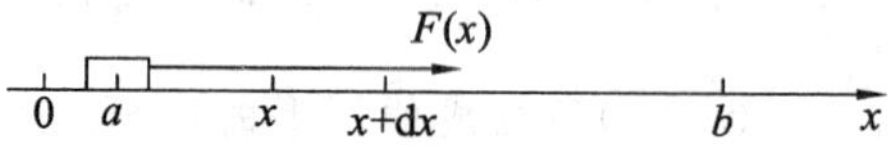

$$0 \quad a \quad x \quad x+\mathrm{d}x \qquad b \quad x$$

图 5-24

在区间 $[a,b]$ 上任取一微段 $[x,x+\mathrm{d}x]$,力 F 在此微段上做功的微元为 $\mathrm{d}W$.假设在微段 $[x,x+\mathrm{d}x]$ 上 $F(x)$ 不变,则功的微元为 $\mathrm{d}W=F(x)\mathrm{d}x$.由微元法得到

$$W = \int_a^b \mathrm{d}W = \int_a^b F(x)\mathrm{d}x.$$

例 1 半径为 1 m 的半球形水池(图 5-25),池内充满了水,把池内水全部抽完需做多少功?(取 $g=9.8\,\mathrm{N/kg}$)

解 把水看作是一层一层地抽出来的.任取一个与池面距离为 x 的小薄层,厚度为 $\mathrm{d}x$,功的微元(把这层水抽到地面)为

$$\mathrm{d}W = 9.8 \times 10^3 \pi (1-x^2) x \mathrm{d}x,$$

所以抽干水所做的功为

$$W = 9.8 \times 10^3 \pi \int_0^1 (x-x^3)\mathrm{d}x = 2.45 \times 10^3 \pi (\mathrm{J}).$$

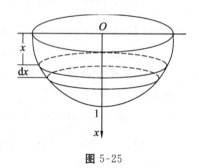

图 5-25

例 2 弹簧在弹性限度之内,外力拉长或压缩弹簧需要克服弹力做功.已知弹簧每拉长 0.1 m 需用 9.8 N 的力,求把弹簧拉长 0.5 m 时,外力所做的功 W.

解 据虎克定律,$F(x)=kx$,其中 k 为弹性系数.由题设知 $9.8=0.1k$,即 $k=98$.

所以 $F(x)=98x$,功的微元为

$$\mathrm{d}W = 98x\mathrm{d}x.$$

故外力克服弹力做的功为

$$W = \int_0^{0.5} 98x\mathrm{d}x = 49\,x^2 \Big|_0^{0.5} = 12.25(\mathrm{J}).$$

例 3 把质量为 1000 kg 的物体,用钢缆从 20 m 的深井底提升到井口,假设钢缆的线密

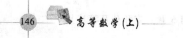

度为 10 kg/m,求拉力所做的功 W. (取 $g=9.8$ N/kg)

解 W 可分为两部分:第一部分为拉重物到井口做功 W_1,第二部分为克服钢缆自重做功 W_2,即 $W=W_1+W_2$.

$$W_1=1000\times 9.8\times 20=1.96\times 10^5 (\text{J}).$$

在提升过程中,钢缆的长度逐渐变短,因此,克服自重的拉力也逐渐变小,所以 W_2 为变力做功.

在井口下 x m 处,取钢缆微段 $[x,x+\mathrm{d}x]$,则微段重为 $10\times 9.8\mathrm{d}x$,提升该微段钢缆到井口的做功微元为

$$\mathrm{d}W_2=10\times 9.8\mathrm{d}x.$$

所以克服钢缆自重做功

$$W_2=10\times 9.8\int_0^{20} x\mathrm{d}x=10\times 4.9\,x^2\Big|_0^{20}=1.96\times 10^4 (\text{J}).$$

拉力所做总功为

$$W=W_1+W_2=1.96\times 10^5+1.96\times 10^4=2.156\times 10^5 (\text{J}).$$

2. 液体的压力

我们在中学物理中已经学过,平行于液体表面,深度为 h,上表面的面积为 S 的物体,其上表面所承受压力为 P=ρghS,其中 ρ 为液体的密度,g 为重力加速度. 但在实际问题中,往往会遇到物体表面和液体表面不是平行的而是呈一定角度的现象. 比如,水闸的闸门一般是与水面垂直的. 这里,我们只就承压面与液体表面垂直的情况,讨论液体对承压面的压力.

如图 5-26,承压面深度为 x 的水平线上的压强相同,为 ρgx. 现在在深 x 处取一高为 $\mathrm{d}x$ 的微条,设其面积为 $\mathrm{d}S$,微条上受液体的压力微元为 $\mathrm{d}P$,近似认为在微条上压强相同,则 $\mathrm{d}P=\rho gx\mathrm{d}S$. 若深为 x 处的承压面宽为 $f(x)$,则 $\mathrm{d}S=f(x)\mathrm{d}x$. 因此

$$\mathrm{d}P=\rho gxf(x)\mathrm{d}x.$$

若承压面的深度从 a 到 $b(a<b)$,则承压面上受液体的总压力为

$$P=\int_a^b \rho gxf(x)\mathrm{d}x=\rho g\int_a^b xf(x)\mathrm{d}x.$$

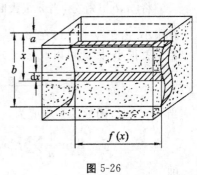

图 5-26

例 4 设有一竖直的水闸门,形状是等腰梯形,上底与水面齐平,长为 8 m,下底长为 4 m,高为 10 m. 求闸门所受水的压力. (取 $g=9.8$ N/kg,以下同)

解 如图 5-27,容易推出,水深为 x m 处水闸面的宽度为

$$f(x)=8-\frac{2}{5}x.$$

水的密度为 $\rho=10^3$ kg/m³,闸门入水深度从 0 到 10 m,所以闸门受水的总压力为

$$P=\rho g\int_0^{10} xf(x)\mathrm{d}x=10^3\times 9.8\int_0^{10} x\left(8-\frac{2}{5}x\right)\mathrm{d}x$$

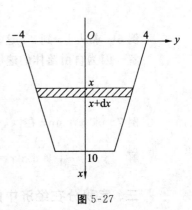

图 5-27

$$=10^3 \times 9.8 \left(4x^2 - \frac{2}{15}x^3\right)\bigg|_0^{10} = 10^3 \times 9.8 \times 400 \times \frac{2}{3} \approx 2.61 \times 10^6 \text{(N)}.$$

*3. 流量问题

若流体通过某截面处的流速为 $v = v(t)$,求在时间段 $[t_0, t_1]$ 内,通过该截面的流量 Q. 这是一个典型的用微元法解决的问题. 在 $[t_0, t_1]$ 内任取时间微段 $[t, t+dt]$,则对应的流量微元 $dQ = v(t)dt$,所以

$$Q = \int_{t_0}^{t_1} v(t)dt.$$

例 5 在某水闸处,测得某 1 h 内水流流速变化为 $v(t) = \frac{10}{t+1}$ (m³/s),求在这 1 h 内通过该水闸水的流量 Q.

解 1 h = 3600 s,所以

$$Q = \int_0^{3600} \frac{10}{t+1}dt = 10\ln(t+1)\big|_0^{3600} = 10\ln 3601 \approx 81.89 \text{(m}^3\text{)}.$$

*二、平均值

我们知道,n 个数 $y_1, y_2, \cdots, y_n$ 的算术平均值为

$$\bar{y} = \frac{y_1 + y_2 + \cdots + y_n}{n} = \frac{1}{n}\sum_{i=1}^n y_i.$$

那么,如何求连续函数 $y = f(x)$ 在 $[a, b]$ 上的平均值呢?

将 $[a, b]$ n 等分,当 n 很大时,每个子区间 $[x_i, x_i + \Delta x]$ $(i = 1, 2, \cdots, n)$ 的长度 $\Delta x = \frac{b-a}{n}$ 就很小. 由于 $y = f(x)$ 在 $[a, b]$ 上连续,它在子区间 $[x_i, x_i + \Delta x]$ $(i = 1, 2, \cdots, n)$ 上的函数值差别就很小,因此可以取 $f(x_i)$ 作为函数在该子区间上平均值的近似值. 于是

$$\bar{y} \approx \frac{f(x_1) + f(x_2) + \cdots + f(x_n)}{n} = \frac{1}{b-a}\sum_{i=1}^n f(x_i)\Delta x.$$

当 $n \to \infty$ 时,函数的平均值为

$$\bar{y} = \lim_{n \to \infty} \frac{1}{n}\sum_{i=1}^n f(x_i) = \lim_{\Delta x \to 0} \frac{1}{b-a}\sum_{i=1}^n f(x_i)\Delta x = \frac{1}{b-a}\int_a^b f(x)dx.$$

即

$$\bar{y} = \frac{1}{b-a}\int_a^b f(x)dx.$$

例 6 求从 1 s 到 2 s 这段时间内,自由落体的平均速度.

解 因为自由落体的速度为 $v = gt$,所以

$$\bar{v} = \frac{1}{2-1}\int_1^2 gt\, dt = \frac{3}{2}g \text{(m/s)}.$$

例 7 求 $y = \sin x$ 在 $\left[0, \frac{\pi}{2}\right]$ 上的平均值.

解 $\bar{y} = \frac{2}{\pi}\int_0^{\frac{\pi}{2}} \sin x\, dx = -\frac{2}{\pi}\cos x\big|_0^{\frac{\pi}{2}} = \frac{2}{\pi}.$

三、定积分在经济中的应用

定积分在经济分析中有着广泛的应用,利用定积分可以求经济函数、经济指标改变量等

问题,下面就具体介绍这些应用.

1. 已知边际函数,求原经济函数

由边际分析可知,对一已知经济函数 $F(x)$(如需求函数 $q(p)$、总成本函数 $C(q)$、总收入函数 $R(q)$、总利润函数 $L(q)$ 等),它的边际函数就是它的导函数 $F'(x)$. 若已知某经济函数 $F(x)$ 的边际函数为 $F'(x)$,则由求不定积分可得原经济函数

$$F(x) = \int F'(x)\mathrm{d}x. \tag{1}$$

(1)式右端不定积分中出现的任意常数 C,由其他已知条件确定.

(1)式也可由牛顿-莱布尼兹公式,用变上限积分表示,有

$$F(x) = \int_0^x F'(x)\mathrm{d}x + F(0). \tag{2}$$

例 8 已知对某商品的需求量 q 是价格 p 的函数,且边际需求 $q'(p) = -4$,该商品的最大需求量为 80,求需求量与价格的函数关系.

解 方法 1:$q(p) = \int q'(p)\mathrm{d}p = \int(-4)\mathrm{d}p = -4p + C$($C$ 为积分常数).

再将 $q(0) = 80$ 代入,得 $C = 80$. 于是所求函数为 $q(p) = -4p + 80$.

方法 2:$q(p) = \int_0^p q'(p)\mathrm{d}p + q(0) = \int_0^p(-4)\mathrm{d}p + 80 = -4p + 80$.

例 9 已知生产某产品 q 个单位时的边际收入为 $R'(q) = 100 - 2q$(元/单位),求生产该产品 40 个单位时的总收入及平均收入,并求再生产 10 个单位时所增加的总收入.

解 由公式 $R(q) = \int_0^q R'(q)\mathrm{d}q$, 得

$$R(40) = \int_0^{40}(100 - 2q)\mathrm{d}q = (100q - q^2)\Big|_0^{40} = 2400(\text{元}).$$

平均收入为 $\dfrac{R(40)}{40} = \dfrac{2400}{40} = 60$(元).

在生产 40 个单位后再生产 10 个单位所增加的总收入为

$$\Delta R = R(50) - R(40) = \int_{40}^{50} R'(q)\mathrm{d}q$$

$$= \int_{40}^{50}(100 - 2q)\mathrm{d}q = (100q - q^2)\Big|_{40}^{50} = 100(\text{元}).$$

2. 由边际函数求最优化问题

已知边际函数 $F'(x)$,结合求函数极值的方法,可讨论经济问题中的一些最优化问题.

例 10 假设某产品的边际收入函数为 $R'(q) = 9 - q$(万元/万台),边际成本函数为 $C'(q) = 4 + \dfrac{q}{4}$(万元/万台),其中 q 以万台为单位.

(1) 试求产量由 4 万台增加到 5 万台时利润的变化量;

(2) 求当产量为多少时利润最大;

(3) 已知固定成本为 1 万元,求总成本函数和利润函数.

解 (1) 首先求出边际利润

$$L'(q) = R'(q) - C'(q)$$

$$= (9 - q) - \left(4 + \frac{q}{4}\right) = 5 - \frac{5}{4}q.$$

从而

$$\Delta L = L(5) - L(4) = \int_4^5 L'(q)\,dq$$

$$= \int_4^5 \left(5 - \frac{5}{4}q\right)dq = \left(5q - \frac{5}{8}q^2\right)\Big|_4^5 = -\frac{5}{8}.$$

由此可见,在产量为 4 万台的基础上再生产 1 万台,利润不但未增加反而减少.

(2) 令 $L'(q)=0$,解得 $q=4$(万台),即产量为 4 万台时利润最大.由此可知问题(1)中利润减少的原因.

(3) 总成本函数

$$C(q) = \int_0^q C'(q)\,dq + C(0)$$

$$= \int_0^q \left(4 + \frac{q}{4}\right)dq + 1 = 4q + \frac{q^2}{8} + 1.$$

利润函数

$$L(q) = \int_0^q L'(q)\,dq - C(0)$$

$$= \int_0^q \left(5 - \frac{5}{4}q\right)dq - 1$$

$$= 5q - \frac{5}{8}q^2 - 1.$$

 习题 5-6(A)

1. 有一长为 20 cm 的弹簧,若加以 2 N 的力,则弹簧伸长 10 cm,求使弹簧由 20 cm 伸长 15 cm 所做的功.

2. 有一宽为 2 m,高为 4 m 的平板直立在水中,宽距水面 2 m 深,求平板一侧受到水的压力.

3. 某商品需求量 q 是价格 p 的函数,最大需求量为 1000(单位).已知边际需求为 $q'(p) = -\frac{20}{p+1}$,试求需求与价格的函数关系.

4. 已知边际成本 $C'(q) = 2e^{0.2q}$,固定成本为 90,求总成本函数.

5. 已知边际收入为 $R'(q) = 3 - 0.2q$,q 为销售量,求总收入函数 $R(q)$,并确定最高收入是多少.

 习题 5-6(B)

1. 两个小球中心相距 r,各带同性电荷 Q_1,Q_2,它们相互间的斥力可由库仑定律

$$F = k\frac{Q_1 Q_2}{r^2}(k \text{ 为常数})$$

计算.设当 $r=0.5$ m 时,$F=0.196$ N,今两球的距离自 $r=0.75$ m 变为 $r=1$ m,求电场力所做的功.

2. 设有一弹簧,一端固定,用力拉另一端,假定所受的力与弹簧拉长的长度成正比,如果 5 N 的力能使弹簧拉长 1 cm,求把弹簧拉长 10 cm 所做的功.

3. 边长为 2 m 的正方形薄片直立地沉没在水中,它的一个顶点位于水面,而一对角线与水面平行,求薄片一侧所受的水的压力.

4. 垂直的水闸为等腰梯形,它的上、下两底分别为 20 m 和 10 m,高为 5 m,若上底与水面平齐,计算水闸所受的压力.

5. 已知边际成本 $C'(q)=25+30q-9q^2$,固定成本为 55,试求总成本函数 $C(q)$、平均成本与变动成本.

6. 已知某产品的平均成本变化率(即边际平均成本)为 $\bar{C}'(q)=\dfrac{1}{2}q+\dfrac{5000}{q^2}-10$,当产量为 100 吨时平均成本为 1500 元,边际收入为 $R'(q)=100q-10$,求利润函数 $L(q)$.

7. 已知某商品某周生产 q 个单位时总成本变化率为 $C'(q)=0.4q-12$(元/单位),固定成本为 500 元,求总成本 $C(q)$. 如果这种商品的销售单价是 20 元,每周生产的产品全部卖出,求总利润 $L(q)$,并问每周生产多少个单位产品时才能获得最大利润?

本章内容小结

本章介绍了定积分的概念和性质、牛顿-莱布尼兹公式、定积分的换元法和分部积分法,简单介绍了广义积分和积分的应用.

1. 定积分的概念和微积分基本公式.

(1) 通过求曲边梯形的面积、变速直线运动的路程两个实例,引入定积分的概念,即

$$\int_a^b f(x)\mathrm{d}x = \lim_{\lambda \to 0}\sum_{i=1}^n f(\xi_i)\Delta x_i.$$

(2) 导出牛顿-莱布尼兹公式:若 $f(x)$ 在 $[a,b]$ 上连续,则

$$\int_a^b f(x)\mathrm{d}x = F(x)\Big|_a^b = F(b)-F(a),F(x) \text{ 是 } f(x) \text{ 的一个原函数}.$$

2. 定积分的计算.

(1) 直接积分法:利用基本积分公式和定积分的线性性质计算积分.

(2) 定积分的换元法:若 f,φ,φ' 在相关区间内连续.

第一类:令 $u=\varphi(x),\varphi(a)=\alpha,\varphi(b)=\beta$,则

$$\int_a^b f[\varphi(x)]\mathrm{d}[\varphi(x)] = \int_\alpha^\beta f(u)\mathrm{d}u.$$

第二类:令 $x=\varphi(t),\varphi(\alpha)=a,\varphi(\beta)=b$,则

$$\int_a^b f(x)\mathrm{d}x = \int_\alpha^\beta f[\varphi(t)]\varphi'(t)\mathrm{d}t.$$

(3) 定积分的分部积分法: $\int_a^b u\mathrm{d}v = uv\Big|_a^b - \int_a^b v\mathrm{d}u.$

3. 广义积分.

(1) 无穷区间广义积分(无穷积分):

$$\int_a^{+\infty} f(x)\mathrm{d}x = \lim_{A\to+\infty} \int_a^A f(x)\mathrm{d}x,$$

$$\int_{-\infty}^b f(x)\mathrm{d}x = \lim_{B\to-\infty} \int_B^b f(x)\mathrm{d}x,$$

$$\int_{-\infty}^{+\infty} f(x)\mathrm{d}x = \int_{-\infty}^c f(x)\mathrm{d}x + \int_c^{+\infty} f(x)\mathrm{d}x \ (\text{其中} c\in(-\infty,+\infty) \text{为常数}).$$

(2) 无界函数广义积分(瑕积分):

$$\int_a^b f(x)\mathrm{d}x = \lim_{\varepsilon\to 0^+} \int_{a+\varepsilon}^b f(x)\mathrm{d}x (a \text{ 为瑕点}),$$

$$\int_a^b f(x)\mathrm{d}x = \lim_{\varepsilon\to 0^+} \int_a^{b-\varepsilon} f(x)\mathrm{d}x (b \text{ 为瑕点}),$$

$$\int_a^b f(x)\mathrm{d}x = \int_a^c f(x)\mathrm{d}x + \int_c^b f(x)\mathrm{d}x \ (c\in(a,b) \text{为瑕点}).$$

4. 定积分的应用.

在几何中,利用微元法的思想求平面图形的面积、曲线的弧长及旋转体的体积;在物理中,利用定积分计算变量的累积量;在经济中,利用定积分计算原经济函数,以及结合函数极值的方法讨论经济中的最优化问题.

自测题五

一、填空题

1. 已知 $\int_1^4 f(x)\mathrm{d}x = 5, \int_3^4 f(x)\mathrm{d}x = 2$,则 $\int_1^3 f(x)\mathrm{d}x = $ _____.

2. $\int_a^b f(x)\mathrm{d}x + \int_b^a f(x)\mathrm{d}x = $ _____.

3. 已知 $\int_a^b \dfrac{f(x)}{f(x)-g(x)}\mathrm{d}x = 1$,则 $\int_a^b \dfrac{g(x)}{f(x)-g(x)}\mathrm{d}x = $ _____.

4. 设 $f(x)$ 为连续函数,则 $\int_{-1}^1 \dfrac{x^5\left[f(-x)+f(x)\right]}{2+\cos x}\mathrm{d}x = $ _____.

5. $\lim\limits_{x\to 0} \dfrac{\int_0^x \sin t\,\mathrm{d}t}{5x} = $ _____.

6. $\int_2^4 \dfrac{1}{1-x^2}\mathrm{d}x = $ _____.

7. $\int_0^{2\pi} |\sin x|\,\mathrm{d}x = $ _____.

8. $\int_1^{+\infty} \dfrac{x}{1+x^4}\mathrm{d}x = $ _____.

9. 已知某产品产量为 q 件时的边际成本 $C'(q)=4+0.04q$,固定成本为 300 元,则平均成本函数 $\bar{C}(q) = $ _____. 若销售单价为 20 元,则利润函数 $L(q) = $ _____.

10. 已知边际需求为 $q'(p)=-p^2+10p$,则价格 $p = $ _____时,需求量最大.

二、选择题

1. $\dfrac{\mathrm{d}}{\mathrm{d}x}\displaystyle\int_a^b \arcsin x\,\mathrm{d}x =$ (   )

   A. $\arcsin x$ B. $\dfrac{1}{1+x^2}$ C. 0 D. $\arcsin b - \arcsin a$

2. 若 $\displaystyle\int_0^k (1-3x^2)\,\mathrm{d}x = 0$,则 k 不能等于   (   )

   A. 2 B. 0 C. 1 D. -1

3. 以下各式错误的是

   A. $\displaystyle\int_a^a f(x)\,\mathrm{d}x = 0$ B. $\displaystyle\int_a^b f(x)\,\mathrm{d}x = \displaystyle\int_a^b f(t)\,\mathrm{d}t$

   C. $\displaystyle\int_a^b f'(x)\,\mathrm{d}x = f(b)-f(a)$ D. $\displaystyle\int_a^b f(x)\,\mathrm{d}x = 2\displaystyle\int_{2a}^{2b} f(2t)\,\mathrm{d}t$

4. 定积分 $\displaystyle\int_{\frac{1}{n}}^{n}\left(1-\dfrac{1}{t^2}\right)f\left(t+\dfrac{1}{t}\right)\mathrm{d}t =$ (   )

   A. 0 B. $f\left(n+\dfrac{1}{n}\right)$ C. 1 D. $f\left(1-\dfrac{1}{n^2}\right)$

5. 已知 $\displaystyle\int_{-e}^{0}\dfrac{\cos x}{\sin^2 x + x^2}\,\mathrm{d}x = m$,则 $\displaystyle\int_{-e}^{e}\dfrac{\cos x}{\sin^2 x + x^2}\,\mathrm{d}x =$ (   )

   A. 0 B. $-2m$ C. $2m$ D. $e+2m$

6. 下列式子正确的是   (   )

   A. $\displaystyle\int_0^1 \mathrm{e}^x\,\mathrm{d}x \leqslant \displaystyle\int_0^1 \mathrm{e}^{x^2}\,\mathrm{d}x$ B. $\displaystyle\int_0^1 \mathrm{e}^x\,\mathrm{d}x \geqslant \displaystyle\int_0^1 \mathrm{e}^{x^2}\,\mathrm{d}x$

   C. $\displaystyle\int_0^1 \mathrm{e}^x\,\mathrm{d}x = \displaystyle\int_0^1 \mathrm{e}^{x^2}\,\mathrm{d}x$ D. 以上都不对

三、综合题

1. 求下列定积分或广义积分:

(1) $\displaystyle\int_0^1 \dfrac{x^3}{x^2+1}\,\mathrm{d}x$;   (2) $\displaystyle\int_1^e x\ln 2x\,\mathrm{d}x$;

(3) $\displaystyle\int_0^\pi x\sin\pi x\,\mathrm{d}x$;   (4) $\displaystyle\int_0^1 x\sqrt{1+x^2}\,\mathrm{d}x$;

(5) $\displaystyle\int_0^1 \mathrm{e}^x(\mathrm{e}^x-1)^3\,\mathrm{d}x$;   (6) $\displaystyle\int_{-2}^3 |x^2-1|\,\mathrm{d}x$;

(7) $\displaystyle\int_1^2 \dfrac{\sqrt{x^2-1}}{x}\,\mathrm{d}x$;   (8) $\displaystyle\int_0^1 x\sqrt{4+5x}\,\mathrm{d}x$;

(9) $\displaystyle\int_{\frac{\sqrt{2}}{2}}^1 \dfrac{\sqrt{1-x^2}}{x^2}\,\mathrm{d}x$;   (10) $\displaystyle\int_0^{e-1} \ln(x+1)\,\mathrm{d}x$;

(11) $\displaystyle\int_0^{+\infty} \dfrac{4x}{x^2+4}\,\mathrm{d}x$;   (12) $\displaystyle\int_0^e \dfrac{\ln x}{x}\,\mathrm{d}x$.

2. 求函数 $F(x) = \displaystyle\int_0^x \dfrac{2t+1}{1+t^2}\,\mathrm{d}t$ 在 $[0,1]$ 上的最大值和最小值.

3. 求由抛物线 $y^2 = \dfrac{1}{2}x$ 与直线 $x-y-1=0$ 所围成的图形的面积.

4. 求 $y=x^2$，$y=0$，$x=1$ 分别绕 x 轴和 y 轴旋转所得的旋转体的体积.

5. 求 $x^2+(y-5)^2=16$ 绕 x 轴旋转所得的旋转体的体积.

6. 求曲线 $y=\ln(1-x^2)$ 上自 $(0,0)$ 至 $\left(\dfrac{1}{3},\ln\dfrac{8}{9}\right)$ 一段的长度.

7. 一块高为 5 cm，底为 8 cm 的三角形薄片垂直地沉没在水中，三角形的底边与水面齐平，顶在水下面，求其一面所承受的水的压力.

8. 设某产品的总成本 C（单位：万元）的变化率是产量 q（单位：百台）的函数 $\dfrac{d[C(q)]}{dq}=6+\dfrac{q}{2}$，且总收入函数 R（单位：万元）的变化率也是 q 的函数 $\dfrac{d[R(q)]}{dq}=12-q$，求：

（1）产量从 1 百台增加到 3 百台时总成本与总收入各增加多少；

（2）产量为多少时总利润 $L(q)$ 最大；

（3）已知固定成本 $C(0)=5$（万元）时，总成本、总利润与产量 q 的函数关系式.

第6章

常微分方程

微分方程是研究自然科学和社会科学中的物体与现象运动、演化规律的最为基本的数学理论和方法. 物理、化学、生物、工程、航天、航空、医学、经济和金融领域中的许多原理和规律都可以描述成适当的微分方程,从而对这些规律的描述、认识和分析就归结为对相应的微分方程描述的数学模型的研究. 本章主要介绍常微分方程的基本概念和几类常见的常微分方程的解法.

▶ §6-1 微分方程的基本概念

在科学研究和大量的应用实践中,往往需要求得变量之间的函数关系,但是根据问题本身所提供的条件往往不能直接归结出函数表达式,仅能得到含有未知函数的导数或微分的关系式,这种关系就是所谓的微分方程. 本节主要介绍微分方程的相关概念.

我们先看两个具体的实例.

例 1 已知曲线通过点 $(2,6)$,且该曲线上任意点 $M(x,y)$ 处的切线的斜率等于 $-\dfrac{y}{x}$,求该曲线的方程.

解 设所求的曲线方程为 $y=f(x)$,根据题意和导数的几何意义,得

$$\frac{\mathrm{d}y}{\mathrm{d}x}=-\frac{y}{x},\tag{1}$$

且 $f(x)$ 还满足条件

$$f(2)=6.\tag{2}$$

将(1)变为 $\dfrac{\mathrm{d}y}{y}=-\dfrac{\mathrm{d}x}{x}$. 两端积分,得

$$\ln y=-\ln x+\ln C,\tag{3}$$

即

$$y=\frac{C}{x}.\tag{4}$$

其中,C 为大于零的任意常数.

再将已知条件(2)代入(4)式,得 $6=\dfrac{C}{2}$,求出 $C=12$. 从而得出曲线方程为

$$y=\frac{12}{x}.\tag{5}$$

注 严格地讲,(3)式应为 $\ln|y|=-\ln|x|+\ln|C|$,但在解微分方程时绝对值符号的作用往往可以与常数 C 的任意性相抵消,为简便起见,在本书中求解微分方程时,$\dfrac{1}{x}$ 的原函数

都写成 $\ln x$.

例 2　一质量为 m 的质点,从高 h 处,只受重力作用由静止状态自由下落,试求其运动方程.

解　在中学阶段就已经知道,从高度为 h 处下落的自由落体,离地面高度 s 的变化规律为 $s = h - \dfrac{1}{2}gt^2$,其中 g 为重力加速度. 下面我们来推导出这个公式.

如图 6-1,取质点下落的铅垂线为 s 轴,它与地面的交点为原点,并规定正向朝上. 设质点在时刻 t 的位置为 $s(t)$. 因为质点只受方向向下的重力的作用,由牛顿第二运动定律 $F = ma$,得

$$m \frac{\mathrm{d}^2 s(t)}{\mathrm{d}t^2} = -mg,$$

即

$$\frac{\mathrm{d}^2 s(t)}{\mathrm{d}t^2} = -g. \tag{6}$$

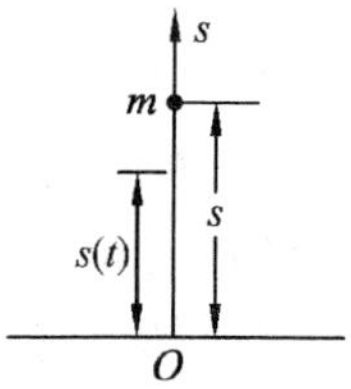

图 6-1

因为质点从高 h 处由静止状态自由下落,初始速度为 0,所以 $s = s(t)$ 还满足以下条件:

$$s(0) = h, s'(0) = 0. \tag{7}$$

对(6)式两端积分得到

$$s'(t) = -gt + C_1, \tag{8}$$

再对上式两端积分得到

$$s(t) = -\frac{gt^2}{2} + C_1 t + C_2. \tag{9}$$

其中 C_1, C_2 是两个任意常数.

将(7)式代入(8)式和(9)式,得

$$C_1 = 0, C_2 = h.$$

于是所求的运动方程为

$$s(t) = h - \frac{1}{2}gt^2. \tag{10}$$

上面两个实际例子的共同特征是:首先,问题要求的是一个未知函数,而由已知条件并不能直接得到未知函数,只是得到了含有未知函数导数的关系式和未知函数应该满足的附加条件;其次,从求解方法看,都是通过求不定积分求出满足附加条件的未知函数;最后,从求解的结果看,求出的是一个函数,而不是变量值或函数值.

总结这类问题,给出下面的定义:

定义　若在一个方程中涉及的函数是未知的,自变量仅有一个,且在方程中含有未知函数的导数(或微分),则称这样的方程为**常微分方程**,简称**微分方程**.

例 1 中的方程(1)和例 2 中的方程(6)都是常微分方程.

微分方程中所出现的未知函数的最高阶导数的阶数,称为微分方程的**阶**. 例如,例 1 中的方程(1)是一阶微分方程,例 2 中的方程(6)是二阶微分方程.

满足微分方程的函数(把函数代入微分方程能使该方程成为恒等式)称为微分方程的**解**.

求微分方程的解免不了求不定积分,因此得到的解常含有任意常数. 如果微分方程的解中含有相互独立的任意常数,且任意常数的个数与微分方程的阶数相同,则称之为微分方

程的**通解**. 独立的任意常数是指这些常数不能进行合并.

容易验证,例 1 中的(4)式、例 2 中的(9)式都是微分方程的通解. 通解表示满足微分方程的未知函数的一般形式,在大部分情况下,也表示满足微分方程的解的全体.在几何上,通解的图象是一族曲线,称为**积分曲线族**.

微分方程中对未知函数的附加条件,若以限定未知函数及其各阶导数在某一个特定点的值的形式表示,则称这种条件为微分方程的**定解条件**或**初始条件**. 例如,例 1 中的(2)式、例 2 中的(7)式都是初始条件.

微分方程初始条件的作用是确定通解中的任意常数.不含任意常数的解称为**特解**. 例如,例 1 中的(5)式是微分方程(1)满足初始条件(2)的特解,例 2 中的(10)式是微分方程(6)满足初始条件(7)的特解. 求微分方程满足初始条件的特解的问题,称为**初值问题**. 特解表示微分方程通解中一个满足定解条件的特定的解,在几何上表示为积分曲线族中一条特定的积分曲线. 图 6-2 是例 1 的积分曲线族及满足初始条件的积分曲线的示意图.

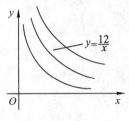

图 6-2

例 3　验证:函数 $x = C_1 \cos kt + C_2 \sin kt$ 是微分方程 $\dfrac{d^2 x}{dt^2} + k^2 x = 0$ 的通解. 并求满足初始条件 $x|_{t=0} = A$,$x'|_{t=0} = 0$ 的特解.

解　求所给函数的导数:

$$\frac{dx}{dt} = -k C_1 \sin kt + k C_2 \cos kt,$$

$$\frac{d^2 x}{dt^2} = -k^2 C_1 \cos kt - k^2 C_2 \sin kt = -k^2 (C_1 \cos kt + C_2 \sin kt).$$

将 $\dfrac{d^2 x}{dt^2}$ 的表达式代入所给方程,得

$$-k^2 (C_1 \cos kt + C_2 \sin kt) + k^2 (C_1 \cos kt + C_2 \sin kt) \equiv 0.$$

所以函数 $x = C_1 \cos kt + C_2 \sin kt$ 是方程 $\dfrac{d^2 x}{dt^2} + k^2 x = 0$ 的解. 又因为 $\dfrac{\cos kt}{\sin kt} = \cot kt \neq$ 常数,所以解中含有两个相互独立的任意常数 C_1 和 C_2,而微分方程是二阶的,即任意常数的个数与方程的阶数相同,所以它是该方程的通解.

将初始条件 $x|_{t=0} = A$,$x'|_{t=0} = 0$ 分别代入 $x = C_1 \cos kt + C_2 \sin kt$ 及 $x'(t) = -k C_1 \sin kt + k C_2 \cos kt$,得 $C_1 = A$,$C_2 = 0$.

把 C_1,C_2 的值代入 $x = C_1 \cos kt + C_2 \sin kt$ 中,得所求特解为 $x = A \cos kt$.

习题 6-1(A)

1. 指出下列方程是否是微分方程,并说明它们的阶数:

(1) $\dfrac{d^2 y}{dx^2} - y = 2x$；

(2) $e^y + 3xy - \sin x = 0$；

(3) $x(y')^4 - 2y = 1$；

(4) $(x^2 + y^2)dx - xy\,dy = 0$；

(5) $x' + 2xy = 0$；

(6) $xy^{(4)} + y'^5 = 2$.

2. 判断下列方程右边所给函数是否为该方程的解，如果是解，指出是通解还是特解：

(1) $y''-2y'+y=2e^x$，$y=x^2e^x$；

(2) $y'+y=0$，$y=3\sin x-4\cos x$；

(3) $y''+y=0$，$y=C_1\sin x+C_2\cos\left(x+\dfrac{\pi}{2}\right)$（$C_1$，$C_2$ 为任意常数）．

 习题 6-1(B)

1. 验证函数 $y=C_1e^{2x}+C_2e^{-2x}$（C_1，C_2 为任意常数）是方程 $y''-4y=0$ 的通解，并求满足初始条件 $y|_{x=0}=0$，$y'|_{x=0}=1$ 的特解．

2. 写出由下列条件确定的曲线所满足的微分方程：

(1) 曲线上任一点 $P(x,y)$ 处切线的斜率等于该点的横、纵坐标之和；

(2) 曲线上任一点 $P(x,y)$ 处切线与横轴交点的横坐标等于切点横坐标的一半．

3. 已知曲线通过点 $(0,1)$，且该曲线上任一点 $P(x,y)$ 处的切线斜率为 $x\sin x$，求该曲线的方程．

4. 一质量为 m 的物体，由静止开始从水面沉入水中，下沉时质点受到的阻力与下沉速度成正比（比例系数为 k，$k>0$）．求物体的运动速度 $v(t)$ 和沉入水下深度 $s(t)$ 所满足的微分方程及初始条件．

5. 验证函数 $x^2-xy+y^2=C$（C 为任意常数）是方程 $(x-2y)y'=2x-y$ 的通解，并求满足初始条件 $y|_{x=2}=1$ 的特解．

§6-2 一 阶 微 分 方 程

一阶微分方程中出现的未知函数的导数或微分是一阶的，所以它的一般形式为

$$F(x,y,y')=0. \tag{1}$$

本节我们仅介绍几种解存在，且有固定求解方法的一阶微分方程类型．

一、可分离变量的微分方程

如果一个一阶微分方程能写成

$$g(y)\mathrm{d}y=f(x)\mathrm{d}x \text{（或写成 } y'=\varphi(x)\varphi(y)) \tag{2}$$

的形式，也就是说，能把微分方程写成一端只含 y 的函数和 $\mathrm{d}y$，另一端只含 x 的函数和 $\mathrm{d}x$，那么原方程就称为**可分离变量的微分方程**．

可分离变量的微分方程的解法：

第一步，分离变量：将方程写成 $g(y)\mathrm{d}y=f(x)\mathrm{d}x$ 的形式．

第二步，两端积分：若函数 $f(x)$ 和 $g(x)$ 连续，两端同时求不定积分，即

$$\int g(y)\mathrm{d}y=\int f(x)\mathrm{d}x.$$

设 $G(y)$，$F(x)$ 分别是 $g(y)$，$f(x)$ 的一个原函数，则由上式得 $G(y)=F(x)+C$．

 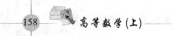

此时称 $G(y)=F(x)+C$ 为方程的隐式通解. 如果能求出 $G(y)$ 的反函数,则可得方程的通解为 $y=G^{-1}[f(x)+C]$;否则,求出隐式通解即可. 如果是初值问题,再利用初始条件确定通解中的任意常数 C 即可.

例 1 求微分方程 $\dfrac{\mathrm{d}y}{\mathrm{d}x}=1+x+y^2+xy^2$ 满足条件 $y|_{x=0}=1$ 的特解.

解 方程可化为 $\dfrac{\mathrm{d}y}{\mathrm{d}x}=(1+x)(1+y^2)$,属于可分离变量的微分方程类型.

分离变量,得

$$\frac{1}{1+y^2}\mathrm{d}y=(1+x)\mathrm{d}x.$$

两边积分,得

$$\int \frac{1}{1+y^2}\mathrm{d}y=\int(1+x)\mathrm{d}x.$$

即通解为 $\arctan y=\dfrac{1}{2}x^2+x+C$. 将 $y|_{x=0}=1$ 代入,得 $C=\dfrac{\pi}{4}$.

因此特解为 $\arctan y=\dfrac{1}{2}x^2+x+\dfrac{\pi}{4}$,即 $y=\tan\left(\dfrac{1}{2}x^2+x+\dfrac{\pi}{4}\right)$.

某些方程在通过适当的变量代换之后,可以化为可分离变量的方程.

例 2 求方程 $y\mathrm{d}x+x\mathrm{d}y=2x^2y(\ln x+\ln y)\mathrm{d}x$ 的通解.

解 原方程不属于可分离变量的微分程类型,改写原方程为

$$\mathrm{d}(xy)=2x \cdot xy\ln(xy)\mathrm{d}x.$$

引入新的未知函数 $u=xy$,则原方程变成 $\mathrm{d}u=2xu\ln u\mathrm{d}x$,这是 u 的可分离变量的方程.

分离变量,得

$$\frac{\mathrm{d}u}{u\ln u}=2x\mathrm{d}x.$$

两边积分,得

$$\ln(\ln u)=x^2+\ln C,$$

即 $\ln u=Ce^{x^2}$.

将 $u=xy$ 代入上式,得通解为 $\ln(xy)=Ce^{x^2}$.

二、齐次方程

如果由一阶微分方程 $F(x,y,y')=0$ 解出

$$\frac{\mathrm{d}y}{\mathrm{d}x}=\varphi\left(\frac{y}{x}\right), \tag{3}$$

则称此方程为**齐次方程**.

对齐次方程只要作一个变量代换,就能将其转化为关于新变量的可分离变量的一阶微分方程,具体解法如下:

第一步,在齐次方程 $\dfrac{\mathrm{d}y}{\mathrm{d}x}=\varphi\left(\dfrac{y}{x}\right)$ 中,令 $u=\dfrac{y}{x}$,即 $y=ux$,有 $\dfrac{\mathrm{d}y}{\mathrm{d}x}=u+x\dfrac{\mathrm{d}u}{\mathrm{d}x}$,原方程变为

$$u+x\frac{\mathrm{d}u}{\mathrm{d}x}=\varphi(u).$$

第二步,分离变量,得

$$\frac{\mathrm{d}u}{\varphi(u)-u}=\frac{\mathrm{d}x}{x}.$$

第三步,两端积分,得

$$\int \frac{\mathrm{d}u}{\varphi(u)-u}=\int \frac{\mathrm{d}x}{x}.$$

第四步,求出不定积分后,再用 $\frac{y}{x}$ 代替 u,便得所给齐次方程的通解.

例3 求微分方程 $(2y-x)y'=y-2x$ 满足 $y|_{x=0}=10$ 的特解.

解 原方程可化为

$$y'=\frac{\dfrac{y}{x}-2}{2\dfrac{y}{x}-1}.$$

令 $u=\dfrac{y}{x}$,得

$$u'x+u=\frac{u-2}{2u-1}.$$

分离变量,得

$$\frac{2u-1}{2u^2-2u+2}\mathrm{d}u=-\frac{\mathrm{d}x}{x}.$$

两边积分,得

$$\frac{1}{2}\ln(u^2-u+1)=-\ln x+\ln C.$$

即

$$u^2-u+1=\left(\frac{C}{x}\right)^2.$$

将 $u=\dfrac{y}{x}$ 代回,得 $y^2-yx+x^2=C^2$. 因为 $y|_{x=0}=10$,所以代入得 $C^2=100$.

所以满足初始条件的特解为 $y^2-yx+x^2=100$.

有些齐次方程需化成 $\dfrac{\mathrm{d}x}{\mathrm{d}y}=\varphi\left(\dfrac{x}{y}\right)$ 的形式,把 y 看作自变量,x 看作未知函数,令 $v=\dfrac{x}{y}$,再化为可分离变量的微分方程来求解.

例4 求微分方程 $(1+2\mathrm{e}^{\frac{x}{y}})\mathrm{d}x+2\mathrm{e}^{\frac{x}{y}}\left(1-\dfrac{x}{y}\right)\mathrm{d}y=0$ 的通解.

解 原方程可化为

$$\frac{\mathrm{d}x}{\mathrm{d}y}=\frac{2\mathrm{e}^{\frac{x}{y}}\left(\dfrac{x}{y}-1\right)}{1+2\mathrm{e}^{\frac{x}{y}}}.$$

令 $v=\dfrac{x}{y}$,得

$$v+y\frac{\mathrm{d}v}{\mathrm{d}y}=\frac{2\mathrm{e}^v(v-1)}{1+2\mathrm{e}^v}.$$

分离变量,得

$$\frac{1+2\mathrm{e}^v}{v+2\mathrm{e}^v}\mathrm{d}v=-\frac{\mathrm{d}y}{y}.$$

两边积分,得

$$\ln(v+2\mathrm{e}^v)=-\ln y+\ln C.$$

即

$$v+2\mathrm{e}^v=\frac{C}{y}.$$

将 $v=\dfrac{x}{y}$ 代回,得通解为 $x+2y\mathrm{e}^{\frac{x}{y}}=C$.

三、一阶线性微分方程

如果一阶微分方程可化为

$$y' + P(x)y = Q(x) \tag{4}$$

的形式,即方程关于未知函数及其导数是线性的,而 $P(x)$ 和 $Q(x)$ 是已知的连续函数,则称此方程为**一阶线性微分方程**. 当 $Q(x) \neq 0$ 时,方程(4)称为关于未知函数 y, y' 的一阶线性非齐次微分方程;当 $Q(x) \equiv 0$ 时,方程(4)即变为

$$y' + P(x)y = 0, \tag{5}$$

称其为方程(4)所对应的一阶线性齐次微分方程.

先考虑齐次方程(5)的解法. 显然它是可分离变量的方程. 分离变量后,得

$$\frac{\mathrm{d}y}{y} = -P(x)\mathrm{d}x.$$

两边积分,得

$$\ln y = -\int P(x)\mathrm{d}x + \ln C.$$

其中 $\int P(x)\mathrm{d}x$ 表示 $P(x)$ 的一个原函数. 于是一阶线性齐次微分方程的通解为

$$y = Ce^{-\int P(x)\mathrm{d}x}. \tag{6}$$

下面研究非齐次方程(4)的解法.

设 $y = y(x)(y \neq 0)$ 是非齐次方程(4)的解,则

$$\frac{\mathrm{d}y}{y} = \left[-P(x) + \frac{Q(x)}{y}\right]\mathrm{d}x.$$

因为 y 是 x 的函数,所以 $\dfrac{Q(x)}{y}$ 也是 x 的函数. 两边积分得

$$\ln y = -\int P(x)\mathrm{d}x + \int \frac{Q(x)}{y}\mathrm{d}x + \ln C,$$

故

$$y = Ce^{-\int P(x)\mathrm{d}x} \cdot e^{\int \frac{Q(x)}{y}\mathrm{d}x} = Ce^{\int \frac{Q(x)}{y}\mathrm{d}x} \cdot e^{-\int P(x)\mathrm{d}x}.$$

设 $u(x) = Ce^{\int \frac{Q(x)}{y}\mathrm{d}x}$,则 $y = u(x)e^{-\int P(x)\mathrm{d}x}$ 是非齐次方程(4)的通解.

比较非齐次方程(4)与它所对应的齐次方程(5)的通解,它们具有相同的表示形式,仅仅将齐次方程(5)的通解中的任意常数 C 换成了未知函数 $u(x)$. 所以可以用如下方法求解非齐次方程(4).

设非齐次方程(4)的通解为

$$y = u(x)e^{-\int P(x)\mathrm{d}x}.$$

即将相应齐次方程(5)通解中的任意常数 C 换成 x 的未知函数 $u(x)$,将其代入非齐次方程(4)求得

$$u'(x)e^{-\int P(x)\mathrm{d}x} - u(x)e^{-\int P(x)\mathrm{d}x}P(x) + P(x)u(x)e^{-\int P(x)\mathrm{d}x} = Q(x).$$

化简,得 $\qquad\qquad u'(x) = Q(x)e^{\int P(x)\mathrm{d}x}.$

从而 $u(x) = \int Q(x)e^{\int P(x)\mathrm{d}x}\mathrm{d}x + C$,其中 $\int Q(x)e^{\int P(x)\mathrm{d}x}\mathrm{d}x$ 表示 $Q(x)e^{\int P(x)\mathrm{d}x}$ 的一个原函数.

于是非齐次方程(4)的通解为

$$y = e^{-\int P(x)\mathrm{d}x}\left[\int Q(x)e^{\int P(x)\mathrm{d}x}\mathrm{d}x + C\right] \tag{7}$$

或

$$y = Ce^{-\int P(x)\mathrm{d}x} + e^{-\int P(x)\mathrm{d}x}\int Q(x)e^{\int P(x)\mathrm{d}x}\mathrm{d}x. \tag{8}$$

(8)式右端第一项恰是非齐次方程(4)对应的齐次方程(5)的通解;第二项可由非齐次方程(4)的通解中取 $C=0$ 得到,所以是非齐次方程(4)的一个特解. 由此可见,一阶线性非齐次方程的通解的结构是:对应的线性齐次方程的通解与它的一个特解之和.

上述通过把对应的线性齐次方程的通解中的任意常数 C 改变为待定函数 $u(x)$,然后求出线性非齐次方程通解的方法,称为**常数变易法**.

例 5　求方程 $(x+1)y'-2y=(x+1)^{\frac{7}{2}}$ 的通解.

解　这是一个线性非齐次方程,即 $y'-\dfrac{2}{x+1}y=(x+1)^{\frac{5}{2}}$.

方法 1(常数变易法):先求对应的线性齐次方程 $\dfrac{dy}{dx}-\dfrac{2y}{x+1}=0$ 的通解.

分离变量,得

$$\frac{dy}{y}=\frac{2dx}{x+1}.$$

两边积分,得

$$\ln y=2\ln(x+1)+\ln C.$$

所以原方程对应的线性齐次方程的通解为 $y=C(x+1)^2$.

用常数变易法. 把 C 换成 $u(x)$,即令 $y=u(x)(x+1)^2$,代入所给线性非齐次方程,得

$$u'(x)(x+1)^2+2u(x)(x+1)-2u(x)(x+1)=(x+1)^{\frac{5}{2}}.$$

化简,得

$$u'(x)=(x+1)^{\frac{1}{2}}.$$

两边积分,得

$$u(x)=\frac{2}{3}(x+1)^{\frac{3}{2}}+C.$$

由此得原方程的通解为 $y=(x+1)^2\left[\dfrac{2}{3}(x+1)^{\frac{3}{2}}+C\right]$.

方法 2(公式法):原方程即为 $\dfrac{dy}{dx}-\dfrac{2y}{x+1}=(x+1)^{\frac{5}{2}}$,这里 $P(x)=-\dfrac{2}{x+1}$,$Q(x)=(x+1)^{\frac{5}{2}}$.

代入公式(7)得原方程的通解

$$y=e^{\int\frac{2}{x+1}dx}\left[\int(x+1)^{\frac{5}{2}}e^{-\int\frac{2}{x+1}dx}dx+C\right]$$

$$=e^{\ln(x+1)^2}\left[\int\frac{(x+1)^{\frac{5}{2}}}{(x+1)^2}dx+C\right]$$

$$=(x+1)^2\left[\frac{2}{3}(x+1)^{\frac{3}{2}}+C\right].$$

有时方程不是关于未知函数 y,y' 的一阶线性方程,而把 x 看成 y 的未知函数 $x=x(y)$,方程成为关于未知函数 $x(y),x'(y)$ 的一阶线性方程 $\dfrac{dx}{dy}+P_1(y)x=Q_1(y)$. 这时也可以利用上述方法得通解公式

$$x=e^{-\int P_1(y)dy}\left[\int Q_1(y)e^{\int P_1(y)dy}dy+C\right]. \tag{9}$$

例 6　求微分方程 $ydx+(x-y^3)dy=0$ 满足条件 $y|_{x=1}=1$ 的特解.

解　原方程不是关于未知函数 y,y' 的一阶线性方程,现改写为

$$\frac{dx}{dy}+\frac{1}{y}x=y^2,$$

它是关于 $x(y),x'(y)$ 的一阶线性非齐次方程,其中 $P_1(y)=\dfrac{1}{y}$,$Q_1(y)=y^2$.

利用通解公式(9),得通解为

$$x=\mathrm{e}^{-\int P_1(y)\mathrm{d}y}\left[\int Q_1(y)\mathrm{e}^{\int P_1(y)\mathrm{d}y}\mathrm{d}y+C\right]=\mathrm{e}^{-\int\frac{1}{y}\mathrm{d}y}\left(\int y^2\mathrm{e}^{\int\frac{1}{y}\mathrm{d}y}\mathrm{d}y+C\right)$$

$$=\mathrm{e}^{-\ln y}\left(\int y^2\mathrm{e}^{\ln y}\mathrm{d}y+C\right)=\frac{1}{y}\left(\int y^2\cdot y\mathrm{d}y+C\right)=\frac{C}{y}+\frac{1}{4}y^3.$$

将条件 $y|_{x=1}=1$ 代入上式,得 $C=\dfrac{3}{4}$,于是特解为 $x=\dfrac{1}{4}y^3+\dfrac{3}{4y}$.

 习题 6-2(A)

1. 判断下列一阶微分方程的类型:

(1) $x\cos x\mathrm{d}y+y^3\sin x\mathrm{d}x=0$;

(2) $\dfrac{\mathrm{d}y}{\mathrm{d}x}=\dfrac{x^3+x^2y}{y^3}+\sin\dfrac{y}{x}$;

(3) $\mathrm{d}y=\dfrac{\mathrm{d}x}{x+y^2}$;

(4) $x^2y'-3y\ln x=\mathrm{e}^x(1+x)^3$;

(5) $x\dfrac{\mathrm{d}y}{\mathrm{d}x}+y=2\sqrt{xy}\,(x>0)$;

(6) $y'=10^{x+y^2}$.

2. 求解下列微分方程:

(1) $x\mathrm{d}y-y\ln y\mathrm{d}x=0$;

(2) $y'=\mathrm{e}^{2x-y}$,$y|_{x=0}=0$;

(3) $(x-y)y\mathrm{d}x-x^2\mathrm{d}y=0$;

(4) $y'+2xy+2x^3=0$,$y(0)=1$;

(5) $\dfrac{\mathrm{d}y}{\mathrm{d}x}=\dfrac{y}{x+y^3}$.

 习题 6-2(B)

1. 求解下列微分方程:

(1) $3x^2+5x-5y'=0$;

(2) $y'\sin x=y\ln y$,$y|_{x=\frac{\pi}{2}}=\mathrm{e}$;

(3) $x(y^2-1)\mathrm{d}x+y(x^2-1)\mathrm{d}y=0$;

(4) $\cos x\sin y\mathrm{d}y=\cos y\sin x\mathrm{d}x$,$y|_{x=0}=\dfrac{\pi}{4}$;

(5) $(\mathrm{e}^{x+y}-\mathrm{e}^x)\mathrm{d}x+(\mathrm{e}^{x+y}+\mathrm{e}^y)\mathrm{d}y=0$;

(6) $\sqrt{1-x^2}\,y'=\sqrt{1-y^2}$,$y|_{x=0}=0$.

2. 求解下列微分方程:

(1) $\dfrac{\mathrm{d}y}{\mathrm{d}x}=\dfrac{y}{x}+\tan\dfrac{y}{x}$;

(2) $x\dfrac{\mathrm{d}y}{\mathrm{d}x}=y\ln\dfrac{y}{x}$;

(3) $2x^3\mathrm{d}y+y(y^2-2x^2)\mathrm{d}x=0$;

(4) $xy\dfrac{\mathrm{d}y}{\mathrm{d}x}=y^2+x^2$,$y(1)=2$;

(5) $y'=\mathrm{e}^{\frac{y}{x}}+\dfrac{y}{x}$,$y|_{x=1}=0$;

(6) $y\mathrm{d}x=\left(x+y\sec\dfrac{x}{y}\right)\mathrm{d}y$,$y(0)=1$.

3. 求解下列微分方程:

(1) $\dfrac{\mathrm{d}r}{\mathrm{d}\theta}+3r=2$;

(2) $y'+y\cos x=\mathrm{e}^{-\sin x}$,$y(0)=0$;

(3) $(x^2-6y)\mathrm{d}x+2x\mathrm{d}y=0$;

(4) $y\mathrm{d}x+(x-\mathrm{e}^y)\mathrm{d}y=0,y|_{x=2}=3$;

(5) $(x^2-1)y'+2xy-\cos x=0$;

(6) $\dfrac{\mathrm{d}y}{\mathrm{d}x}-\dfrac{2xy}{1+x^2}=1+x,y(0)=\dfrac{1}{2}$.

4. 设一曲线过原点,且在点(x,y)处的切线斜率等于$y\tan x-\sec x$,求此曲线的方程.

5. 已知曲线过点$\left(1,\dfrac{1}{3}\right)$,且在该曲线上任意一点处的切线斜率等于自原点到该点连线的斜率的两倍,求此曲线的方程.

▶ §6-3　可降阶的高阶微分方程

二阶及二阶以上的微分方程称为高阶微分方程.§6-1中的例2就是一个高阶微分方程,当时我们把二阶方程降为一阶,通过连续两次解一阶方程得到要求的结果.把高阶方程降阶为阶数较低的方程求解,是求解高阶微分方程的常用技巧之一.本节将介绍几种特殊类型的高阶微分方程,它们都有固定的降阶方法,能将其最终化为一阶方程求解.

一、$y^{(n)}=f(x)$型的微分方程

该类型的特点是:在方程中解出最高阶导数后,等号右边仅是自变量x的函数.

解法:只要两边同时逐次积分,就能逐次降阶.

两边积分一次,得

$$y^{(n-1)}=\int f(x)\mathrm{d}x+C_1.$$

再积分一次,得

$$y^{(n-2)}=\int\left[\int f(x)\mathrm{d}x+C_1\right]\mathrm{d}x+C_2=\int\left[\int f(x)\mathrm{d}x\right]\mathrm{d}x+C_1x+C_2.$$

如此继续,积分n次便可求得通解.

例1 求微分方程$y'''=\mathrm{e}^{2x}-\cos x$的通解.

解 方程两边积分一次,得

$$y''=\int(\mathrm{e}^{2x}-\cos x)\mathrm{d}x=\frac{1}{2}\mathrm{e}^{2x}-\sin x+C_1.$$

两边再积分,得

$$y'=\int\left(\frac{1}{2}\mathrm{e}^{2x}-\sin x+C_1\right)\mathrm{d}x=\frac{1}{4}\mathrm{e}^{2x}+\cos x+C_1x+C_2.$$

第三次积分,得通解

$$y=\int\left(\frac{1}{4}\mathrm{e}^{2x}+\cos x+C_1x+C_2\right)\mathrm{d}x=\frac{1}{8}\mathrm{e}^{2x}+\sin x+\frac{1}{2}C_1x^2+C_2x+C_3.$$

二、缺项型二阶微分方程

从二阶微分方程解出二阶导数后,它的一般形式应该是

$$y''=f(x,y,y').$$

所谓缺项型,是指等号右边不显含未知函数项y,成为

$$y'' = f(x, y');$$

或者不显含自变量项 x,成为

$$y'' = f(y, y').$$

这两种缺项型二阶微分方程的求解方法都是:引入新变量 $p = y'$,将二阶方程降为一阶方程求解. 具体步骤如下:

(1) $y'' = f(x, y')$ 型的微分方程.

解法:设 $y' = p$,则 $y'' = \dfrac{dy'}{dx} = \dfrac{dp}{dx}$,方程化为

$$\frac{dp}{dx} = f(x, p).$$

设 $\dfrac{dp}{dx} = f(x, p)$ 的通解为

$$y' = p = \varphi(x, C_1),$$

再两边同时积分,得原方程的通解为

$$y = \int \varphi(x, C_1) dx + C_2.$$

(2) $y'' = f(y, y')$ 型的微分方程.

解法:设 $y' = p$,有

$$y'' = \frac{dp}{dx} = \frac{dp}{dy} \cdot \frac{dy}{dx} = p \frac{dp}{dy}.$$

原方程化为

$$p \frac{dp}{dy} = f(y, p).$$

设方程 $p \dfrac{dp}{dy} = f(y, p)$ 的通解为 $y' = p = \psi(y, C_1)$,则分离变量并两边积分,得通解为

$$\int \frac{dy}{\psi(y, C_1)} = x + C_2.$$

例 2 求微分方程 $y'' = y' + x$ 满足初始条件 $y'|_{x=0} = 3, y|_{x=0} = 1$ 的特解.

解 所给方程是 $y'' = f(x, y')$ 型的. 设 $y' = p$,代入方程,有

$$\frac{dp}{dx} - p = x.$$

由一阶线性非齐次方程的通解公式,有

$$y' = p = e^{-\int (-1)dx} \left[\int x e^{\int (-1)dx} dx + C_1 \right] = -x - 1 + C_1 e^x.$$

由条件 $y'|_{x=0} = 3$,得 $C_1 = 4$,所以 $y' = -x - 1 + 4e^x$.

上式两边再积分,得 $y = -\dfrac{x^2}{2} - x + 4e^x + C_2$. 又由条件 $y|_{x=0} = 1$,得 $C_2 = -3$.

于是所求的特解为 $y = -\dfrac{x^2}{2} - x + 4e^x - 3$.

例 3 求微分方程 $yy'' - y'^2 = 0$ 的通解.

解 所给方程是 $y'' = f(y, y')$ 型的. 设 $y' = p$,则 $y'' = p \dfrac{dp}{dy}$,原方程化为

$$yp \frac{\mathrm{d}p}{\mathrm{d}y} - p^2 = 0,$$

分离变量,得
$$\frac{\mathrm{d}p}{p} = \frac{\mathrm{d}y}{y}.$$

再两边积分,得 $p = C_1 y$,即 $y' - C_1 y = 0$.

从而原方程的通解为
$$y = C_2 \mathrm{e}^{\int C_1 \mathrm{d}x} = C_2 \mathrm{e}^{C_1 x}.$$

例 4 求微分方程 $y'' - 3(y')^2 = 0$ 满足初始条件 $y(0) = 0, y'(0) = -1$ 的特解.

解 该方程可看成 $y'' = f(x, y')$ 型,也可看成 $y'' = f(y, y')$ 型,但视方程为 $y'' = f(x, y')$ 型较方便.设 $y' = p$,则方程降阶为
$$p' - 3p^2 = 0.$$

分离变量,得
$$\frac{\mathrm{d}p}{p^2} = 3\mathrm{d}x.$$

两边积分,得 $-\frac{1}{p} = 3x + C_1$.由 $y'(0) = p(0) = -1$,得 $C_1 = 1$.所以
$$y' = -\frac{1}{3x+1}.$$

再两边积分,得 $y = -\frac{1}{3}\ln(3x+1) + C_2$.又由 $y(0) = 0$,得 $C_2 = 0$,所以原方程的特解为
$$y = -\frac{1}{3}\ln(3x+1).$$

对于 $y'' = f(y')$ 型,究竟按 $y'' = f(x, y')$ 型还是 $y'' = f(y, y')$ 型求解,要具体问题具体分析,多数情况下按 $y'' = f(x, y')$ 型求解较方便.

 习题 6-3(A)

求解下列微分方程:

(1) $y''' = x + 1$;

(2) $y''' = 2x + \cos x$;

(3) $xy'' = y'$;

(4) $y'' - \frac{y'}{x} = x\mathrm{e}^x$;

(5) $y'' = 2yy', y|_{x=0} = 1, y'|_{x=0} = 2$;

(6) $y'' = 1 + y'^2, y(0) = 1, y'(0) = 0$.

 习题 6-3(B)

1. 求下列微分方程的通解:

(1) $y'' = \frac{1}{1+x^2}$;

(2) $y''' = x\mathrm{e}^x$;

(3) $(1+x^2)y'' = 2xy'$;

(4) $x^2 y'' + xy' = 1$;

(5) $yy'' + (y')^3 = 0$;

(6) $y'' = (y')^3 + y'$.

2. 求下列微分方程的特解:

(1) $y'' = (y')^{\frac{1}{2}}, y|_{x=0} = y'|_{x=0} = 1$;

(2) $(1-x^2)y'' - xy' = 3, y(0) = y'(0) = 0$.

§6-4　二阶常系数线性微分方程

本节探讨一种特殊类型的二阶微分方程,它不能降阶为一阶微分方程来求解,但仍有求其通解的一般方法.

形如 $y'' + py' + qy = f(x)$(其中 p, q 为与 x, y 无关的常数)的方程称为二阶常系数线性微分方程,其中,函数 $f(x)$ 称为自由项.

当 $f(x) \equiv 0$ 时,方程

$$y'' + py' + qy = 0 \tag{1}$$

称为二阶常系数线性齐次微分方程;否则,称

$$y'' + py' + qy = f(x) \tag{2}$$

为二阶常系数线性非齐次微分方程.

一、二阶常系数线性齐次微分方程的解法

如果 y_1, y_2 是齐次方程(1)的两个解,且 $\dfrac{y_1}{y_2} \neq$ 常数,则齐次方程(1)的通解为

$$y = C_1 y_1 + C_2 y_2 (C_1, C_2 \text{ 是任意常数}). \tag{3}$$

因为函数 $y = \mathrm{e}^{rx}$ 的各阶导数与函数本身仅相差常数因子,根据齐次方程(1)常系数的特点,可设想齐次方程(1)以 $y = \mathrm{e}^{rx}$ 形式的函数为其解. 事实上,将 $y = \mathrm{e}^{rx}$ 代入齐次方程(1),得

$$\mathrm{e}^{rx}(r^2 + pr + q) = 0,$$

而 $\mathrm{e}^{rx} \neq 0$,故只要 r 是代数方程 $r^2 + pr + q = 0$ 的根,那么函数 $y = \mathrm{e}^{rx}$ 就是齐次方程(1)的解.

可见,代数方程 $r^2 + pr + q = 0$ 在求二阶常系数线性齐次方程中起着决定性作用,故称之为齐次方程(1)的特征方程,并称其根为齐次方程(1)的特征根.

以下根据特征方程根的不同情况,讨论齐次方程(1)的通解.

(1) 两个相异的实特征根.

设 $r^2 + pr + q = 0$ 有两个相异实根 $r_1 \neq r_2$,则 $y_1 = \mathrm{e}^{r_1 x}, y_2 = \mathrm{e}^{r_2 x}$ 是齐次方程(1)的解且 $\dfrac{y_1}{y_2} \neq$ 常数,由(3)式可知齐次方程(1)的通解为

$$y = C_1 \mathrm{e}^{r_1 x} + C_2 \mathrm{e}^{r_2 x} (C_1, C_2 \text{ 是任意常数}). \tag{4}$$

(2) 一对共轭复数根.

设 $r^2 + pr + q = 0$ 有一对共轭复数根 $r_1 = \alpha + \beta \mathrm{i}, r_2 = \alpha - \beta \mathrm{i} (\beta \neq 0)$,则齐次方程(1)有两个特解 $y_1 = \mathrm{e}^{r_1 x}, y_2 = \mathrm{e}^{r_2 x}$,但这是两个复数解,不便于应用. 为了得到实数解,利用欧拉公式 $\mathrm{e}^{\mathrm{i}\theta} = \cos\theta + \mathrm{i}\sin\theta$,可得 $y_1 = \mathrm{e}^{(\alpha + \beta \mathrm{i})x} = \mathrm{e}^{\alpha x}(\cos\beta x + \mathrm{i}\sin\beta x)$, $y_2 = \mathrm{e}^{(\alpha - \beta \mathrm{i})x} = \mathrm{e}^{\alpha x}(\cos\beta x - \mathrm{i}\sin\beta x)$. 代入齐次方程(1)可知, $\dfrac{1}{2}(y_1 + y_2) = \mathrm{e}^{\alpha x}\cos\beta x, \dfrac{1}{2\mathrm{i}}(y_1 - y_2) = \mathrm{e}^{\alpha x}\sin\beta x$ 也是齐次方程(1)的解,且 $\dfrac{\mathrm{e}^{\alpha x}\cos\beta x}{\mathrm{e}^{\alpha x}\sin\beta x} = \cot\beta x \neq$ 常数,因此齐次方程(1)的通解可以表示为

$$y = \mathrm{e}^{\alpha x}(C_1 \cos\beta x + C_2 \sin\beta x)(C_1, C_2 \text{ 是任意常数}). \tag{5}$$

(3) 两个相等的实特征根.

设 $r^2+pr+q=0$ 有两个相等的实特征根 $r_1=r_2=-\dfrac{p}{2}$，则 $y_1=e^{r_1x}$ 是齐次方程（1）的一个解．因为 $r^2+pr+q=0$ 有重根，所以 $\Delta=p^2-4q=0$．齐次方程（1）可改写为

$$y''+py'+qy=y''+py'+\frac{p^2}{4}y=\left(y'+\frac{p}{2}y\right)'+\frac{p}{2}\left(y'+\frac{p}{2}y\right)=0.$$

令 $u=y'+\dfrac{p}{2}y$，则齐次方程（1）成为 u 的一阶线性齐次方程 $u'+\dfrac{p}{2}u=0$，它的一个特解为 $u=e^{-\frac{p}{2}x}=e^{r_1x}$，即 $y'+\dfrac{p}{2}y=e^{-\frac{p}{2}x}$．利用一阶线性非齐次微分方程求解公式，可得齐次方程（1）的另一个解（$C=0$）

$$y_2=e^{-\frac{p}{2}x}\int e^{-\frac{p}{2}x}e^{\frac{p}{2}x}\mathrm{d}x=xe^{-\frac{p}{2}x}=xe^{r_1x}.$$

因为 y_1，y_2 都是齐次方程（1）的解且 $\dfrac{y_1}{y_2}=x\neq$ 常数，所以齐次方程（1）的通解为

$$y=C_1e^{r_1x}+C_2xe^{r_1x}=(C_1+C_2x)e^{r_1x}\quad(C_1，C_2\text{ 是任意常数}).\tag{6}$$

综上所述，求二阶常系数线性齐次微分方程（1）的通解的步骤如下：

（1）写出微分方程所对应的特征方程 $r^2+pr+q=0$；

（2）求出特征方程的两个根 r_1，r_2；

（3）根据特征根的不同情况，按下表写出其通解：

表 6-1

特征根的情况	齐次方程 $y''+py'+qy=0$ 的通解形式
两个不等的实特征根 $r_1\neq r_2$	$y=C_1e^{r_1x}+C_2e^{r_2x}$
两个相等的实特征根 $r_1=r_2$	$y=(C_1+C_2x)e^{r_1x}$
一对共轭复数根 $r_{1,2}=\alpha\pm\beta i(\beta>0)$	$y=e^{\alpha x}(C_1\cos\beta x+C_2\sin\beta x)$

例 1 求微分方程 $y''-5y'+6y=0$ 满足初始条件 $y'|_{x=0}=-1$，$y|_{x=0}=0$ 的特解．

解 特征方程：$r^2-5r+6=0$.

特征根：$r_1=2$，$r_2=3$.

所以微分方程的通解为 $y=C_1e^{2x}+C_2e^{3x}$，且 $y'=2C_1e^{2x}+3C_2e^{3x}$．将初始条件代入，得

$$\begin{cases}2C_1+3C_2=-1,\\C_1+C_2=0.\end{cases}$$

解之，得 $\begin{cases}C_1=1,\\C_2=-1.\end{cases}$

所以，所求特解为 $y=e^{2x}-e^{3x}$.

例 2 求微分方程 $\dfrac{\mathrm{d}^2s}{\mathrm{d}t^2}+4\dfrac{\mathrm{d}s}{\mathrm{d}t}+4s=0$ 的通解．

解 特征方程：$r^2+4r+4=0$.

特征根：$r_1=r_2=-2$.

所以微分方程的通解为 $s=(C_1+C_2t)e^{-2t}$.

例 3 求微分方程 $y''-4y'+13y=0$ 的通解．

解 特征方程：$r^2-4r+13=0$.

特征根：$r_{1,2}=\dfrac{4\pm6i}{2}=2\pm3i,\alpha=2,\beta=3$.

所以微分方程的通解为 $y=e^{2x}(C_1\cos3x+C_2\sin3x)$.

二、二阶常系数线性非齐次微分方程的解法

设 y^* 是非齐次方程 $y''+py'+qy=f(x)(2)$ 的特解，Y 是方程（2）对应的齐次方程 $y''+py'+qy=0(1)$ 的通解，则代入可知，$y=Y+y^*$ 是非齐次方程（2）的解. 又 Y 是方程（2）对应的齐次方程（1）的通解，它含有两个相互独立的任意常数，故 $y=Y+y^*$ 中含有两个相互独立的任意常数，从而 $y=Y+y^*$ 是非齐次方程（2）的通解.

所以，为了求得非齐次方程（2）的通解，只需求出其对应齐次方程的通解和它本身的一个特解. 求前者的问题已经解决，余下的问题是如何求非齐次方程（2）的一个特解 y^*.

设方程（2）对应齐次方程（1）的特征方程的根——特征根为 r_1,r_2，由韦达定理 $p=-(r_1+r_2),q=r_1r_2$，于是非齐次方程（2）可改写为
$$y''-(r_1+r_2)y'+r_1r_2y=f(x),$$
即 $(y'-r_1y)'-r_2(y'-r_1y)=f(x)$.

令 $u=y'-r_1y$，则非齐次方程（2）为 $u'-r_2u=f(x)$.

根据一阶线性非齐次方程的求解公式，有 $u=e^{r_2x}\displaystyle\int f(x)e^{-r_2x}dx(C=0)$，即
$$y'-r_1y=e^{r_2x}\int f(x)e^{-r_2x}dx.$$

再利用一阶线性非齐次方程的求解公式，得非齐次方程（2）的一个特解
$$
\begin{aligned}
y^* &= e^{r_1x}\int\left[e^{-r_1x}\cdot e^{r_2x}\int f(x)e^{-r_2x}dx\right]dx \\
&= e^{r_1x}\int\left[e^{(r_2-r_1)x}\int f(x)e^{-r_2x}dx\right]dx \quad (C=0).
\end{aligned}
\tag{7}
$$

如果特征根是实数且自由项 $f(x)$ 较简单，可以根据上述公式直接求出特解. 但对于一般的自由项 $f(x)$，由于特征根有各种不同情况，想按上述公式求出特解 y^* 并非易事. 当 $f(x)=P_n(x)e^{\lambda x}$（其中 $P_n(x)$ 是 n 次多项式，λ 是常数）或 $f(x)=e^{\lambda x}(a\cos\omega x+b\sin\omega x)$（其中，$\lambda,a,b,\omega$ 均为常数）时，我们可以用待定系数法来求非齐次方程（2）的特解.

1. $f(x)=P_n(x)e^{\lambda x}$ 型

其中 λ 为常数，$P_n(x)$ 为 x 的 n 次多项式，即 $P_n(x)=a_nx^n+a_{n-1}x^{n-1}+\cdots+a_0$，此时方程（2）为 $y''+py'+qy=P_n(x)e^{\lambda x}$，可以证明它的特解 y^* 总具有形式 $y^*=x^kQ_n(x)e^{\lambda x}$，其中 $Q_n(x)$ 为 n 次待定多项式，即 $Q_n(x)=b_nx^n+b_{n-1}x^{n-1}+\cdots+b_0$，其中 $b_n,b_{n-1},\cdots,b_0$ 待定，而 k 的取法如下：
$$
k=\begin{cases}
0, & \text{当}\lambda\text{不是特征根时,}\\
1, & \text{当}\lambda\text{是两个相异特征根之一时,}\\
2, & \text{当}\lambda\text{是重特征根时.}
\end{cases}
$$

例4 求微分方程 $y''-2y'-3y=3xe^{2x}$ 的一个特解.

解 （公式法）该方程对应的齐次方程的特征方程为

$$r^2 - 2r - 3 = 0.$$

从而特征根为 $r_1 = 3, r_2 = -1$.

由特解公式(7)得

$$
\begin{aligned}
y^*(x) &= e^{r_1 x} \int \left[e^{(r_2 - r_1)x} \int f(x) e^{-r_2 x} dx \right] dx \\
&= e^{3x} \int \left[e^{-4x} \int 3x e^{2x} e^x dx \right] dx \\
&= e^{3x} \int \left[e^{-4x} \left(x e^{3x} - \frac{1}{3} e^{3x} \right) \right] dx \\
&= e^{3x} \left(-x e^{-x} - \frac{2e^{-x}}{3} \right) \\
&= -\left(x + \frac{2}{3} \right) e^{2x}.
\end{aligned}
$$

(待定系数法)该方程对应的齐次方程的特征根为 $r_1 = 3, r_2 = -1$.

由于 $\lambda = 2$ 不是特征根,所以令特解 $y^* = (Ax + B)e^{2x}$,则

$$(y^*)' = (2Ax + A + 2B)e^{2x},$$
$$(y^*)'' = 4(Ax + A + B)e^{2x}.$$

代入原方程,得

$$-3Ax e^{2x} + (2A - 3B)e^{2x} = 3x e^{2x}.$$

比较等式两边系数,得 $\begin{cases} -3A = 3, \\ 2A - 3B = 0, \end{cases}$ 解之,得 $\begin{cases} A = -1, \\ B = -\dfrac{2}{3}. \end{cases}$

所以特解 $y^* = -\left(x + \dfrac{2}{3} \right) e^{2x}$.

例 5 求微分方程 $y'' - 6y' + 9y = (x^2 + 3x - 5)e^{3x}$ 的通解.

解 该方程对应的齐次方程的特征方程为

$$r^2 - 6r + 9 = 0.$$

从而特征根为 $r_1 = r_2 = 3$,故对应齐次方程的通解为 $Y = (C_1 + C_2 x)e^{3x}$.

因为方程的自由项 $f(x) = (x^2 + 3x - 5)e^{3x}$,其中 $\lambda = 3$ 是重特征根,所以令特解

$$y^* = x^2(Ax^2 + Bx + C)e^{3x},$$

其中 A, B, C 为待定系数,则

$$(y^*)' = [3Ax^4 + (4A + 3B)x^3 + 3(B + C)x^2 + 2Cx]e^{3x},$$
$$(y^*)'' = [9Ax^4 + 3(8A + 3B)x^3 + 3(4A + 6B + 3C)x^2 + 6(B + 2C)x + 2C]e^{3x}.$$

代入原方程整理,得

$$(12Ax^2 + 6Bx + 2C)e^{3x} = (x^2 + 3x - 5)e^{3x}.$$

比较等式两边系数,得 $\begin{cases} 12A = 1, \\ 6B = 3, \\ 2C = -5, \end{cases}$ 解之,得 $\begin{cases} A = \dfrac{1}{12}, \\ B = \dfrac{1}{2}, \\ C = -\dfrac{5}{2}. \end{cases}$

所以, 特解 $y^* = x^2 \left(\dfrac{1}{12}x^2 + \dfrac{1}{2}x - \dfrac{5}{2} \right) e^{3x}$.

于是原方程的通解为 $y = Y + y^* = \left(\dfrac{x^4}{12} + \dfrac{x^3}{2} - \dfrac{5}{2}x^2 + C_2 x + C_1 \right) e^{3x}$.

2. $f(x) = e^{\lambda x}(a\cos \omega x + b\sin \omega x)$ 型

其中 λ, a, b, ω 均为常数, 此时方程(2)为 $y'' + py' + qy = e^{\lambda x}(a\cos \omega x + b\sin \omega x)$, 可以证明它的特解 y^* 总具有形式 $y^* = x^k e^{\lambda x}(A\cos \omega x + B\sin \omega x)$, 其中 A, B 为待定系数, 而 k 的取法如下:

$$k = \begin{cases} 0, & \text{当 } \lambda \pm \omega i \text{ 不是特征根时,} \\ 1, & \text{当 } \lambda \pm \omega i \text{ 是特征根时.} \end{cases}$$

例 6 求微分方程 $y'' + y' - 2y = e^x(\cos x - 7\sin x)$ 的一个特解.

解 该方程对应的齐次方程的特征方程为

$$r^2 + r - 2 = 0.$$

从而, 特征根为 $r_1 = 1, r_2 = -2$.

因为 $\lambda \pm \omega i = 1 \pm i$ 不是特征根, 故设原方程的一个特解为

$$y^* = e^x(A\cos x + B\sin x),$$

其中 A, B 为待定系数, 则

$$(y^*)' = e^x[(A+B)\cos x + (B-A)\sin x],$$
$$(y^*)'' = 2e^x(B\cos x - A\sin x).$$

代入原方程整理, 得

$$(3B - A)\cos x + (-3A - B)\sin x = \cos x - 7\sin x.$$

比较等式两边系数, 得 $\begin{cases} -3A - B = -7, \\ -A + 3B = 1, \end{cases}$ 解之, 得 $\begin{cases} A = 2, \\ B = 1. \end{cases}$

所以原方程的一个特解为 $y^* = e^x(2\cos x + \sin x)$.

例 7 求微分方程 $y'' + y = 2\sin x$ 满足 $y'|_{x=0} = -1, y|_{x=0} = 0$ 的特解.

解 该方程对应的齐次方程的特征方程为

$$r^2 + 1 = 0.$$

从而, 特征根为 $r_{1,2} = \pm i$. 故对应的齐次方程的通解为 $Y = C_1 \cos x + C_2 \sin x$.

因为 $\lambda \pm \omega i = \pm i$ 是特征方程的特征根, 所以令原方程的特解为

$$y^* = x(A\cos x + B\sin x),$$

其中 A, B 为待定系数, 则

$$(y^*)' = (A + Bx)\cos x + (B - Ax)\sin x,$$
$$(y^*)'' = (2B - Ax)\cos x - (2A + Bx)\sin x.$$

代入原方程整理, 得

$$2B\cos x - 2A\sin x = 2\sin x.$$

比较等式两边系数, 得 $A = -1, B = 0$.

因此, 原方程的一个特解为 $y^* = -x\cos x$, 通解为

$$y = y^* + Y = -x\cos x + C_1 \cos x + C_2 \sin x.$$

此时 $y' = -\cos x + x\sin x - C_1 \sin x + C_2 \cos x$, 将条件 $y'|_{x=0} = -1, y|_{x=0} = 0$ 代入, 得

$C_1 = C_2 = 0$. 所以满足条件的特解为 $y = -x\cos x$.

上述例 5、例 6、例 7 中的特解 y^* 也可用公式法求解,但积分会比较麻烦,特别是特征根为复数时,还要使用欧拉公式等,有兴趣的读者可参阅其他教材.

 习题 6-4(A)

1. 求下列微分方程的通解:

(1) $y'' - 3y' - 10y = 0$;　　(2) $y'' + 5y = 0$.

2. 求微分方程 $y'' + 2y' + 2y = 0$ 满足初始条件 $y'(0) = -2, y(0) = 4$ 的特解.

3. 写出下列方程特解的形式:

(1) $y'' + 3y' + 2y = x\mathrm{e}^{-x}, y^* = \underline{\hspace{6cm}}$;

(2) $y'' - 2y' + y = \mathrm{e}^{-x}, y^* = \underline{\hspace{6cm}}$;

(3) $y'' + 2y' + 2y = \sin x, y^* = \underline{\hspace{6cm}}$.

4. 求方程 $y'' - 2y' - 3y = 3x + 1$ 的一个特解.

5. 求方程 $y'' + 4y = \sin 2x$ 的一个特解.

 习题 6-4(B)

1. 求下列微分方程的通解:

(1) $y'' - 9y = 0$;

(2) $y'' - 2y' + y = 0$;

(3) $y'' + 4y = 0$;

(4) $y'' + 6y' + 10y = 0$.

2. 求下列微分方程满足初始条件的特解:

(1) $y'' - 4y' + 3y = 0, y(0) = 6, y'(0) = 10$;

(2) $4y'' + 4y' + y = 0, y(0) = 2, y'(0) = 0$;

(3) $y'' + 2y' + 5y = 0, y(0) = 2, y'(0) = 0$.

3. 求下列微分方程的一个特解:

(1) $y'' + y = 2x^2 - 3$;

(2) $y'' + 4y' + 4y = 2\mathrm{e}^{-2x}$;

(3) $y'' + 2y' + 5y = 3\mathrm{e}^{-x}\cos x$;

(4) $y'' + 9y = 3\sin 3x$.

4. 求下列微分方程的通解:

(1) $y'' + 6y' + 9y = 5x\mathrm{e}^{-3x}$;

(2) $y'' + 3y' - 4y = 5\mathrm{e}^{x}$;

(3) $y'' + y = \cos x$;

(4) $4y'' + 4y' + y = \mathrm{e}^{\frac{x}{2}}$.

5. 求下列微分方程满足初始条件的特解:

(1) $y'' + y' - 2y = 2x, y|_{x=0} = 0, y'|_{x=0} = 3$;

(2) $x'' + x = 2\cos t, x|_{t=0} = 2, x'|_{t=0} = 0$.

6. 求满足方程 $y'' + 4y' + 4y = 0$ 的曲线 $y = y(x)$,使该曲线在点 $P(2,4)$ 处与直线 $y = x + 2$ 相切.

[*]§6-5　微分方程的应用

本章前面几节主要研究了几类常见的微分方程的解法,下面将举例说明如何通过建立微分方程解决一些实际问题.

应用微分方程解决实际问题通常按照下列步骤进行:

(1) 建立模型:分析实际问题,建立微分方程,确定初始条件;

(2) 求解方程:求出所列微分方程的通解,并根据初始条件确定出符合实际情况的特解;

(3) 解释问题:从微分方程的解解释、分析实际问题,预测变化趋势.

一、微分方程在物理中的应用

例1　设 RC 电路如图 6-3 所示,其中电阻 R 和电容 C 均为正常数,电源电压为 E. 如果开关 K 闭合($t=0$)时,电容两端的电压 $U_C=0$,求开关合上后电压随时间 t 的变化规律.

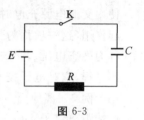

图 6-3

解　由基尔霍夫定律,$E=U_R+U_C$.

这里,电容两端的电压 $U_C=U_C(t)$ 是时间 t 的函数,电阻两端的电压为 $U_R=Ri$,而 $i=\dfrac{\mathrm{d}Q}{\mathrm{d}t}$,电容器上的电量 $Q=CU_C$,所以有

$$i=\frac{\mathrm{d}Q}{\mathrm{d}t}=C\frac{\mathrm{d}U_C}{\mathrm{d}t}.$$

从而,$U_R=RC\dfrac{\mathrm{d}U_C}{\mathrm{d}t}$.

于是,得到 U_C 满足微分方程

$$RC\frac{\mathrm{d}U_C}{\mathrm{d}t}+U_C=E.$$

初始条件为 $U_C|_{t=0}=0$.

下面就两种不同的电源进行讨论.

(1) 直流电源.

这时电源电压 E 为常量,则方程

$$RC\frac{\mathrm{d}U_C}{\mathrm{d}t}+U_C=E$$

是一个可分离变量的一阶微分方程,分离变量后再两边积分,求得其通解为

$$U_C=E+A\mathrm{e}^{-\frac{t}{RC}}(A\text{ 为任意常数}).$$

将初始条件代入,得 $A=-E$. 因此,电容两端的电压 U_C 随时间 t 的变化规律为

$$U_C=E(1-\mathrm{e}^{-\frac{t}{RC}}).$$

(2) 交流电源.

这时电源电压为 $E=E_0\sin\omega t$(其中 E_0 和 ω 都是常数),则方程

$$RC\frac{\mathrm{d}U_C}{\mathrm{d}t}+U_C=E_0\sin\omega t$$

是一个一阶线性非齐次微分方程,代入通解公式可得其通解为

$$U_C = \frac{E_0}{1+(RC\omega)^2}(\sin\omega t - RC\omega\cos\omega t) + Ae^{-\frac{t}{RC}} \quad (A\text{ 为任意常数}).$$

即

$$U_C = \frac{E_0}{\sqrt{1+(RC\omega)^2}}\sin(\omega t - \varphi) + Ae^{-\frac{t}{RC}},$$

其中 $\varphi = \arctan(RC\omega)$. 将初始条件代入,得 $A = \frac{E_0 RC\omega}{1+(RC\omega)^2}$. 因此,电容两端电压 U_C 随时间 t 的变化规律为

$$U_C = \frac{E_0}{\sqrt{1+(RC\omega)^2}}\sin(\omega t - \varphi) + \frac{E_0 RC\omega}{1+(RC\omega)^2}e^{-\frac{t}{RC}}.$$

因为 $\lim\limits_{t\to+\infty} e^{-\frac{t}{RC}} = 0$,所以由上述两种结果可知,当 t 增大时,电容电压 U_C 将逐步稳定. 使用直流电源充电时,电容电压 U_C 从零逐渐增大,经过一段时间后,基本上达到电源电压 E. 使用交流电源充电时,电容电压 U_C 的表达式中第二项经过一段时间后,就会变得很小而不起作用(这一项称为暂态电压),即电压 U_C 可由第一项决定,而第一项是正弦函数(这一项称为稳态电压),它的周期和电源电压周期相同,而相角落后 φ. U_C 的这种变化过程称作过渡过程,它是电子技术中最常见的现象.

例 2 离地面 10 m 高的钉子上悬挂着一链条,链条开始滑落时一端距离钉子 4 m,另一端距离钉子 5 m,若不计钉子与链条间的摩擦力,试求整条链条滑下钉子所用的时间.

解 设链条悬挂时与钉子的接触点为 P,链条起动滑下某一时刻 t 时,P 点离开钉子的距离为 s,s 与时间 t 的函数关系式为 $s = s(t)$,则 $s(0) = 0$,$s'(0) = 0$.

如图 6-4,不计摩擦力,链条 P 点受到两个力:一个是向下的滑力 f_1,一个是向上的阻力 f_2. 设链条单位长度的质量为 m,则(g 为重力加速度)

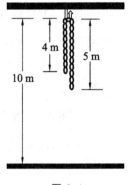

图 6-4

$$f_1 = 5mg + smg, \quad f_2 = (4-s)mg.$$

由牛顿第二运动定律,有 $f_1 - f_2 = Ma$.

其中链条的质量为 $M = 9m$,加速度 $a = \dfrac{\mathrm{d}^2 s}{\mathrm{d}t^2}$,所以有

$$5mg + smg - (4-s)mg = 9m\frac{\mathrm{d}^2 s}{\mathrm{d}t^2}.$$

整理,得 P 点离开钉子的距离 s 满足微分方程

$$\frac{\mathrm{d}^2 s}{\mathrm{d}t^2} - \frac{2g}{9}s = \frac{g}{9},$$

且初始条件为 $s(0) = 0$,$s'(0) = 0$.

解二阶常系数非齐次线性微分方程,得

$$s = C_1 e^{\frac{\sqrt{2g}}{3}t} + C_2 e^{-\frac{\sqrt{2g}}{3}t} - \frac{1}{2} \quad (C_1, C_2\text{ 为任意常数}).$$

将初始条件 $s(0) = 0$,$s'(0) = 0$ 代入,得 $C_1 = C_2 = \dfrac{1}{4}$.

因此,P 点离开钉子的距离 s 的变化规律为

$$s = \frac{1}{4}\mathrm{e}^{\frac{\sqrt{2g}}{3}t} + \frac{1}{4}\mathrm{e}^{-\frac{\sqrt{2g}}{3}t} - \frac{1}{2}.$$

可以解得时间 $t = \dfrac{3\ln(2s+1\pm 2\sqrt{s^2+s})}{\sqrt{2g}}$,当 $s=4,g=9.8$ 时,$t \approx 1.96$ s. 所以,整条链条滑下钉子所用的时间约为 1.96 s.

例 3 质量为 m 的重物挂在弹簧下端,使弹簧有一定的伸长而达到平衡. 现在把重物拉下 x_0 个长度单位后放手,如果不计重物与滑道之间的摩擦力,求在弹簧弹力作用下重物在滑道内的位移规律.

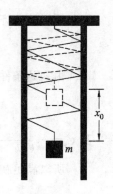

图 6-5

解 如图 6-5,以重物的平衡点位置为原点,建立计算位移的数轴,正向向下.

设弹簧的弹性系数为 k_1.

因为下拉从平衡位置开始,所以重力已被弹力抵消,故在以后考虑重物位移时不必再顾及重力的作用.

记重物的位移函数为 $x(t)(t \geqslant 0)$. 在任意时刻 t,重物的位移加速度 $a = x''(t)$,重物所受的作用力仅为弹簧弹力 F_1. 当 $x > 0$ 时,弹力向上为负,所以 $F_1 = -k_1 x(t)$(虎克定律). 据牛顿第二运动定律

$$mx''(t) = -k_1 x(t),$$

即 $x''(t) + k^2 x(t) = 0, k^2 = \dfrac{k_1}{m}$.

由题意知 $x(t)$ 应该满足初始条件:

$$x(0) = x_0, x'(0) = 0.$$

解该二阶线性常系数齐次方程,得

$$x(t) = C_1 \cos kt + C_2 \sin kt (C_1, C_2 \text{ 为任意常数}).$$

将初始条件代入,得

$$x(0) = C_1 = x_0, x'(0) = k(-C_1 \sin kt + C_2 \cos kt)|_{t=0} = kC_2 = 0,$$

故 $C_2 = 0$.

所以重物的位移规律为

$$x(t) = x_0 \cos kt.$$

这表明如果不存在摩擦力的话,重物将永远以余弦函数的规律上下振动,振幅为 x_0,震动周期为 $\dfrac{2\pi}{k} = \dfrac{2\sqrt{m}\pi}{\sqrt{k_1}}$,与重物质量及弹性系数有关. 物体越重或弹性系数越小(即弹簧越软),周期越长;反之,则越短.

例 4 对例 3 中的问题,如果不计重物与滑道之间的摩擦力,但对重物施加外力 $F_2 = A_1 \sin\omega t$ 干扰其振动,求重物的位移规律.

解 此时重物受力 $F_1 + F_2 = -k_1 x(t) + A_1 \sin\omega t$,所以位移方程为

$$mx''(t) = -k_1 x(t) + A_1 \sin\omega t,$$

即 $x''(t) + k^2 x(t) = A \sin\omega t \left(k^2 = \dfrac{k_1}{m}, A = \dfrac{A_1}{m} \right).$

此时 $x(t)$ 是二阶常系数非齐次线性微分方程.

在例 3 中已经得到对应齐次方程的通解为 $x(t) = C_1\cos kt + C_2\sin kt$,注意 $(\sin bt)'' = -b^2\sin bt$,因此不必再通过公式去求得非齐次方程的一个特解,而是直接可以设一个特解为 $x^*(t) = B\sin\omega t$,代入非齐次方程后得

$$-B\omega^2\sin\omega t + k^2 B\sin\omega t = A\sin\omega t, B = \frac{A}{k^2-\omega^2}(\text{设 } k\neq\omega).$$

所以该非齐次方程的通解是

$$x(t) = C_1\cos kt + C_2\sin kt + \frac{A}{k^2-\omega^2}\sin\omega t.$$

由初始条件得

$$x(0) = C_1 = x_0, x'(0) = C_2 k + \frac{\omega A}{k^2-\omega^2} = 0,$$

故 $C_2 = -\dfrac{\omega A}{k(k^2-\omega^2)}.$

所以满足初始条件的特解为

$$x(t) = x_0\cos kt - \frac{\omega A}{k(k^2-\omega^2)}\sin kt + \frac{A}{k^2-\omega^2}\sin\omega t.$$

从解的形式可以发现,当外力频率 ω 与重物自身振动频率 k 很接近时,位移的振幅将变得很大,此即所谓的共振现象.

二、微分方程在经济中的应用

微分方程在经济学中有着广泛的应用,有关经济量的变化、变化率的问题常转化为微分方程的定解问题.一般先根据某个经济法则或某种经济假说建立一个数学模型,即以所研究的经济量为未知函数,时间 t 为自变量的微分方程模型,然后求解微分方程,通过求得的解来解释相应的经济量的意义或规律,最后做出预测或决策.下面介绍微分方程在经济学中的几个简单应用.

1. 新产品推广模型(Logistic 模型)

设某种新产品要推向市场,t 时刻的销量为 $x(t)$,由于产品具有良好的性能,每个产品都是一个宣传品,所以,t 时刻产品销量的增长率 $\dfrac{\mathrm{d}x}{\mathrm{d}t}$ 与 $x(t)$ 成正比,同时考虑到产品销售存在一定的市场容量 N,统计结果表明 $\dfrac{\mathrm{d}x}{\mathrm{d}t}$ 与尚未购买该产品的潜在顾客的数量 $N-x(t)$ 也成正比,于是有

$$\frac{\mathrm{d}x}{\mathrm{d}t} = kx(N-x). \tag{1}$$

其中 k 为比例系数,分离变量可得

$$x(t) = \frac{N}{1+C\mathrm{e}^{-kNt}}. \tag{2}$$

方程(1)也称为 Logistic 模型,表达式(2)称为 Logistic 曲线.

由(2)得一阶导数为

$$\frac{\mathrm{d}x}{\mathrm{d}t} = \frac{CN^2 k\mathrm{e}^{-kNt}}{(1+C\mathrm{e}^{-kNt})^2} = k\left[\frac{N}{x(t)}-1\right]x^2(t).$$

二阶导数为

$$\frac{\mathrm{d}^2 x}{\mathrm{d}t^2} = \frac{CN^3 k^2 \mathrm{e}^{-kNt}(C\mathrm{e}^{-kNt}-1)}{(1+C\mathrm{e}^{-kNt})^3} = k^2 \left[\frac{N}{x(t)}-1\right]\left[\frac{N}{x(t)}-2\right]x^3(t).$$

因此,当 $x(t) < N$ 时,$\frac{\mathrm{d}x}{\mathrm{d}t} > 0$,即销量 $x(t)$ 单调递增. 当 $x(t) = \frac{N}{2}$ 时,$\frac{\mathrm{d}^2 x}{\mathrm{d}t^2} = 0$;当 $x(t) > \frac{N}{2}$ 时,$\frac{\mathrm{d}^2 x}{\mathrm{d}t^2} < 0$;当 $x(t) < \frac{N}{2}$ 时,$\frac{\mathrm{d}^2 x}{\mathrm{d}t^2} > 0$. 即当销量达到最大需求量的一半时,产品最畅销;当销量不足 N 的一半时,销售速度不断增大;当销量超过 N 的一半时,销售速度逐渐减小.

国内外许多经济学家调查表明,许多产品的销售曲线与公式(2)的曲线十分接近. 根据对曲线性状的分析,许多经济学家认为:在新产品推出的初期,应采用小批量生产并加强广告宣传;而在产品用户达到 $20\%\sim80\%$ 期间,产品应大批量生产;在产品用户超过 80% 时,应适时转产,可以达到最大的经济效益.

2. 供需均衡的价格调整模型

在完全竞争的市场条件下,商品的价格由市场的供求关系决定. 或者说,某商品的供给量 S 及需求量 D 与该商品的价格有关. 为简单起见,假设供给函数与需求函数分别为

$$S = a_1 + b_1 P,$$
$$D = a - bP.$$

其中 a_1, b_1, a, b 均为常数,且 $b_1 > 0, b > 0, P$ 为实际价格.

供需均衡的静态模型为 $\begin{cases} S = a_1 + b_1 P, \\ D = a - bP, \\ D(P) = S(P). \end{cases}$

显然,静态模型的均衡价格为 $P_e = \dfrac{a - a_1}{b + b_1}$.

对产量不能轻易扩大、生产周期相对较长的商品,有瓦尔拉(Walras)假设:超额需求 $D(P) - S(P)$ 为正时,未被满足的买方愿出高价,供不应求的卖方将提价,因而价格上涨;反之,价格下跌. 因此,t 时刻价格的变化率与超额需求 $D - S$ 成正比,即

$$\frac{\mathrm{d}P}{\mathrm{d}t} = k(D - S).$$

于是瓦尔拉假设下的动态模型为

$$\begin{cases} S = a_1 + b_1 P(t), \\ D = a - bP(t), \\ \dfrac{\mathrm{d}P}{\mathrm{d}t} = k[D(P) - S(P)]. \end{cases}$$

整理上述模型得 $\dfrac{\mathrm{d}P}{\mathrm{d}t} = \lambda(P_e - P)$,其中 $\lambda = k(b + b_1) > 0$,这个方程的通解为

$$P(t) = P_e + C\mathrm{e}^{-\lambda t}.$$

假设初始价格为 $P(0) = P_0$,代入上式得 $C = P_0 - P_e$,于是动态价格调整模型的解为

$$P(t) = P_e + (P_0 - P_e)\mathrm{e}^{-\lambda t}.$$

由于 $\lambda > 0$,故 $\lim\limits_{t \to +\infty} P(t) = P_e$.

这表明,随着时间的不断延续,商品的实际价格 $P(t)$ 将逐渐趋于均衡价格 P_e.

 习题 6-5

1. 设质量为 m 的降落伞从飞机上下落后,所受空气的阻力与速度成正比,并设降落伞离开飞机时($t=0$)速度为零.求降落伞下落的速度与时间的函数关系.

2. 设火车在平直的轨道上以 16 m/s 的速度行驶.当司机发现前方约 200 m 处铁轨上有异物时,立即以加速度 -0.8 m/s^2 制动(刹车).试问:

(1) 自刹车后需经多长时间火车才能停车?

(2) 自开始刹车到停车,火车行驶了多少路程?

3. 太阳能热水器加热时,在某时间段水温度升高的速度(单位:℃/s)与水温(单位:℃)成反比.现设某型号的太阳能热水器的比例系数为 0.1.试求把水从 10 ℃加热到 80 ℃需要多长时间.

 本章内容小结

本章介绍了常微分方程的一些基础内容.

基本概念:微分方程,微分方程的阶,微分方程的解、通解、特解.

重点是求解微分方程.求解微分方程首先是判断方程的类型,然后确定解题方法.此外,还要了解微分方程的一些简单应用.

主要知识结构如下:

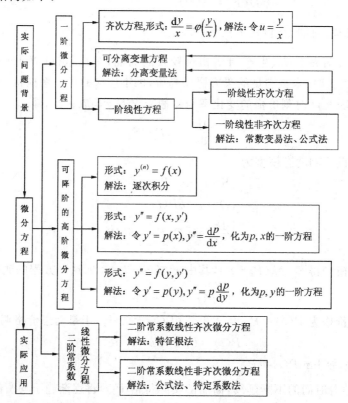

自测题六

一、填空题

1. 微分方程 $y'+2xy=0$ 的通解是 _____.

2. 微分方程 $y''+2y=0$ 的通解是 _____.

3. 微分方程 $y''+y'-2y=0$ 的通解是 _____.

4. 微分方程 $xy'+y=3$ 满足初始条件 $y|_{x=1}=0$ 的特解是 _____.

5. 求 $y''+2y'=2x^2-1$ 的一个特解时,用待定系数法应设特解为 _____.

二、选择题

1. 方程 $(y-\ln x)dx+xdy=0$ 是   (   )
   A. 可分离变量方程   B. 齐次方程
   C. 一阶线性非齐次方程   D. 一阶线性齐次方程

2. 若 $x(t)=-\dfrac{1}{4}\cos 2t$ 是方程 $\dfrac{d^2x}{dt^2}+4x=\sin 2t$ 的一个特解,则方程的通解是   (   )

   A. $x=C_1\sin 2t+C_2\cos 2t-\dfrac{1}{4}\cos 2t$ B. $x=C_1\sin 2t-\cos 2t$

   C. $x=(C_1+C_2t)e^{2t}-\dfrac{1}{4}\cos 2t$ D. $x=C_1e^{2t}+C_2e^{-2t}-\dfrac{1}{4}\cos 2t$

3. 微分方程 $y''-2y'+y=0$ 的一个特解是   (   )
   A. $y=x^2e^x$ B. $y=e^x$ C. $y=x^3e^x$ D. $y=e^{-x}$

4. 微分方程 $(y')^2+y'(y'')^3+xy^4=0$ 的阶数是   (   )
   A. 1   B. 2   C. 3   D. 4

5. 下列微分方程的通解为 $y=C_1\cos x+C_2\sin x$ 的是   (   )
   A. $y''-y'=0$ B. $y''+y'=0$ C. $y''+y=0$ D. $y''-y=0$

三、解答题

1. 求下列微分方程的解:

   (1) $\sec^2 x\tan ydx+\sec^2 y\tan xdy=0,y\left(\dfrac{\pi}{4}\right)=\dfrac{\pi}{3}$;   (2) $y'=\dfrac{2(\ln x-y)}{x}$;

   (3) $y''=e^{3x},y(1)=y'(1)=0$;   (4) $y''-y'=x$;

   (5) $y''+5y'+4y=3-2x$;   (6) $y''+3y=2\sin x$.

2. 一条曲线通过点 $(1,2)$,它在两坐标轴间的任意切线线段均被切点所平分,求这条曲线的方程.

3. 方程 $y''+4y=\sin x$ 的一条积分曲线过点 $(0,1)$,并在这一点与直线 $y=1$ 相切,求此曲线方程.

  *4. 一个质量为 m 的物体,其密度大于水的密度,则将物体放在水面上松开手后,物体在重力作用下会下沉. 设水的阻力与下沉速度的平方成正比,比例系数为 $k>0$. 求物体下沉速度的变化规律,并证明物体速度很快接近于常数 $v_0=\sqrt{\dfrac{mg}{k}}$,即物体近似于以匀速 v_0 下沉.

附 表

▶ 表 1　三角函数基本关系与公式表

[基本关系]

$$\sin^2\alpha + \cos^2\alpha = 1 \qquad \tan\alpha = \frac{\sin\alpha}{\cos\alpha} \qquad \cot\alpha = \frac{\cos\alpha}{\sin\alpha}$$

$$\tan\alpha \cdot \cot\alpha = 1 \qquad \sin\alpha \cdot \csc\alpha = 1 \qquad \cos\alpha \cdot \sec\alpha = 1$$

$$\sec^2\alpha = 1 + \tan^2\alpha \qquad \csc^2\alpha = 1 + \cot^2\alpha$$

[加法公式]

$$\sin(\alpha \pm \beta) = \sin\alpha\cos\beta \pm \cos\alpha\sin\beta$$

$$\cos(\alpha \pm \beta) = \cos\alpha\cos\beta \mp \sin\alpha\sin\beta$$

$$\tan(\alpha \pm \beta) = \frac{\tan\alpha \pm \tan\beta}{1 \mp \tan\alpha \cdot \tan\beta}$$

$$\cot(\alpha \pm \beta) = \frac{\cot\alpha \cdot \cot\beta \mp 1}{\cot\beta \pm \cot\alpha}$$

[和差化积公式]

$$\sin\alpha + \sin\beta = 2\sin\frac{\alpha+\beta}{2}\cos\frac{\alpha-\beta}{2}$$

$$\sin\alpha - \sin\beta = 2\cos\frac{\alpha+\beta}{2}\sin\frac{\alpha-\beta}{2}$$

$$\cos\alpha + \cos\beta = 2\cos\frac{\alpha+\beta}{2}\cos\frac{\alpha-\beta}{2}$$

$$\cos\alpha - \cos\beta = -2\sin\frac{\alpha+\beta}{2}\sin\frac{\alpha-\beta}{2}$$

[积化和差公式]

$$\sin\alpha\sin\beta = -\frac{1}{2}\left[\cos(\alpha+\beta) - \cos(\alpha-\beta)\right]$$

$$\cos\alpha\cos\beta = \frac{1}{2}\left[\cos(\alpha+\beta) + \cos(\alpha-\beta)\right]$$

$$\sin\alpha\sin\beta = \frac{1}{2}\left[\sin(\alpha+\beta) + \sin(\alpha-\beta)\right]$$

[倍角公式]

$$\sin2\alpha = 2\sin\alpha\cos\alpha = \frac{2\tan\alpha}{1+\tan^2\alpha}$$

$$\cos2\alpha = \cos^2\alpha - \sin^2\alpha = 2\cos^2\alpha - 1 = 1 - 2\sin^2\alpha = \frac{1-\tan^2\alpha}{1+\tan^2\alpha}$$

$$\tan2\alpha = \frac{2\tan\alpha}{1-\tan^2\alpha}$$

$$\cot2\alpha = \frac{\cot^2\alpha - 1}{2\cot\alpha}$$

$$\sin3\alpha = -4\sin^3\alpha + 3\sin\alpha$$

$$\cos3\alpha = 4\cos^3\alpha - 3\cos\alpha$$

[半角公式]

$$\sin\frac{\alpha}{2} = \pm\sqrt{\frac{1-\cos\alpha}{2}}$$

$$\cos\frac{\alpha}{2} = \pm\sqrt{\frac{1+\cos\alpha}{2}}$$

$$\tan\frac{\alpha}{2} = \pm\sqrt{\frac{1-\cos\alpha}{1+\cos\alpha}} = \frac{1-\cos\alpha}{\sin\alpha} = \frac{\sin\alpha}{1+\cos\alpha}$$

$$\cot\frac{\alpha}{2} = \pm\sqrt{\frac{1+\cos\alpha}{1-\cos\alpha}} = \frac{1+\cos\alpha}{\sin\alpha} = \frac{\sin\alpha}{1-\cos\alpha}$$

表 2 简 易 积 分 表

（一）含有 $a+bx$ 的积分

1. $\displaystyle \int \frac{\mathrm{d}x}{a+bx} = \frac{1}{b}\ln|a+bx| + C.$

2. $\displaystyle \int (a+bx)^{\mu}\mathrm{d}x = \frac{(a+bx)^{\mu+1}}{b(\mu+1)} + C(\mu \neq -1).$

3. $\displaystyle \int \frac{x\mathrm{d}x}{a+bx} = \frac{1}{b^2}(a+bx - a\ln|a+bx|) + C.$

4. $\displaystyle \int \frac{x^2\mathrm{d}x}{a+bx} = \frac{1}{b^3}\left[\frac{1}{2}(a+bx)^2 - 2a(a+bx) + a^2\ln|a+bx|\right] + C.$

5. $\displaystyle \int \frac{\mathrm{d}x}{x(a+bx)} = -\frac{1}{a}\ln\left|\frac{a+bx}{x}\right| + C.$

6. $\displaystyle \int \frac{\mathrm{d}x}{x^2(a+bx)} = -\frac{1}{ax} + \frac{b}{a^2}\ln\left|\frac{a+bx}{x}\right| + C.$

7. $\displaystyle \int \frac{x\mathrm{d}x}{(a+bx)^2} = \frac{1}{b^2}\left(\ln|a+bx| + \frac{a}{a+bx}\right) + C.$

8. $\displaystyle \int \frac{x^2\mathrm{d}x}{(a+bx)^2} = \frac{1}{b^3}\left(a+bx - 2a\ln|a+bx| - \frac{a^2}{a+bx}\right) + C.$

9. $\displaystyle \int \frac{\mathrm{d}x}{x(a+bx)^2} = \frac{1}{a(a+bx)} - \frac{1}{a^2}\ln\left|\frac{a+bx}{x}\right| + C.$

（二）含有 $\sqrt{a+bx}$ 的积分

10. $\displaystyle \int \sqrt{a+bx}\,\mathrm{d}x = \frac{2}{3b}\sqrt{(a+bx)^3} + C.$

11. $\displaystyle \int x\sqrt{a+bx}\,\mathrm{d}x = -\frac{2(2a-3bx)\sqrt{(a+bx)^3}}{15b^2} + C.$

12. $\displaystyle \int x^2\sqrt{a+bx}\,\mathrm{d}x = \frac{2(8a^2-12abx+15b^2x^2)\sqrt{(a+bx)^3}}{105b^3} + C.$

13. $\displaystyle \int \frac{x\mathrm{d}x}{\sqrt{a+bx}} = -\frac{2(2a-bx)}{3b^2}\sqrt{a+bx} + C.$

14. $\displaystyle \int \frac{x^2\mathrm{d}x}{\sqrt{a+bx}} = \frac{2(8a^2-4abx+3b^2x^2)}{15b^3}\sqrt{a+bx} + C.$

15. $\displaystyle \int \frac{\mathrm{d}x}{x\sqrt{a+bx}} = \begin{cases} \dfrac{1}{\sqrt{a}}\ln\dfrac{\sqrt{a+bx}-\sqrt{a}}{\sqrt{a+bx}+\sqrt{a}} + C, & a > 0, \\[3mm] \dfrac{2}{\sqrt{-a}}\arctan\sqrt{\dfrac{a+bx}{-a}} + C, & a < 0. \end{cases}$

16. $\displaystyle \int \frac{\mathrm{d}x}{x^2\sqrt{a+bx}} = -\frac{\sqrt{a+bx}}{ax} - \frac{b}{2a}\int \frac{\mathrm{d}x}{x\sqrt{a+bx}}.$

17. $\displaystyle \int \frac{\sqrt{a+bx}}{x}\mathrm{d}x = 2\sqrt{a+bx} + a\int \frac{\mathrm{d}x}{x\sqrt{a+bx}}.$

(三) 含有 $a^2 \pm x^2$ 的积分

18. $\int \dfrac{\mathrm{d}x}{a^2+x^2} = \dfrac{1}{a}\arctan\dfrac{x}{a} + C.$

19. $\int \dfrac{\mathrm{d}x}{(a^2+x^2)^n} = \dfrac{x}{2(n-1)a^2(a^2+x^2)^{n-1}} + \dfrac{2n-3}{2(n-1)a^2}\int \dfrac{\mathrm{d}x}{(a^2+x^2)^{n-1}}.$

20. $\int \dfrac{\mathrm{d}x}{a^2-x^2} = \dfrac{1}{2a}\left|\dfrac{a+x}{a-x}\right| + C(a \neq 0).$

21. $\int \dfrac{\mathrm{d}x}{x^2-a^2} = \dfrac{1}{2a}\ln\left|\dfrac{x-a}{x+a}\right| + C.$

(四) 含有 $ax^2+b(a>0)$ 的积分

22. $\int \dfrac{\mathrm{d}x}{ax^2+b} = \begin{cases} \dfrac{1}{\sqrt{ab}}\arctan\sqrt{\dfrac{a}{b}}x + C, & b>0, \\[3mm] \dfrac{1}{2\sqrt{-ab}}\ln\left|\dfrac{\sqrt{ax}-\sqrt{-b}}{\sqrt{ax}+\sqrt{-b}}\right| + C, & b<0, \end{cases}$

23. $\int \dfrac{x}{ax^2+b}\mathrm{d}x = \dfrac{1}{2a}\ln|ax^2+b| + C.$

24. $\int \dfrac{x^2}{ax^2+b}\mathrm{d}x = \dfrac{x}{a} - \dfrac{b}{a}\int \dfrac{\mathrm{d}x}{ax^2+b}.$

25. $\int \dfrac{\mathrm{d}x}{x(ax^2+b)} = \dfrac{1}{2b}\ln\dfrac{x^2}{|ax^2+b|} + C.$

26. $\int \dfrac{\mathrm{d}x}{x^2(ax+b)} = -\dfrac{1}{bx} - \dfrac{a}{b}\int \dfrac{\mathrm{d}x}{ax^2+b}.$

27. $\int \dfrac{\mathrm{d}x}{x^3(ax^2+b)} = \dfrac{a}{2b^2}\ln\dfrac{|ax^2+b|}{x^2} - \dfrac{1}{2bx^2} + C.$

28. $\int \dfrac{\mathrm{d}x}{(ax^2+b)^2} = \dfrac{x}{2b(ax^2+b)} + \dfrac{1}{2b}\int \dfrac{\mathrm{d}x}{ax^2+b}.$

(五) 含有 $\sqrt{x^2+a^2}(a>0)$ 的积分

29. $\int \sqrt{x^2+a^2}\,\mathrm{d}x = \dfrac{x}{2}\sqrt{x^2+a^2} + \dfrac{a^2}{2}\ln(x+\sqrt{x^2+a^2}) + C.$

30. $\int \sqrt{(x^2+a^2)^3}\,\mathrm{d}x = \dfrac{x}{8}(2x^2+5a^2)\sqrt{x^2+a^2} + \dfrac{3a^4}{8}\ln(x+\sqrt{x^2+a^2}) + C.$

31. $\int x\sqrt{x^2+a^2}\,\mathrm{d}x = \dfrac{\sqrt{(x^2+a^2)^3}}{3} + C.$

32. $\int x^2\sqrt{x^2+a^2}\,\mathrm{d}x = \dfrac{x}{8}(2x^2+a^2)\sqrt{x^2+a^2} - \dfrac{a^4}{8}\ln(x+\sqrt{x^2+a^2}) + C.$

33. $\int \dfrac{\mathrm{d}x}{\sqrt{x^2+a^2}} = \ln(x+\sqrt{x^2+a^2}) + C.$

34. $\int \dfrac{\mathrm{d}x}{\sqrt{(x^2+a^2)^3}} = \dfrac{x}{a^2\sqrt{x^2+a^2}} + C.$

35. $\int \dfrac{x\mathrm{d}x}{\sqrt{x^2+a^2}} = \sqrt{x^2+a^2} + C.$

36. $\int \dfrac{x^2\,\mathrm{d}x}{\sqrt{x^2+a^2}} = \dfrac{x}{2}\sqrt{x^2+a^2} - \dfrac{a^2}{2}\ln(x+\sqrt{x^2+a^2}) + C.$

37. $\int \dfrac{x^2\,\mathrm{d}x}{\sqrt{(x^2+a^2)^3}} = -\dfrac{x}{\sqrt{x^2+a^2}} + \ln(x+\sqrt{x^2+a^2}) + C.$

38. $\int \dfrac{\mathrm{d}x}{x\sqrt{x^2+a^2}} = \dfrac{1}{a}\ln\dfrac{\sqrt{x^2+a^2}-a}{|x|}+C.$

39. $\int \dfrac{\mathrm{d}x}{x^2\sqrt{x^2+a^2}} = -\dfrac{\sqrt{x^2+a^2}}{a^2x}+C.$

40. $\int \dfrac{\sqrt{x^2+a^2}\,\mathrm{d}x}{x} = \sqrt{x^2+a^2}+a\ln\dfrac{\sqrt{x^2+a^2}-a}{|x|}+C.$

41. $\int \dfrac{\sqrt{x^2+a^2}\,\mathrm{d}x}{x^2} = -\dfrac{\sqrt{x^2+a^2}}{x}+\ln(x+\sqrt{x^2+a^2})+C.$

（六）含有 $\sqrt{x^2-a^2}$ 的积分

42. $\int \dfrac{\mathrm{d}x}{\sqrt{x^2-a^2}} = \ln|x+\sqrt{x^2-a^2}|+C.$

43. $\int \dfrac{\mathrm{d}x}{\sqrt{(x^2-a^2)^3}} = -\dfrac{x}{a^2\sqrt{x^2-a^2}}+C.$

44. $\int \dfrac{x\mathrm{d}x}{\sqrt{x^2-a^2}} = \sqrt{x^2-a^2}+C.$

45. $\int \sqrt{x^2-a^2}\,\mathrm{d}x = \dfrac{x}{2}\sqrt{x^2-a^2}-\dfrac{a^2}{2}\ln|x+\sqrt{x^2-a^2}|+C.$

46. $\int \sqrt{(x^2-a^2)^3}\,\mathrm{d}x = \dfrac{x}{8}(2x^2-5a^2)\sqrt{x^2-a^2}+\dfrac{3a^4}{8}\ln|x+\sqrt{x^2-a^2}|+C.$

47. $\int x\sqrt{x^2-a^2}\,\mathrm{d}x = \dfrac{\sqrt{(x^2-a^2)^3}}{3}+C.$

48. $\int x\sqrt{(x^2-a^2)^3}\,\mathrm{d}x = \dfrac{\sqrt{(x^2-a^2)^5}}{5}+C.$

49. $\int x^2\sqrt{x^2-a^2}\,\mathrm{d}x = \dfrac{x}{8}(2x^2-a^2)\sqrt{x^2-a^2}-\dfrac{a^4}{8}\ln|x+\sqrt{x^2-a^2}|+C.$

50. $\int \dfrac{x^2}{\sqrt{x^2-a^2}}\,\mathrm{d}x = \dfrac{x}{2}\sqrt{x^2-a^2}+\dfrac{a^2}{2}\ln|x+\sqrt{x^2-a^2}|+C.$

51. $\int \dfrac{x^2}{\sqrt{(x^2-a^2)^3}}\,\mathrm{d}x = -\dfrac{x}{\sqrt{x^2-a^2}}+\ln|x+\sqrt{x^2-a^2}|+C.$

52. $\int \dfrac{\mathrm{d}x}{x\sqrt{x^2-a^2}} = \dfrac{1}{a}\arccos\dfrac{a}{|x|}+C.$

53. $\int \dfrac{\mathrm{d}x}{x^2\sqrt{x^2-a^2}} = \dfrac{\sqrt{x^2-a^2}}{a^2x}+C.$

54. $\int \dfrac{\sqrt{x^2-a^2}\,\mathrm{d}x}{x} = \sqrt{x^2-a^2}-a\arccos\dfrac{a}{|x|}+C.$

55. $\int \dfrac{\sqrt{x^2-a^2}}{x^2}\,\mathrm{d}x = -\dfrac{\sqrt{x^2-a^2}}{x}+\ln|x+\sqrt{x^2-a^2}|+C.$

（七）含有 $\sqrt{a^2-x^2}\,(a>0)$ 的积分

56. $\int \dfrac{\mathrm{d}x}{\sqrt{a^2-x^2}} = \arcsin\dfrac{x}{a}+C.$

57. $\int \dfrac{\mathrm{d}x}{\sqrt{(a^2-x^2)^3}} = \dfrac{x}{a^2\sqrt{a^2-x^2}}+C.$

58. $\int \dfrac{x\mathrm{d}x}{\sqrt{a^2-x^2}} = -\sqrt{a^2-x^2}+C.$

59. $\displaystyle\int \frac{x\,\mathrm{d}x}{\sqrt{(a^2-x^2)^3}} = \frac{1}{\sqrt{a^2-x^2}} + C.$

60. $\displaystyle\int \frac{x^2\,\mathrm{d}x}{\sqrt{a^2-x^2}} = -\frac{x}{2}\sqrt{a^2-x^2} + \frac{a^2}{2}\arcsin\frac{x}{a} + C.$

61. $\displaystyle\int \sqrt{a^2-x^2}\,\mathrm{d}x = \frac{x}{2}\sqrt{a^2-x^2} + \frac{a^2}{2}\arcsin\frac{x}{a} + C.$

62. $\displaystyle\int \sqrt{(a^2-x^2)^3}\,\mathrm{d}x = \frac{x}{8}(5a^2-2x^2)\sqrt{a^2-x^2} + \frac{3a^4}{8}\arcsin\frac{x}{a} + C.$

63. $\displaystyle\int x\sqrt{a^2-x^2}\,\mathrm{d}x = -\frac{\sqrt{(a^2-x^2)^3}}{3} + C.$

64. $\displaystyle\int x\sqrt{(a^2-x^2)^3}\,\mathrm{d}x = -\frac{\sqrt{(a^2-x^2)^5}}{5} + C.$

65. $\displaystyle\int x^2\sqrt{a^2-x^2}\,\mathrm{d}x = \frac{x}{8}(2x^2-a^2)\sqrt{a^2-x^2} + \frac{a^4}{8}\arcsin\frac{x}{a} + C.$

66. $\displaystyle\int \frac{x^2\,\mathrm{d}x}{\sqrt{(a^2-x^2)^3}} = \frac{x}{\sqrt{a^2-x^2}} - \arcsin\frac{x}{a} + C.$

67. $\displaystyle\int \frac{\mathrm{d}x}{x\sqrt{a^2-x^2}} = \frac{1}{a}\ln\left|\frac{x}{a+\sqrt{a^2-x^2}}\right| + C.$

68. $\displaystyle\int \frac{\mathrm{d}x}{x^2\sqrt{a^2-x^2}} = -\frac{\sqrt{a^2-x^2}}{a^2 x} + C.$

69. $\displaystyle\int \frac{\sqrt{a^2-x^2}}{x}\,\mathrm{d}x = \sqrt{a^2-x^2} + a\ln\left|\frac{a-\sqrt{a^2-x^2}}{|x|}\right| + C.$

70. $\displaystyle\int \frac{\sqrt{a^2-x^2}}{x^2}\,\mathrm{d}x = -\frac{\sqrt{a^2-x^2}}{x} - \arcsin\frac{x}{a} + C.$

（八）含有 $a+bx\pm cx^2\,(c>0)$ 的积分

71. $\displaystyle\int \frac{\mathrm{d}x}{a+bx-cx^2} = \frac{1}{\sqrt{b^2+4ac}}\ln\left|\frac{\sqrt{b^2+4ac}+2cx-b}{\sqrt{b^2+4ac}-2cx+b}\right| + C.$

72. $\displaystyle\int \frac{\mathrm{d}x}{a+bx+cx^2} = \begin{cases} \dfrac{2}{\sqrt{4ac-b^2}}\arctan\dfrac{2cx+b}{\sqrt{4ac-b^2}} + C, & b^2 < 4ac, \\[3mm] \dfrac{1}{\sqrt{b^2-4ac}}\ln\left|\dfrac{2cx+b-\sqrt{b^2-4ac}}{2cx+b+\sqrt{b^2-4ac}}\right| + C, & b^2 > 4ac. \end{cases}$

（九）含有 $\sqrt{a+bx\pm cx^2}\,(c>0)$ 的积分

73. $\displaystyle\int \frac{\mathrm{d}x}{\sqrt{a+bx+cx^2}} = \frac{1}{\sqrt{c}}\ln\left|2cx+b+2\sqrt{c}\sqrt{a+bx+cx^2}\right| + C.$

74. $\displaystyle\int \sqrt{a+bx+cx^2}\,\mathrm{d}x = \frac{2cx+b}{4c}\sqrt{a+bx+cx^2} - \frac{b^2-4ac}{8\sqrt{c^3}}\ln\left|2cx+b+2\sqrt{c}\sqrt{a+bx+cx^2}\right| + C.$

75. $\displaystyle\int \frac{x\,\mathrm{d}x}{\sqrt{a+bx+cx^2}} = \frac{\sqrt{a+bx+cx^2}}{c} - \frac{b}{2\sqrt{c^3}}\ln\left|2cx+b+2\sqrt{c}\sqrt{a+bx+cx^2}\right| + C.$

76. $\displaystyle\int \frac{\mathrm{d}x}{\sqrt{a+bx-cx^2}} = \frac{1}{\sqrt{c}}\arcsin\frac{2cx-b}{\sqrt{b^2+4ac}} + C.$

77. $\displaystyle\int \sqrt{a+bx-cx^2}\,\mathrm{d}x = \frac{2cx-b}{4c}\sqrt{a+bx-cx^2} + \frac{b^2+4ac}{8\sqrt{c^3}}\arcsin\frac{2cx-b}{\sqrt{b^2+4ac}} + C.$

78. $\int \dfrac{x\mathrm{d}x}{\sqrt{a+bx-cx^2}} = -\dfrac{\sqrt{a+bx-cx^2}}{c} + \dfrac{b}{2\sqrt{c^3}}\arcsin\dfrac{2cx-b}{\sqrt{b^2+4ac}} + C.$

（十）含有 $\sqrt{\dfrac{a\pm x}{b\pm x}}$ 的积分和含有 $\sqrt{(x-a)(b-x)}$ 的积分

79. $\int \sqrt{\dfrac{a+x}{b+x}}\mathrm{d}x = \sqrt{(a+x)(b+x)} + (a-b)\ln(\sqrt{a+x}+\sqrt{b+x}) + C.$

80. $\int \sqrt{\dfrac{a-x}{b+x}}\mathrm{d}x = \sqrt{(a-x)(b+x)} + (a+b)\arcsin\sqrt{\dfrac{x+b}{a+b}} + C.$

81. $\int \sqrt{\dfrac{a+x}{b-x}}\mathrm{d}x = -\sqrt{(a+x)(b-x)} - (a+b)\arcsin\sqrt{\dfrac{b-x}{a+b}} + C.$

82. $\int \dfrac{\mathrm{d}x}{\sqrt{(x-a)(b-x)}} = 2\arcsin\sqrt{\dfrac{x-a}{b-a}} + C.$

（十一）含有三角函数的积分

83. $\int \sin x\mathrm{d}x = -\cos x + C.$

84. $\int \cos x\mathrm{d}x = \sin x + C.$

85. $\int \tan x\mathrm{d}x = -\ln|\cos x| + C.$

86. $\int \cot x\mathrm{d}x = \ln|\sin x| + C.$

87. $\int \sec x\mathrm{d}x = \ln|\sec x + \tan x| + C = \ln\left|\tan\left(\dfrac{\pi}{4}+\dfrac{x}{2}\right)\right| + C.$

88. $\int \csc x\mathrm{d}x = \ln|\csc x - \cot x| + C = \ln\left|\tan\dfrac{x}{2}\right| + C.$

89. $\int \sec^2 x\mathrm{d}x = \tan x + C.$

90. $\int \csc^2 x\mathrm{d}x = -\cot x + C.$

91. $\int \sec x\tan x\mathrm{d}x = \sec x + C.$

92. $\int \csc x\cot x\mathrm{d}x = -\csc x + C.$

93. $\int \sin^2 x\mathrm{d}x = \dfrac{x}{2} - \dfrac{1}{4}\sin 2x + C.$

94. $\int \cos^2 x\mathrm{d}x = \dfrac{x}{2} + \dfrac{1}{4}\sin 2x + C.$

95. $\int \sin^n x\mathrm{d}x = -\dfrac{\sin^{n-1}x\cos x}{n} + \dfrac{n-1}{n}\int \sin^{n-2}x\mathrm{d}x.$

96. $\int \cos^n x\mathrm{d}x = \dfrac{\cos^{n-1}x\sin x}{n} + \dfrac{n-1}{n}\int \cos^{n-2}x\mathrm{d}x.$

97. $\int \dfrac{\mathrm{d}x}{\sin^n x} = -\dfrac{1}{n-1}\dfrac{\cos x}{\sin^{n-1}x} + \dfrac{n-2}{n-1}\int \dfrac{\mathrm{d}x}{\sin^{n-2}x}.$

98. $\int \dfrac{\mathrm{d}x}{\cos^n x} = \dfrac{1}{n-1}\dfrac{\sin x}{\cos^{n-1}x} + \dfrac{n-2}{n-1}\int \dfrac{\mathrm{d}x}{\cos^{n-2}x}.$

99. $\int \cos^m x\sin^n x\mathrm{d}x = \dfrac{\cos^{m-1}x\sin^{n+1}x}{m+n} + \dfrac{m-1}{m+n}\int \cos^{m-2}x\sin^n x\mathrm{d}x$

$$=-\frac{\sin^{n-1}x\cos^{m+1}x}{m+n}+\frac{n-1}{m+n}\int\cos^{m}x\sin^{n-2}x\,\mathrm{d}x.$$

100. $\displaystyle\int\sin mx\cos nx\,\mathrm{d}x=-\frac{\cos(m+n)x}{2(m+n)}-\frac{\cos(m-n)x}{2(m-n)}+C(m\neq n).$

101. $\displaystyle\int\sin mx\sin nx\,\mathrm{d}x=-\frac{\sin(m+n)x}{2(m+n)}+\frac{\sin(m-n)x}{2(m-n)}+C(m\neq n).$

102. $\displaystyle\int\cos mx\cos nx\,\mathrm{d}x=\frac{\sin(m+n)x}{2(m+n)}+\frac{\sin(m-n)x}{2(m-n)}+C(m\neq n).$

103. $\displaystyle\int\frac{\mathrm{d}x}{a+b\sin x}=\frac{2}{\sqrt{a^2-b^2}}\arctan\frac{a\tan\dfrac{x}{2}+b}{\sqrt{a^2-b^2}}+C(a^2>b^2).$

104. $\displaystyle\int\frac{\mathrm{d}x}{a+b\sin x}=\frac{1}{\sqrt{b^2-a^2}}\ln\left|\frac{a\tan\dfrac{x}{2}+b-\sqrt{b^2-a^2}}{a\tan\dfrac{x}{2}+b+\sqrt{b^2-a^2}}\right|+C(a^2<b^2).$

105. $\displaystyle\int\frac{\mathrm{d}x}{a+b\cos x}=\frac{2}{\sqrt{a^2-b^2}}\arctan\left(\sqrt{\frac{a-b}{a+b}}\tan\frac{x}{2}\right)+C(a^2>b^2).$

106. $\displaystyle\int\frac{\mathrm{d}x}{a+b\cos x}=\frac{1}{\sqrt{b^2-a^2}}\ln\left|\frac{\tan\dfrac{x}{2}+\sqrt{\dfrac{b+a}{b-a}}}{\tan\dfrac{x}{2}-\sqrt{\dfrac{b+a}{b-a}}}\right|+C(a^2<b^2).$

107. $\displaystyle\int\frac{\mathrm{d}x}{a^2\cos^2 x+b^2\sin^2 x}=\frac{1}{ab}\arctan\left(\frac{b\tan x}{a}\right)+C.$

108. $\displaystyle\int\frac{\mathrm{d}x}{a^2\cos^2 x-b^2\sin^2 x}=\frac{1}{2ab}\ln\left|\frac{b\tan x+a}{b\tan x-a}\right|+C.$

109. $\displaystyle\int x\sin ax\,\mathrm{d}x=\frac{1}{a^2}\sin ax-\frac{1}{a}x\cos ax+C.$

110. $\displaystyle\int x^2\sin ax\,\mathrm{d}x=-\frac{1}{a}x^2\cos ax+\frac{2}{a^2}x\sin ax+\frac{2}{a^3}\cos ax+C.$

111. $\displaystyle\int x\cos ax\,\mathrm{d}x=\frac{1}{a^2}\cos ax+\frac{1}{a}x\sin ax+C.$

112. $\displaystyle\int x^2\cos ax\,\mathrm{d}x=\frac{1}{a}x^2\sin ax+\frac{2}{a^2}x\cos ax-\frac{2}{a^3}\sin ax+C.$

（十二）含有反三角函数的积分

113. $\displaystyle\int\arcsin\frac{x}{a}\,\mathrm{d}x=x\arcsin\frac{x}{a}+\sqrt{a^2-x^2}+C.$

114. $\displaystyle\int x\arcsin\frac{x}{a}\,\mathrm{d}x=\left(\frac{x^2}{2}-\frac{a^2}{4}\right)\arcsin\frac{x}{a}+\frac{x}{4}\sqrt{a^2-x^2}+C.$

115. $\displaystyle\int x^2\arcsin\frac{x}{a}\,\mathrm{d}x=\frac{x^3}{3}\arcsin\frac{x}{a}+\frac{1}{9}(x^2+2a^2)\sqrt{a^2-x^2}+C.$

116. $\displaystyle\int\arccos\frac{x}{a}\,\mathrm{d}x=x\arccos\frac{x}{a}-\sqrt{a^2-x^2}+C.$

117. $\displaystyle\int x\arccos\frac{x}{a}\,\mathrm{d}x=\left(\frac{x^2}{2}-\frac{a^2}{4}\right)\arccos\frac{x}{a}-\frac{x}{4}\sqrt{a^2-x^2}+C.$

118. $\displaystyle\int x^2\arccos\frac{x}{a}\,\mathrm{d}x=\frac{x^3}{3}\arccos\frac{x}{a}-\frac{1}{9}(x^2+2a^2)\sqrt{a^2-x^2}+C.$

119. $\int \arctan \dfrac{x}{a} dx = x \arctan \dfrac{x}{a} - \dfrac{a}{2} \ln(a^2 + x^2) + C.$

120. $\int x \arctan \dfrac{x}{a} dx = \dfrac{1}{2}(x^2 + a^2) \arctan \dfrac{x}{a} - \dfrac{ax}{2} + C.$

121. $\int x^2 \arctan \dfrac{x}{a} dx = \dfrac{x^3}{3} \arctan \dfrac{x}{a} - \dfrac{ax^2}{6} + \dfrac{a^3}{6} \ln(a^2 + x^2) + C.$

（十三）含有指数函数的积分

122. $\int a^x dx = \dfrac{a^x}{\ln a} + C.$

123. $\int e^{ax} dx = \dfrac{e^{ax}}{a} + C.$

124. $\int e^{ax} \sin bx\, dx = \dfrac{e^{ax}(a \sin bx - b \cos bx)}{a^2 + b^2} + C.$

125. $\int e^{ax} \cos bx\, dx = \dfrac{e^{ax}(b \sin bx + a \cos bx)}{a^2 + b^2} + C.$

126. $\int x e^{ax} dx = \dfrac{e^{ax}}{a^2}(ax - 1) + C.$

127. $\int x^n e^{ax} dx = \dfrac{x^n e^{ax}}{a} - \dfrac{n}{a} \int x^{n-1} e^{ax} dx.$

128. $\int x a^{mx} dx = \dfrac{x a^{mx}}{m \ln a} - \dfrac{a^{mx}}{(m \ln a)^2} + C.$

129. $\int x^n a^{mx} dx = \dfrac{a^{mx} x^m}{m \ln a} - \dfrac{n}{m \ln a} \int x^{n-1} a^{mx} dx.$

130. $\int e^{ax} \sin^n bx\, dx = \dfrac{e^{ax} \sin^{n-1} bx}{a^2 + b^2 n^2}(a \sin bx - nb \cos bx) + \dfrac{n(n-1)}{a^2 + b^2 n^2} b^2 \int e^{ax} \sin^{n-2} bx\, dx.$

131. $\int e^{ax} \cos^n bx\, dx = \dfrac{e^{ax} \cos^{n-1} bx}{a^2 +^2 n^2}(a \cos bx + nb \sin bx) + \dfrac{n(n-1)}{a^2 + b^2 n^2} b^2 \int e^{ax} \cos^{n-2} bx\, dx.$

（十四）含有对数函数的积分

132. $\int \ln x\, dx = x \ln x - x + C.$

133. $\int \dfrac{dx}{x \ln x} = \ln(\ln x) + C.$

134. $\int x^n \ln x\, dx = x^{n+1}\left[\dfrac{\ln x}{n+1} - \dfrac{1}{(n+1)^2}\right] + C.$

135. $\int \ln^n x\, dx = x \ln^n x - n \int \ln^{n-1} x\, dx.$

136. $\int x^m \ln^n x\, dx = \dfrac{x^{m+1}}{m+1} \ln^n x - \dfrac{n}{m+1} \int x^m \ln^{n-1} x\, dx.$

习题参考答案

第1章　函数、极限与连续

习题 1-1(A)

　　1. (1) 错；(2) 错；(3) 错.　**2.** (1) $\{x\mid x>2\}$；(2) $\{x\mid-1\leqslant x\leqslant3\}$；(3) $\{x\mid1<x<6\}$；(4) $\{x\mid0\leqslant x\leqslant2,$ 且 $x\neq1\}$.　**3.** (1) 偶函数；(2) 奇函数；(3) 非奇非偶函数；(4) 偶函数.　**4.** (1) $y=e^{\sin x}$；(2) $y=\tan(x+3)^2$.　**5.** (1) $y=\sqrt{u},u=x^3-1$；(2) $y=u^2,u=\sin v,v=2x$；(3) $y=\ln u,u=\tan v,v=3x$；(4) $y=2^u,u=\cos v,v=x-1$.

习题 1-1(B)

　　1. (1) $\{x\mid-2<x<3\}$；(2) $\{x\mid x\leqslant-2$ 或 $x\geqslant3\}$；(3) $\{x\mid x\leqslant-2$，或 $x\geqslant2$ 且 $x\neq5\}$；

　　(4) $\{x\mid x>1\}$；(5) $\{x\mid1<x<2\}$.　**2.** (1) 偶函数；(2) 非奇非偶函数；(3) 奇函数；(4) 偶函数.

　　3. (1) $f(-2)=\dfrac{1}{4},f(0)=-1,f(3)=5$；(2) $f(-1)=-\dfrac{1}{16},f(t^2)=t^2\cdot4^{t^2-1},f\left(\dfrac{1}{t}\right)=\dfrac{1}{t}\cdot4^{\frac{1}{t}-1}$；

　　(3) $f(a^2)=2a^2-1,f[f(a)]=4a-3,[f(a)]^2=4a^2-4a+1$.

　　4. (1) $y=\tan\ln3x$；(2) $y=\sqrt{\sin2^x}$.　**5.** (1) $y=\sin u,u=\sqrt{v},v=x-1$；(2) $y=u^5,u=1+2x^2$；

　　(3) $y=u^3,u=\cos v,v=2x+3$；(4) $y=e^u,u=\tan x$；(5) $y=\sqrt{u},u=\tan v,v=x-1$；(6) $y=\cos u,u=\cos v$,

　　$v=x^2-1$；(7) $y=u^3,u=\lg v,v=\arcsin t,t=x^3$；(8) $y=\sqrt{u},u=\ln v,v=\sqrt{x}$.

习题 1-2(A)

　　1. 3360 元；3376.5 元.　**2.** 8;22.　**3.** (1) $\dfrac{2q-50}{q}$；(2) 25.

　　4. (1) $L(q)=-q^2+12q-27$.　(2) 当 $0<q<3$ 或 $q>9$ 时，亏本；当 $3<q<9$ 时，盈利.

习题 1-2(B)

　　1. (1) 1250 元；(2) 15 年；(3) 1160.4 元.　**2.** 1864 元.　**3.** 2;18.

　　4. (1) $\bar{L}(q)=\dfrac{-3q^2+15q-12}{q}$.　(2) 当 $0<q<1$ 或 $q>4$ 时，亏本；当 $1<q<4$ 时，盈利.

　　5. (1) $C(q)=150+10q,\bar{C}(q)=10+\dfrac{150}{q}$；(2) $R(q)=14q$；(3) $L(q)=4q-150$.

习题 1-3(A)

　　1. (1) 错；(2) 错；(3) 错.　**2.** (1) 0；(2) 不存在；(3) 1；(4) 不存在.　**3.** (1) 5；(2) 0；(3) -3；
(4) 0.　**4.** 不存在.　**5.** 当 $x\rightarrow0$ 时，极限不存在；当 $x\rightarrow1$ 时，极限存在且为 1.

习题 1-3(B)

　　1. (1) 2；(2) 0；(3) 0；(4) 0；(5) 1；(6) -1.　**2.** $\lim\limits_{x\rightarrow0}f(x)$ 不存在；$\lim\limits_{x\rightarrow0}g(x)=1$.

　　3. 当 $x\rightarrow0$ 时，极限不存在；当 $x\rightarrow1$ 时，极限存在且为 2.　**4.** 略.

习题 1-4(A)

　　1. (1) 对；(2) 错；(3) 错；(4) 对.　**2.** (1) -9；(2) 0；(3) $2x$；(4) $\dfrac{1}{2}$；(5) 2；(6) 4；(7) 1；(8) 2.

习题 1-4(B)

　　1. (1) -1；(2) $\dfrac{2}{3}$；(3) 12；(4) $-\dfrac{1}{2}$；(5) 2；(6) 1；(7) $\dfrac{1}{6}$；(8) 0；(9) $\dfrac{1}{2}$；(10) $-\dfrac{3}{2}$；(11) 2；

(12) -2. **2.** $k=-3$，极限值为 4. **3.** $a=4,l=10$.

习题 1-5(A)

1. (1) 对；(2) 错；(3) 错；(4) 错. **2.** 在 $x=1$ 处连续.

3. 连续区间为 $(-\infty,-3)\bigcup(-3,2)\bigcup(2,+\infty)$，$\lim\limits_{x\to0}f(x)=-\dfrac{1}{3}$，$\lim\limits_{x\to2}f(x)=\dfrac{3}{5}$，$\lim\limits_{x\to-3}f(x)=\infty$，$x=2$ 为第一类可去间断点，$x=-3$ 为第二类(无穷)间断点. **4.** (1) 3；(2) ln3；(3) $\ln\dfrac{3}{5}$；(4) 1.

习题 1-5(B)

1. (1) 1；(2) 0；(3) 0；(4) $\dfrac{1}{2}$；(5) 1；(6) 1. **2.** (1) $x=1$ 为第一类可去间断点，$x=2$ 为第二类间断点；(2) $x=0$ 和 $x=k\pi+\dfrac{\pi}{2}$ 为第一类可去间断点，$x=k\pi$ 为第二类间断点；(3) $x=0$ 为第二类间断点；(4) $x=-1$ 为第一类跳跃型间断点. **3.** 略. **4.** 略. **5.** $a=1$. **6.** 略.

习题 1-6(A)

1. (1) 错；(2) 错；(3) 错. **2.** $\lim\limits_{x\to\infty}x\sin\dfrac{1}{x}=1$，$\lim\limits_{x\to0}\dfrac{\sin x}{x}=1$，方法一致. **3.** (1) 3；(2) $\dfrac{1}{4}$；(3) e^{-6}；(4) e^{-1}.

习题 1-6(B)

1. (1) 2；(2) 3；(3) $\dfrac{2}{5}$；(4) $\dfrac{1}{2}$；(5) 2；(6) $\dfrac{2}{3}$. **2.** (1) e^5；(2) e^{-k}；(3) 1；(4) e；(5) e^2；(6) e^{-1}.

习题 1-7(A)

1. (1) 错；(2) 错；(3) 错；(4) 错；(5) 错；(6) 错. **2.** $x\to0$ 时，x^2-x^3 是较高阶的无穷小. **3.** 同阶，等价. **4.** (1) ∞；(2) 0；(3) ∞；(4) $\dfrac{16}{27}$. **5.** (1) 0；(2) 0. **6.** (1) $\dfrac{3}{2}$；(2) 1；(3) 3；(4) $-\dfrac{1}{2}$.

习题 1-7(B)

1. (1) 无穷小；(2) 无穷大；(3) 无穷小；(4) 无穷大. **2.** (1) 0；(2) ∞；(3) $\dfrac{3}{5}$；(4) 0；(5) ∞；(6) $\dfrac{5^5}{3^{10}}$. **3.** (1) $\dfrac{3}{2}$；(2) 0；(3) 2；(4) e^x；(5) $-\dfrac{4}{3}$；(6) -1.

自测题一

一、**1.** $\{x|x\geqslant4\}$. **2.** x^2-6. **3.** -2. **4.** $\dfrac{7}{2}$. **5.** ∞. **6.** $\dfrac{2^{10}}{3^5}$. **7.** 不存在，5,10. **8.** -3，-2. **9.** $0,1,1,0$.

二、**1.** B. **2.** C. **3.** C. **4.** D. **5.** A. **6.** B. **7.** D. **8.** A.

三、**1.** (1) $\dfrac{5}{2}$；(2) $\dfrac{1}{4}$；(3) 3；(4) 0；(5) ∞；(6) $\dfrac{4}{3}$；(7) $-\dfrac{1}{2}$；(8) 2；(9) e^{-2}；(10) e^{-4}；(11) 0；(12) $-\dfrac{1}{3}$. **2.** $\lim\limits_{x\to0}f(x)$ 不存在，$\lim\limits_{x\to1}f(x)=4$. **3.** $a=0$. **4.** $a=-2,b=\ln2$. **5.** 略. **6.** $x=0$ 是第二类(无穷)间断点；$x=1$ 是第一类跳跃间断点.

第 2 章　导数与微分

习题 2-1(A)

1. (1) 不成立；(2) 可能存在，可能不存在；(3) 可导必连续，连续未必可导.

2. (1) $\bar{v}=6t_0+3\Delta t-5$；(2) $v(t_0)=6t_0-5$. **3.** (1) $y'|_{x=-1}=-7$；(2) $y'|_{x=4}=\dfrac{1}{4}$.

4. 不可导，因为 $f(x)$ 在 $x=1$ 处不连续.

习题 2-1(B)

1. (1) $y'=3x^2$; (2) $y'=-\dfrac{2}{x^2}$.　**2.** (1) $2,6$; (2) $\left(\dfrac{1}{2},\dfrac{1}{4}\right)$.　**3.** $x=0$ 或 $\dfrac{2}{3}$.　**4.** $f'(a)=\varphi(a)$.

5. 切线：$x-3\ln 3\cdot y-3+3\ln 3=0$；法线：$3\ln 3\cdot x+y-1-9\ln 3=0$.　**6.** (1) 连续,可导；(2) 连续,可导.

习题 2-2(A)

1. (1) 错；(2) 错；(3) 对；(4) 错.　**2.** (1) $y'=\dfrac{1}{x}-3\sin x-5$; (2) $y'=2x+\dfrac{7}{3}x\sqrt[3]{x}$; (3) $y'=\dfrac{x\cos x-\sin x}{x^2}$;　(4) $y'=3x^2\cdot\arctan x\cdot\csc x+\dfrac{x^3\csc x}{1+x^2}-x^3\arctan x\cdot\cot x\csc x$.　**3.** $y'=\cos 2x,\ y'|_{x=\frac{\pi}{6}}=\dfrac{1}{2},\ y'|_{x=\frac{\pi}{4}}=0$.

习题 2-2(B)

1. (1) $y'=\dfrac{1}{x\ln 3}+\dfrac{5}{\sqrt{1-x^2}}+\dfrac{4}{3\sqrt[3]{x}}$; (2) $y'=\dfrac{3}{2}\sqrt{x}-\dfrac{3}{2\sqrt{x}}-\dfrac{3}{2x\sqrt{x}}$; (3) $y'=\dfrac{7}{8}x^{-\frac{1}{8}}$;

(4) $y'=\dfrac{\arcsin x}{2\sqrt{x}}+\dfrac{\sqrt{x}}{\sqrt{1-x^2}}$; (5) $\rho'=\dfrac{1-\cos\varphi-\varphi\sin\varphi}{(1-\cos\varphi)^2}$; (6) $y'=\dfrac{\pi}{2\sqrt{1-x^2}\arccos^2 x}$;

(7) $y'=-\dfrac{1+x}{\sqrt{x}(1-x)^2}$; (8) $y'=\cos x\ln x-x\sin x\ln x+\cos x$; (9) $y'=\csc x-x\csc x\cot x-3\sec x\tan x$;

(10) $s'=-\dfrac{2}{t(1+\ln t)^2}$.　**2.** (1) $y'|_{x=0}=3,\ y'|_{x=\frac{\pi}{2}}=\dfrac{5\pi^4}{16}$; (2) $f'(0)=-3,\ f'(1)=\dfrac{5}{2}$.　**3.** $(4,8)$.

习题 2-3(A)

1. (1) 错；(2) 错；(3) 错；(4) 错.

2. (1) $y'=2\sec^2\left(2x+\dfrac{\pi}{6}\right)$; (2) $y'=5(3x^3-2x^2+x-5)^4(9x^2-4x+1)$; (3) $y'=\dfrac{2\cos 2x+2^x\ln 2}{\sin 2x+2^x}$;

(4) $y'=-\sin[\cos(\cos x)]\sin(\cos x)\sin x$; (5) $y'=\dfrac{2\sqrt{x}+1}{4\sqrt{x}\sqrt{x+\sqrt{x}}}$; (6) $y'=\sec x$;

(7) $y'=f'(2^{\sin x})\cdot 2^{\sin x}\ln 2\cdot\cos x$; (8) $y'=\sin 2x\cos x^2-2x\sin^2 x\sin x^2$.

习题 2-3(B)

1. (1) $y'=\dfrac{x}{(1-x^2)^{\frac{3}{2}}}$; (2) $y'=\dfrac{6(2x^3-3x)}{5\sqrt[5]{(x^4-3x^2+2)^2}}$; (3) $y'=-3^{-x}\ln 3\cdot\cos 3x-3^{-x+1}\sin 3x$;

(4) $y'=\dfrac{2x+3}{x^2+3x}$; (5) $y'=2\sin(4x-2)$; (6) $y'=\ln 2\cdot 2^{\tan x}\cdot\sec^2 x$;

(7) $y'=\dfrac{1}{\sqrt{x^2+a^2}}$; (8) $y'=-\tan x$; (9) $y'=-(x^2-1)^{-\frac{3}{2}}$;

(10) $y'=-2\csc^2 2x\sec 3x+3\cot 2x\sec 3x\tan 3x$; (11) $y'=-\dfrac{\sin 2x}{\sqrt{1+\cos 2x}}$;

(12) $y'=\dfrac{x}{(2+x^2)\sqrt{x^2+1}}$; (13) $y'=-2\sin(2\csc 2x)\csc 2x\cot 2x$; (14) $y'=\csc x$;

(15) $y'=\dfrac{\sin 2x\sin x^2-2x\sin^2 x\cos x^2}{\sin^2 x^2}$; (16) $y'=-\dfrac{|x|}{x^2\sqrt{x^2-1}}$.

2. (1) 0; (2) $-8\sqrt{3}$; (3) $\dfrac{\sqrt{2}}{2}$.　**3.** (1) $\dfrac{2f'(2x)}{f(2x)}$; (2) $2f(e^x)f'(e^x)e^x$.

习题 2-4(A)

1. (1) 错；(2) 错；(3) 对. **2.** (1) $\dfrac{e^x-y}{x+e^y}$,1；(2) $\dfrac{1}{2}\sqrt{\dfrac{(x-1)(x-2)}{(x-3)(x-4)}}\left(\dfrac{1}{x-1}+\dfrac{1}{x-2}-\dfrac{1}{x-3}-\dfrac{1}{x-4}\right)$；

(3) $\left(1+\dfrac{1}{x}\right)^x\left[\ln\left(1+\dfrac{1}{x}\right)-\dfrac{1}{1+x}\right]$；(4) $y=-\sqrt{2}x+2$.

习题 2-4(B)

1. (1) $-\sqrt{\dfrac{y}{x}}$；(2) $\dfrac{2x}{\dfrac{1}{1+y^2}-2y}$；(3) $-\dfrac{1}{2}$；(4) $\dfrac{\ln2}{2-2\ln2}$. **2.** $x+3y+4=0$.

3. (1) $-(1+\cos x)^x\left[\ln(1+\cos x)-\dfrac{x\sin x}{1+\cos x}\right]$；

(2) $(x-1)^{\frac{2}{3}}\sqrt{\dfrac{x-2}{x-3}}\left[\dfrac{2}{3(x-1)}+\dfrac{1}{2(x-2)}-\dfrac{1}{2(x-3)}\right]$；

(3) $(\sin x)^{\cos x}(\cos x\cot x-\sin x\ln\sin x)$；(4) $\sqrt{x\sin x\sqrt{e^x}}\left(\dfrac{1}{2x}+\dfrac{1}{2}\cot x+\dfrac{1}{4}\right)$.

4. 切线方程：$y=x$；法线方程：$x+y-2=0$. **5.** (1) $\dfrac{\sin t+t\cos t}{\cos t-t\sin t}$；(2) 2；(3) $-\dfrac{b}{a}\tan t$.

6. $a=\dfrac{e}{2}-2,b=1-\dfrac{e}{2},c=1$.

习题 2-5(A)

1. (1) 错；(2) 错；(3) 错. **2.** $2\cos2x$.

3. (1) $-\dfrac{16}{(x+y+2)^3}$；(2) $\dfrac{2f'(x^2)f(x^2)+4x^2f''(x^2)f(x^2)-4x^2[f'(x^2)]^2}{[f(x^2)]^2}$；(3) $\dfrac{3}{4t}$. **4.** 5 m/s,7 m/s².

习题 2-5(B)

1. $-6x,-6$. **2.** $60(x+10)^2$. **3.** (1) $-2\sin x-x\cos x$；(2) $3x(1-x^2)^{-\frac{5}{2}}$；

(3) $\dfrac{\sqrt{1-x^2}(1+2x^2)\arcsin x+3x(1-x^2)}{(1-x^2)^3}$；(4) $f''(e^x)e^{2x}+f'(e^x)e^x$.

4. $\dfrac{6}{x}$. **5.** 略. **6.** (1) $-\dfrac{6y(1-y^3)(3x+y)}{(3xy^2-1)^3}$；(2) $\dfrac{(3-y)e^{2y}}{(2-y)^3}$；(3) $\dfrac{2x^2y[3(y^2+1)^2+2x^4(1-y^2)]}{(1+y^2)^3}$.

7. (1) $-\dfrac{3}{4t}$；(2) $-\dfrac{1}{a}\csc^3 t$. **8.** (1) 9 m/s,12 m/s²；(2) $-\dfrac{\sqrt{3}}{6}\pi A$ m/s,$-\dfrac{1}{18}\pi^2 A$ m/s².

9. $-\omega A\sin(\omega t+\varphi)$.

习题 2-6(A)

1. (1) 对；(2) 错；(3) 错.

2. (1) $(3x^2a^x+x^3a^x\ln a)dx$；(2) $\dfrac{x\cos x\ln x-\sin x}{x\ln^2 x}dx$；(3) $2x\sin(2-x^2)dx$；(4) $\dfrac{dx}{x(1+\ln^2 x)}$.

习题 2-6(B)

1. $\Delta y=-1.141,dy=-1.2$；$\Delta y=0.1206,dy=0.12$.

2. (1) $\dfrac{dx}{(1-x)^2}$；(2) $\dfrac{2}{2x-1}dx$；(3) $-\dfrac{xdx}{|x|\sqrt{1-x^2}}$；(4) $e^{-x}[\sin(3-x)-\cos(3-x)]dx$；

(5) $\sin2xdx$；(6) $(1+x)^{\sec x}\left[\sec x\tan x\ln(1+x)+\dfrac{\sec x}{1+x}\right]dx$.

3. $-\dfrac{(x-y)^2dx}{(x-y)^2+2},-\dfrac{(x-y)^2}{(x-y)^2+2}$. **4.** $t^2+2t,2(t+1)^3$.

自测题二

一、**1.** C. **2.** B **3.** C **4.** B **5.** A **6.** D **7.** A **8.** C.

二、1. $-\dfrac{1}{2}$.　2. $2\cot x,2\sqrt{3}$.　3. 24.　4. $-\dfrac{y^2\,\mathrm{d}x}{xy+1}$.　5. $y=y_0,x=x_0$.　6. $(x+2)\mathrm{e}^x$.

7. $f(t+\Delta t)-f(t),\dfrac{f(t+\Delta t)-f(t)}{\Delta t},f'(t)$.

三、1. $a=2,b=-1$.　2. (1) $-2x\sin x^2$;　(2) $\dfrac{1}{x\ln x}$;

(3) $\cos x\cdot\arctan x\cdot 2^x+\sin x\cdot\dfrac{1}{1+x^2}\cdot 2^x+\sin x\cdot\arctan x\cdot 2^x\ln 2$;

(4) $\dfrac{2\sec 2x\tan 2x(\ln x-x^2)-\sec 2x\left(\dfrac{1}{x}-2x\right)}{(\ln x-x^2)^2}$;　(5) $-\mathrm{e}^{\cos(x^3+3x-1)}\sin(x^3+3x-1)(3x^2+3)$;

(6) $(\tan x)^{\sin x}(\cos x\ln\tan x+\sec x)$;　(7) $\sqrt[3]{\dfrac{x-5}{\sqrt{x^2+2}}}\left[\dfrac{1}{3(x-5)}-\dfrac{2x}{9(x^2+2)}\right]$;　(8) $-\sqrt{\dfrac{x}{y}}$;

(9) $-\dfrac{3\sqrt[3]{(t-t^2)^2}}{2\sqrt{1-t}(1-2t)}$;　(10) $\dfrac{3x^2}{\mathrm{e}^y-2y\cos y^2}$.

3. (1) $x(2x^2+3)(1+x^2)^{-\frac{3}{2}}$;　(2) $2\arctan x+\dfrac{2x}{1+x^2}$;　(3) $\dfrac{1}{4(1-t)^3}$;　(4) $\dfrac{6}{(x-2y)^3}$.

4. (1) $(1-x^2)^{-\frac{3}{2}}\,\mathrm{d}x$;　(2) $\dfrac{\mathrm{d}x}{\sqrt{a^2-x^2}}$;　(3) $\dfrac{2(1+x^2)-2x(1+4x^2)\arctan 2x}{(1+x^2)(1+4x^2)}\,\mathrm{d}x$;　(4) $\dfrac{\ln x\,\mathrm{d}x}{(1-x)^2}$.

5. $v=\mathrm{e}^{-kt}(\omega\cos\omega t-k\sin\omega t);a=\mathrm{e}^{-kt}\left[(k^2-\omega^2)\sin\omega t-2k\omega\cos\omega t\right]$.

第3章　导数的应用

习题 3-1(A)

1. (1) 错;(2) 错.　2. $\xi=\dfrac{5}{2}$.　3. $\xi=\dfrac{9}{4}$.

习题 3-1(B)

1. $\xi=\dfrac{\pi}{2}$.　2. $\xi=\dfrac{\sqrt{3}}{3}$.　3. 有三个实根,分别在$(1,2),(2,3),(3,4)$内.　4. 略.

习题 3-2(A)

1. (1) 1;(2) 1;(3) 0;(4) $\dfrac{1}{2}$;(5) e^a;(6) 1.　2. 略.

习题 3-2(B)

(1) 2;(2) $\dfrac{1}{a}$;(3) $\dfrac{3}{7}$;(4) 3;(5) 1;(6) 5;(7) 1;(8) 1;(9) 0;(10) $+\infty$;(11) 1;(12) 0;

(13) 1;(14) 1.

习题 3-3(A)

(1) 错;(2) 错;(3) 错.

2. (1) 单调增加区间$\left(-\infty,\dfrac{3}{4}\right]$,单调减少区间$\left[\dfrac{3}{4},+\infty\right)$,极大值$\dfrac{27}{256}$;

(2) 单调增加区间$[-1,1]$,单调减少区间$(-\infty,-1]$和$[1,+\infty)$,极小值$-\dfrac{1}{2}$,极大值$\dfrac{1}{2}$.

3. 略.　4. (1) 最大值2,最小值-10;(2) 最大值$2\pi+1$,最小值1.　5. 当矩形的长和宽均为$\dfrac{l}{4}$时,矩

形的面积最大,最大面积为$\dfrac{l^2}{16}$.

习题 3-3(B)

1. (1) 单调增加区间 $(-\infty,0]$，单调减少区间 $[0,+\infty)$；

(2) 单调增加区间 $\left[\dfrac{1}{2},+\infty\right)$，单调减少区间 $\left(-\infty,\dfrac{1}{2}\right]$；

(3) 单调增加区间 $[0,1]$，单调减少区间 $[1,2]$；

(4) 单调减少区间 $(-\infty,0)$，$\left(0,\dfrac{1}{3}\right)$ 和 $(1,+\infty)$，单调增加区间 $\left(\dfrac{1}{3},1\right)$.

2. 略． 3. (1) 极大值 7，极小值 3；(2) 极大值 $\dfrac{\pi}{4}-\dfrac{1}{2}\ln2$；(3) 极小值 0；(4) 极大值 $\dfrac{\sqrt{2}}{2}e^{\frac{\pi}{4}}$.

4. (1) 最小值 0，最大值 $\ln5$；(2) 最大值 1；(3) 最小值 0，最大值 $\sqrt[3]{9}$；(4) 最小值 $(a+b)^2$.

5. $4,4$. 6. $2\pi\left(1-\sqrt{\dfrac{2}{3}}\right)$. 7. $\bar{x}=\dfrac{1}{n}\displaystyle\sum_{i=1}^{n}x_i$.

习题 3-4(A)

1. (1) 错；(2) 错． 2. (1) 凹区间 $\left(\dfrac{5}{3},+\infty\right)$，凸区间 $\left(-\infty,\dfrac{5}{3}\right)$，拐点 $\left(\dfrac{5}{3},\dfrac{20}{27}\right)$；

(2) 凹区间 $(2,+\infty)$，凸区间 $(-\infty,2)$，拐点 $\left(2,\dfrac{2}{e^2}\right)$. 3. 略．

习题 3-4(B)

1. (1) 凹区间 $(-\infty,0)$，$(1,+\infty)$，凸区间 $(0,1)$，拐点 $(0,0)$，$(1,-1)$；

(2) 凹区间 $\left(-\infty,\dfrac{1}{2}\right)$，凸区间 $\left(\dfrac{1}{2},+\infty\right)$，拐点 $\left(\dfrac{1}{2},e^{\arctan\frac{1}{2}}\right)$；

(3) 凹区间 $(-1,1)$，凸区间 $(-\infty,-1)$，$(1,+\infty)$，拐点 $(-1,\ln2)$，$(1,\ln2)$；

(4) 凹区间 $(b,+\infty)$，凸区间 $(-\infty,b)$，拐点 (b,a).

2. 略． 3. $a=-\dfrac{3}{2}$，$b=\dfrac{9}{2}$. 4. $a=1$，$b=-3$，$c=-24$，$d=16$.

习题 3-5(A)

1. 正确． 2. $\left.\dfrac{EQ}{Ep}\right|_{p=\frac{1}{2}}=-2$. 3. (1) 150000；(2) 700；(3) 0.9.

习题 3-5(B)

1. $C'(1000)=24$(元)．当产量为 1000 件时，再多生产一件产品，成本将增加 24 元．

2. $C'(q)=200+\dfrac{2}{5}q$，$R'(q)=350+\dfrac{1}{10}q$，$L'(q)=150-\dfrac{3}{10}q$. 3. $-2p\ln2$. 4. 11 kg.

习题 3-6(A)

1. (1) $\dfrac{\sqrt{2}}{4}$，$2\sqrt{2}$； (2) 2，$\dfrac{1}{2}$.

2. $(0,0)$，8. 3. 略

习题 3-6(B)

1. (1) $\dfrac{1}{\sqrt{2}}$，$\sqrt{2}$；(2) $\dfrac{1}{4}$，4；(3) 1,1；(4) $\dfrac{1}{2a}$，$2a$.

2. $(0,0)$.

3. $\dfrac{3a}{4}\sin^2\dfrac{\theta}{3}$.

4. $\left(x-\dfrac{\pi-10}{4}\right)^2+\left(y-\dfrac{9}{4}\right)^2=\dfrac{125}{16}$.

5. $y=-\dfrac{\sqrt{6}}{9}(2x-1)^{\frac{3}{2}}$.

一、1. $f(a)=f(b)$. 2. $\dfrac{\sqrt{3}}{3}$. 3. $(-2,1)$. 4. 1. 5. $-2,-\dfrac{1}{2}$. 6. $\dfrac{5}{4}$. 7. $(0,0)$. 8. $y=0$, $x=1$ 及 $x=-1$.

二、1. B. 2. D. 3. C. 4. A. 5. C. 6. B. 7. D. 8. A.

三、1. (1) $\dfrac{1}{6}$; (2) 1; (3) e^{-2}; (4) 2; (5) $-\dfrac{1}{2}$; (6) 9.

2. (1) 单调增加区间 $(-\infty,0),(1,+\infty)$, 单调减少区间 $(0,1)$, 极大值 0, 极小值 $-\dfrac{1}{2}$;

(2) 单调增加区间 $(-\mathrm{e},0),(0,\mathrm{e})$, 单调减少区间 $(-\infty,-\mathrm{e}),(\mathrm{e},+\infty)$, 极大值 $\dfrac{2}{\mathrm{e}}$, 极小值 $-\dfrac{2}{\mathrm{e}}$;

(3) 单调增加区间 $\left(\dfrac{\pi}{3},\dfrac{5\pi}{3}\right)$, 单调减少区间 $\left(0,\dfrac{\pi}{3}\right)$, $\left(\dfrac{5\pi}{3},2\pi\right)$, 极大值 $\dfrac{5\pi}{3}+\sqrt{3}$, 极小值 $\dfrac{\pi}{3}-\sqrt{3}$;

(4) 单调增加区间 $\left(0,\dfrac{\pi}{6}\right)$, $\left(\dfrac{\pi}{2},\dfrac{5\pi}{6}\right)$, 单调减少区间 $\left(\dfrac{\pi}{6},\dfrac{\pi}{2}\right)$, $\left(\dfrac{5\pi}{6},\pi\right)$, 极大值 $\dfrac{3}{2}$, 极小值 1.

3. (1) 凹区间 $(\pi,2\pi)$, 凸区间 $(0,\pi)$, 拐点 $(\pi,-\mathrm{e}^{\pi})$;

(2) 凹区间 $\left(-\infty,-\dfrac{1}{2}\right)$, $(0,+\infty)$, 凸区间 $\left(-\dfrac{1}{2},0\right)$, 拐点 $\left(-\dfrac{1}{2},-\dfrac{1}{16}\right)$, $(0,0)$.

4. 略. 5. $a=3,b=-9,c=8$. 6. $(-\infty,1)$.

7. 310 元, 8410 元. 8. $L(q)=-q^2+38q-100$(千元), 19 百件. 9. 略.

第 4 章 不定积分

习题 4-1(A)

1. 略. 2. (1) 不是; (2) 不是; (3) 是; (4) 是, 理由略. 3. 不矛盾, 理由略.

习题 4-1(B)

1. (1) $x^2-\dfrac{2}{5}x^{\frac{5}{2}}+C$; (2) $\dfrac{8}{15}x^{\frac{15}{8}}+C$; (3) $\dfrac{2}{3}x^{\frac{3}{2}}+2x^{\frac{1}{2}}+C$; (4) $\dfrac{2}{3}x^{\frac{3}{2}}-3x+C$;

(5) $5\mathrm{e}^x-2\arcsin x+C$; (6) $3x+\dfrac{4\cdot 3^x}{2^x(\ln 3-\ln 2)}+C$; (7) $\tan x-\sec x+C$; (8) $\tan x-\cot x+C$;

(9) $x^3+\arctan x+C$; (10) $\cos x-\sin x+C$. 2. 曲线方程为 $y=\ln|x|+2$.

3. (1) $C(q)=1000q-10q^2+\dfrac{1}{3}q^3+7000,R(q)=3400q,L(q)=2400q+10q^2-\dfrac{1}{3}q^3-7000$;

(2) 销量为 60 个单位时可获得最大利润, 最大利润是 101000 元.

习题 4-2(A)

1. (1) 3; (2) $\dfrac{1}{5}$; (3) $3x^2$; (4) $\dfrac{1}{2a}$; (5) 2; (6) $\dfrac{1}{3}$; (7) 1; (8) -1; (9) $\dfrac{1}{2}$; (10) -1;

(11) $\dfrac{1}{\sqrt{1-x^2}}$; (12) $\arctan x$. 2. 略.

3. (1) $\dfrac{1}{7}(2x+1)^7+C$; (2) $\dfrac{2}{3}(2x+1)^{\frac{3}{2}}+C$; (3) $\ln|3x+5|+C$; (4) $\arctan 3x+C$; (5) $2\sqrt{\cos x}+C$;

(6) $\tan 2x+C$; (7) $\arcsin 3x+C$; (8) $-\mathrm{e}^{-3x}+C$; (9) $\sin 2x+C$; (10) $-\cos 5x+C$.

习题 4-2(B)

1. (1) $\dfrac{1}{8}(2x+1)^4+C$; (2) $-\dfrac{3}{20}(3-5x)^{\frac{4}{3}}+C$; (3) $\dfrac{3}{4}(\ln x)^{\frac{4}{3}}+C$; (4) $-\mathrm{e}^{\frac{1}{x}}+C$; (5) $\mathrm{e}^{\sin x}+C$;

(6) $2\sin\sqrt{x}+C$; (7) $\arcsin\left(\dfrac{x}{3}\right)+C$; (8) $\arcsin\dfrac{x-1}{2}+C$; (9) $\dfrac{1}{15}\arctan\dfrac{5}{3}x+C$;

(10) $\dfrac{1}{4}\arctan\left(x+\dfrac{1}{2}\right)+C$; (11) $\ln(x^2+2x+2)+C$; (12) $\dfrac{1}{2}\arctan(\sin^2 x)+C$;

(13) $-\cos(\ln x)+C$；(14) $\ln\left|\ln(\ln x)\right|+C$；(15) $-2\sqrt{1-x^2}-\arcsin x+C$；

(16) $-\sqrt{a^2-x^2}-a\cdot\arcsin\dfrac{x}{a}+C$；(17) $\dfrac{1}{5}\sin^5 x-\dfrac{2}{7}\sin^7 x+\dfrac{1}{9}\sin^9 x+C$；

(18) $\dfrac{1}{8}\sin4x+\dfrac{1}{4}\sin2x+C$；(19) $\dfrac{1}{4}\sin2x-\dfrac{1}{16}\sin8x+C$；(20) $\dfrac{1}{6}\tan^6 x+\dfrac{1}{4}\tan^4 x+C$；

(21) $\tan x-\dfrac{3}{2}x+\dfrac{1}{4}\sin2x+C$；(22) $\dfrac{1}{4}\ln\left|\dfrac{x-2}{x+2}\right|+C$；(23) $2\sqrt{1+\tan x}+C$；

(24) $\dfrac{1}{2}\ln^2\tan x+C$；(25) $\dfrac{1}{\sqrt{2}}\arctan\left(\dfrac{\tan x}{\sqrt{2}}\right)+C$；(26) $\dfrac{1}{8}\ln\left|\dfrac{2x-1}{2x+3}\right|+C$.

2. (1) $\dfrac{3}{2}\sqrt[3]{(1+x)^2}-3\sqrt[3]{1+x}+3\ln|1+\sqrt[3]{1+x}|+C$；(2) $x-2\sqrt{1+x}+2\ln(1+\sqrt{1+x})+C$；

(3) $6\sqrt[6]{x}-6\arctan\sqrt[6]{x}+C$；(4) $\sqrt{2x+1}+2\sqrt[4]{2x+1}+2\ln\left|\sqrt[4]{2x+1}-1\right|+C$；

(5) $\dfrac{9}{2}\arcsin\dfrac{x}{3}+\dfrac{x\sqrt{9-x^2}}{2}+C$；(6) $-\dfrac{1}{3}\sqrt{(25-t^2)^3}+C$；(7) $\arctan\sqrt{x^2-1}+C$；

(8) $\dfrac{\sqrt{x^2-9}}{9x}+C$；(9) $\sqrt{x^2-2x}-\arccos\dfrac{1}{x-1}+C$；(10) $\dfrac{9}{2}\arcsin\dfrac{x}{3}-\dfrac{x}{2}\sqrt{9-x^2}+C$；

(11) $\ln\dfrac{\sqrt{1+e^x}-1}{\sqrt{1+e^x}+1}+C$；(12) $2\ln(1+e^x)-x+C$.

习题 4-3(A)

略.

习题 4-3(B)

(1) $\dfrac{x}{2}\sin2x+\dfrac{1}{4}\cos2x+C$；(2) $-xe^{-x}-e^{-x}+C$；(3) $\dfrac{1}{3}x(x^2+3)\ln x-\dfrac{x^3}{9}-x+C$；(4) $\dfrac{x^3}{3}\arctan x-\dfrac{x^2}{6}+\dfrac{1}{6}\ln(1+x^2)+C$；(5) $x\ln(x+\sqrt{1+x^2})-\sqrt{1+x^2}+C$；(6) $x\arcsin x+\sqrt{1-x^2}+C$；(7) $-x\cot x+\ln|\sin x|-\dfrac{x^2}{2}+C$；(8) $\dfrac{1}{5}e^x(\sin2x-2\cos2x)+C$；(9) $\dfrac{1}{2}e^{x^2}(x^2-1)+C$；(10) $-\sqrt{1-x^2}\arcsin x+x+C$.

习题 4-4

(1) $-\dfrac{1}{5}\ln\left|\dfrac{5+2x}{x}\right|+C$；(2) $\ln\left|\dfrac{2x+2}{2x+3}\right|+C$；(3) $\dfrac{2(32-24x+27x^2)}{135}\sqrt{2+3x}+C$；(4) $\dfrac{x^3}{3}\arccos\dfrac{3}{2}x-\dfrac{1}{9}\left(x^2+\dfrac{9}{2}\right)\sqrt{\dfrac{9}{4}-x^2}+C$；(5) $\dfrac{x}{2}\sqrt{4x^2+5}+\dfrac{5}{4}\ln(2x+\sqrt{4x^2+5})+C$；(6) $-\dfrac{e^{-x}(\sin5x+5\cos5x)}{26}+C$；(7) $\dfrac{1}{20}\ln\left|\dfrac{5+2x}{5-2x}\right|+C$；(8) $\dfrac{x-2}{2}\sqrt{x^2-4x+8}+2\ln|x-2+\sqrt{x^2-4x+8}|+C$；(9) $\dfrac{x^3}{3}\ln^3 x-\dfrac{x^3}{3}\ln^2 x-\dfrac{2}{3}x^3\left(\dfrac{\ln x}{3}-\dfrac{1}{9}\right)+C$；(10) $\dfrac{2}{7}\sqrt{\dfrac{7}{3}}\arctan\left(\sqrt{\dfrac{7}{3}}\tan\dfrac{x}{2}\right)+C$.

自测题四

一、**1.** $e^{-x^2}dx$，$\ln\left|\dfrac{a+\sqrt{a^2-x^2}}{x}\right|+C$. **2.** $2x-3\cdot\dfrac{2^x}{3^x(\ln2-\ln3)}+C$. **3.** $\ln x-\dfrac{2}{\sqrt{x}}-\dfrac{1}{x}+C$.

4. $\dfrac{1}{2}\arctan x^2+C$. **5.** $\dfrac{x^3}{3}-x+\arctan x+C$. **6.** $\tan x-\sec x+C$. **7.** $-\dfrac{1}{x^2}+C$. **8.** $\dfrac{1}{x}+C$.

9. $1-2\csc^2 x\cot x$. **10.** $xf'(x)-f(x)+C$.

二、**1.** B. **2.** A. **3.** D. **4.** B. **5.** D. **6.** B. **7.** C. **8.** C.

三、**1.** (1) $-\sin x+C$；(2) $\dfrac{1}{2}\ln(3+x^2)+C$；(3) $\ln|x+2|+\dfrac{3}{x+2}+C$；(4) $2\sin(\sqrt{x}-1)+C$；

(5) $-2\sqrt{1-\ln x}+C$；(6) $2\ln|\ln x|+C$；(7) $\dfrac{1}{3}(\arcsin x)^3+C$；(8) $\dfrac{1}{5}(x^2+1)^{\frac{5}{2}}-\dfrac{1}{3}(x^2+1)^{\frac{3}{2}}+C$；

(9) $2\arctan\sqrt{x+1}+C$; (10) $2\sqrt{x-1}-4\ln(\sqrt{x-1}+2)+C$; (11) $-\dfrac{\sqrt{1-x^2}}{x}+C$;

(12) $\ln\left|\dfrac{1-\sqrt{1-x^2}}{x}\right|+\sqrt{1-x^2}+C$; (13) $-\dfrac{\sqrt{a^2-x^2}}{x}-\arcsin\dfrac{x}{a}+C$; (14) $\dfrac{1}{2}\ln\left|\dfrac{\sqrt{x^2+4}-2}{x}\right|+C$;

(15) $\dfrac{x^2}{4}-\dfrac{x}{2}\sin x-\dfrac{\cos x}{2}+C$; (16) $\dfrac{1}{5}e^{2x}(2\sin x-\cos x)+C$; (17) $\sin x\,e^{\sin x}-e^{\sin x}+C$;

(18) $-x\cot x+\ln|\sin x|+C$; (19) $\ln\left|\dfrac{x-3}{x-2}\right|+C$; (20) $\dfrac{\sqrt{2}}{2}\arctan\left(\dfrac{\tan x}{\sqrt{2}}\right)+C$; (21) $\arctan e^x+C$;

(22) $-\dfrac{1}{x-1}\ln x+\ln\left|\dfrac{x-1}{x}\right|+C$; (23) $x\arctan x-\dfrac{1}{2}\arctan^2 x-\dfrac{1}{2}\ln(1+x^2)+C$;

(24) $-\sqrt{1-x^2}\arcsin x+x+\dfrac{1}{2}\arcsin^2 x+C$; (25) $x-\dfrac{\sqrt{2}}{2}\arctan(\sqrt{2}\tan x)+C$; (26) $\ln\left|\dfrac{\sin x}{1+\sin x}\right|+C$.

2. $R(q)=18q-\dfrac{1}{4}q^2$. **3.** $y=x^3-3x+2$. 作图略. **4.** $y=x^3-6x^2+9x+2$. 作图略.

第 5 章　定积分及其应用

习题 5-1（A）

1. (1) $\displaystyle\int_1^3 x^2\,\mathrm{d}x$; (2) $2,-2,[-2,2]$; **2.** (1) 正; (2) 负. **3.** (1) $\left[\dfrac{\pi}{6},\dfrac{\pi}{4}\right]$; (2) $[3,3e^4]$.

习题 5-1（B）

1. (1) $\dfrac{1}{2}$; (2) 0; (3) $\dfrac{\pi}{4}$. **2.** (1) $\geqslant$; (2) $\leqslant$; (3) $=$. **3.** 略.

习题 5-2（A）

1. (1) 0; (2) $2\sqrt{1+2x}$; (3) $2xe^{x^2}\cos x^2-e^x\cos x$. **2.** (1) $\sqrt{3}-1-\dfrac{\pi}{12}$; (2) 1.

习题 5-2（B）

1. (1) $\dfrac{15}{4}$; (2) $\dfrac{\pi}{6}$; (3) $\dfrac{17}{6}$; (4) 4. **2.** (1) $3x^2\sqrt{1+x^6}$; (2) $\dfrac{3\cos x^3-2\cos x^2}{x}$. **3.** $y'=-\dfrac{e^x}{\cos y}$. **4.** 0.

习题 5-3（A）

1. (1) $\dfrac{1}{2}\ln\dfrac{5}{2}$; (2) $\dfrac{\pi}{4}$; (3) $4-\ln 4$; (4) $\dfrac{\pi}{8}-\dfrac{1}{4}$; (5) $\dfrac{\pi}{6}-\dfrac{\sqrt{3}}{2}+1$; (6) π. **2.** (1) 0; (2) $\dfrac{\pi}{2}$.

习题 5-3（B）

1. (1) $\dfrac{1}{2}\ln 2$; (2) $-\dfrac{1}{2}(e^{-4}-1)$; (3) $\dfrac{\pi}{6}$; (4) $2+\ln 4$; (5) $\ln\dfrac{\sqrt{3}+2}{\sqrt{2}+1}$. **2.** (1) $2e^2\ln 2e-e^2+\dfrac{1}{4}$;

(2) $\dfrac{\pi}{12}-1+\dfrac{\sqrt{3}}{2}$; (3) $\dfrac{\sqrt{3}\pi^2}{18}+\dfrac{\pi}{3}-\sqrt{3}$. **3.** (1) 0; (2) $-2\ln 3$. **4.** 略.

习题 5-4（A）

(1) $\dfrac{1}{2}$; (2) $-\dfrac{1}{2}$; (3) 2π; (4) 发散; (5) $\dfrac{\pi}{2}$; (6) $\dfrac{16\sqrt{2}}{3}$.

习题 5-4（B）

(1) 1; (2) 发散; (3) 发散; (4) 发散; (5) $\dfrac{\pi}{2}$; (6) $10\sqrt{6}$; (7) 0.

习题 5-5（A）

1. (1) $\dfrac{3}{2}$; (2) $\dfrac{9}{4}$; (3) 1; (4) $\dfrac{9}{8}\pi^2+1$.

2. (1) $\dfrac{128\pi}{7},\dfrac{64\pi}{5}$; (2) $\dfrac{\pi}{2},\dfrac{\pi}{5}$.

3. $\ln(1+\sqrt{2})$. **4.** 略.

习题 5-5(B)

1. (1) $\dfrac{4a}{3}\sqrt{a}$; (2) $\dfrac{1}{2}$; (3) $\dfrac{8}{3}$; (4) $e+\dfrac{1}{e}-2$; (5) 5; (6) $\dfrac{3}{2}-\ln2$; (7) $\dfrac{32}{3}$; (8) $\pi-\dfrac{8}{3}$, $\pi-\dfrac{8}{3}$, $2\pi+\dfrac{16}{3}$. **2.** $\dfrac{8}{3}a^2\pi$. **3.** $\dfrac{3}{2}a^2\pi$. **4.** $\dfrac{4}{3}a^2\pi^3$. **5.** (1) $\dfrac{\pi}{4}$; (2) $\dfrac{512}{7}\pi$; (3) $\dfrac{44}{15}\pi$; (4) $\dfrac{19}{6}\pi$, $\dfrac{28\sqrt{3}}{5}\pi$.

6. (1) $\dfrac{e^2+1}{4}$; (2) $2\sqrt{3}-\dfrac{4}{3}$; (3) $1+\ln\dfrac{\sqrt{6}}{2}$. **7.** $8a$. **8.** 约 $21a$.

习题 5-6(A)

1. 0.255 J. **2.** 3.16×10^5 N. **3.** $q(p)=20\ln(1+p)+1000$. **4.** $C(q)=10e^{0.2q}+80$.

5. $R(q)=3q-0.1q^2$；$q=15$.

习题 5-6(B)

1. 0.016 J. **2.** 2.5 J. **3.** 5.544×10^4 N. **4.** 1.63×10^6 N.

5. $C(q)=-3q^3+15q^2+25q+55$，$\overline{C}(q)=-3q^2+15q+25+\dfrac{55}{q}$，变动成本 $=-3q^3+15q^2+25q$.

6. $L(q)=-\dfrac{1}{4}q^3+60q^2-60q+5000$. **7.** $C(q)=\dfrac{1}{5}q^2-12q+500$，$L(q)=-\dfrac{1}{5}q^2+32q-500$，$q=80$.

自测题五

一、**1.** 3. **2.** 0. **3.** $1+a-b$. **4.** 0. **5.** 0. **6.** $\dfrac{1}{2}\ln\dfrac{5}{9}$. **7.** 4. **8.** $\dfrac{\pi}{8}$. **9.** $4+0.02q+\dfrac{q}{300}$, $-0.02q^2+16q-300$. **10.** 10.

二、**1.** C. **2.** A. **3.** D. **4.** A. **5.** C. **6.** B.

三、**1.** (1) $\dfrac{1}{2}-\dfrac{\ln2}{2}$; (2) $\dfrac{1}{2}e^2\ln2e-\dfrac{1}{2}\ln2-\dfrac{e^2}{4}+\dfrac{1}{4}$; (3) $-\cos\pi^2+\dfrac{\sin\pi^2}{\pi^2}$; (4) $\dfrac{2\sqrt{2}-1}{3}$; (5) $\dfrac{(e-1)^4}{4}$; (6) $\dfrac{26}{3}$; (7) $\sqrt{3}-\dfrac{\pi}{3}$; (8) $\dfrac{506}{375}$; (9) $1-\dfrac{\pi}{4}$; (10) 1; (11) $+\infty$; (12) $-\infty$.

2. 最大值 $F(1)=\ln2+\dfrac{\pi}{4}$, 最小值 $F(0)=0$. **3.** $\dfrac{27}{16}$. **4.** $\dfrac{\pi}{5}$, $\dfrac{\pi}{2}$. **5.** $160\pi^2$. **6.** $\ln2-\dfrac{1}{3}$.

7. 0.327 N. **8.** (1) 总成本增加 14 万元，总收入增加 20 万元；(2) 12 百台；(3) $C(q)=6q+\dfrac{1}{4}q^2+5$, $L(q)=-\dfrac{3}{4}q^2+6q-5$.

第6章　常微分方程

习题 6-1(A)

1. (1) 是，2 阶；(2) 不是；(3) 是，1 阶；(4) 是，1 阶；(5) 是，1 阶；(6) 是，4 阶.

2. (1) 特解；(2) 不是解；(3) 是解，但既不是特解，也不是通解.

习题 6-1(B)

1. $y=\dfrac{1}{4}(e^{2x}-e^{-2x})$. **2.** (1) $\dfrac{dy}{dx}=x+y$; (2) $y'=\dfrac{2y}{x}$. **3.** $y=\sin x-x\cos x+1$.

4. $\dfrac{dv}{dt}+\dfrac{k}{m}v=g, v|_{t=0}=0$; $\dfrac{d^2s}{dt^2}+\dfrac{k}{m}\dfrac{ds}{dt}=g, s'|_{t=0}=0, s|_{t=0}=0$.

5. 验证略，$x^2-xy+y^2=3$.

习题 6-2(A)

1. (1) 可分离变量；(2) 齐次；(3) 线性非齐次；(4) 线性非齐次；(5) 齐次；(6) 可分离变量.

2. (1) $\ln y=Cx$; (2) $2e^y=e^{2x}+1$; (3) $\dfrac{x}{y}=\ln Cx$; (4) $y=1-x^2$; (5) $x=\dfrac{1}{2}y^3+Cy$.

习题 6-2(B)

1. (1) $y=\dfrac{x^3}{5}+\dfrac{x^2}{2}+C$; (2) $y=e^{\tan\frac{x}{2}}$; (3) $(x^2-1)(y^2-1)=C$; (4) $\cos y=\dfrac{\sqrt{2}}{2}\cos x$; (5) $(1-e^y)(1+e^x)=C$; (6) $\arcsin y=\arcsin x$.

2. (1) $\sin\dfrac{y}{x}=Cx$; (2) $\ln\dfrac{y}{x}=Cx+1$; (3) $\left(\dfrac{x}{y}\right)^2=\ln Cx$; (4) $y^2=2x^2(2+\ln x)$; (5) $e^{-\frac{y}{x}}=1-\ln x$; (6) $\sin\dfrac{x}{y}=\ln y$.

3. (1) $r=\dfrac{2}{3}+Ce^{-3\theta}$; (2) $y=xe^{-\sin x}$; (3) $y=\dfrac{1}{2}x^2+Cx^3$; (4) $xy=e^y+6-e^3$; (5) $y=\dfrac{\sin x+C}{(x^2-1)}$; (6) $y=(1+x^2)\left[\arctan x+\dfrac{1}{2}\ln(1+x^2)+\dfrac{1}{2}\right]$.

4. $y=-\dfrac{x}{\cos x}$.

5. $y=\dfrac{1}{3}x^2$.

习题 6-3(A)

(1) $y=\dfrac{x^4}{24}+\dfrac{x^3}{6}+C_1x^2+C_2x+C_3$; (2) $y=\dfrac{x^4}{12}-\sin x+C_1x^2+C_2x+C_3$; (3) $y=C_1x^2+C_2$;

(4) $y=e^x(x-1)+C_1x^2+C_2$; (5) $y=\tan\left(x+\dfrac{\pi}{4}\right)$; (6) $y=1-\ln(\cos x)$.

习题 6-3(B)

1. (1) $y=x\arctan x-\dfrac{1}{2}\ln(1+x^2)+C_1x+C_2$; (2) $y=xe^x-3e^x+C_1x^2+C_2x+C_3$;

(3) $y=C_1\left(x+\dfrac{x^3}{3}\right)+C_2$; (4) $y=\dfrac{\ln^2 x}{2}+C_1\ln x+C_2$; (5) $y\ln y+C_1y=x+C_2$;

(6) $\sin(y+C_1)=C_2e^x$.

2. (1) $y=\dfrac{(x+2)^3}{12}+\dfrac{1}{3}$; (2) $y=\dfrac{3}{2}\arcsin^2 x$.

习题 6-4(A)

1. (1) $y=C_1e^{-2x}+C_2e^{5x}$; (2) $y=C_1\cos\sqrt{5}x+C_2\sin\sqrt{5}x$.

2. $y^*=e^{-x}(4\cos x+2\sin x)$.

3. (1) $x(Ax+B)e^{-x}$; (2) Ae^{-x}; (3) $A\cos x+B\sin x$.

4. $y^*=-x+\dfrac{1}{3}$.

5. $y^*=-\dfrac{1}{4}x\cos 2x$.

习题 6-4(B)

1. (1) $y=C_1e^{3x}+C_2e^{-3x}$; (2) $y=(C_1+C_2x)e^x$; (3) $y=C_1\cos 2x+C_2\sin 2x$; (4) $y=e^{-3x}(C_1\cos x+C_2\sin x)$.

2. (1) $y=4e^x+2e^{3x}$; (2) $y=(2+x)e^{-\frac{x}{2}}$; (3) $y=e^{-x}(2\cos 2x+\sin 2x)$.

3. (1) $y^*=2x^2-7$; (2) $y^*=x^2e^{-2x}$; (3) $y^*=e^{-x}\cos x$; (4) $y^*=-\dfrac{1}{2}x\cos 3x$.

4. (1) $y=\left(\dfrac{5}{6}x^3+C_2x+C_1\right)e^{-3x}$; (2) $y=C_1e^{-4x}+C_2e^x+xe^x$; (3) $y=C_1\cos x+C_2\sin x+\dfrac{1}{2}x\sin x$;

(4) $y = e^{-\frac{1}{2}x}(C_1 x + C_2) + \frac{1}{4} e^{\frac{x}{2}}$.

　5. (1) $y = -\frac{7}{6} e^{-2x} + \frac{5}{3} e^x - x - \frac{1}{2}$；(2) $x = 2\cos t + t\sin t$.　6. $y = (9e^4 x - 14e^4) e^{-2x}$.

习题 6-5

　1. $v(t) = \frac{mg}{k}(1 - e^{-\frac{k}{m}t})$.　2. (1) $t = 20$ s；(2) $s = 160$ m.　3. $t = 31500$ s.

自测题六

　一、1. $y = Ce^{-x^2}$.　2. $y = C_1 \cos\sqrt{2}x + C_2 \sin\sqrt{2}x$.　3. $y = C_1 e^{-2x} + C_2 e^x$.　4. $y = 3\left(1 - \frac{1}{x}\right)$.

　5. $y = x(b_2 x^2 + b_1 x + b_0)$.

　二、1. C.　2. A.　3. B.　4. B.　5. C.

　三、1. (1) $\tan x \cdot \tan y = \sqrt{3}$；(2) $y = \ln x - \frac{1}{2} + Cx^{-2}$；(3) $y = \frac{1}{9} e^{3x} - \frac{1}{3} e^3 x + \frac{2}{9} e^3$；(4) $y = -\frac{x^2}{2} -$

$x + C_1 e^x + C_2$；(5) $y = C_1 e^{-x} + C_2 e^{-4x} + \frac{11}{8} - \frac{1}{2}x$；(6) $y = C_1 \cos\sqrt{3}x + C_2 \sin\sqrt{3}x + \sin x$.

　2. $xy = 2$.　3. $y = \frac{1}{3}\sin x - \frac{1}{6}\sin 2x + \cos 2x$.

　*4. $v(t) = \sqrt{\frac{mg}{k}}(e^{2\sqrt{\frac{kg}{m}}\cdot t} - 1)/(1 + e^{2\sqrt{\frac{kg}{m}}\cdot t})$；因为 $a = \frac{dv}{dt} = \frac{1}{m}(mg - kv^2) = g - \frac{k}{m}v^2$，所以当 $v =$

$\sqrt{\frac{mg}{k}}$ 时，$a = 0$，即匀速下沉.